博物文库·生态与文明系列

EVERY LIVING THING:
MAN'S OBSESSIVE QUEST TO
CATALOG LIFE,
FROM NANOBACTERIA TO NEW MONKEYS

生命探究的伟大史诗

［美］**罗布·邓恩**
（Rob Dunn） 著

咸逸 译

北京大学出版社
PEKING UNIVERSITY PRESS

著作权合同登记号 图字：01-2016-7503
图书在版编目(CIP)数据

生命探究的伟大史诗/（美）罗布·邓恩著；咸逸译. —北京：北京
大学出版社, 2019.6
（博物文库. 生态与文明系列）
ISBN 978-7-301-30369-6

Ⅰ. ①生… Ⅱ. ①罗… ②咸… Ⅲ. ①生命—研究 Ⅳ. ①Q1-0

中国版本图书馆CIP数据核字(2019)第034749号

EVERY LIVING THING: Man's Obsessive Quest to Catalog Life, from Nanobacteria to New
Monkeys by Rob Dunn and Preface by E. O. Wilson
Copyright © 2009 by Rob R. Dunn
Published by arrangement with Author c/o Arcadia
through Bardon-Chinese Media Agency
Simplified Chinese translation copyright © 2019
by Peking University Press
ALL RIGHTS RESERVED

书　　　名	生命探究的伟大史诗	
	SHENGMING TANJIU DE WEIDA SHISHI	
著作责任者	［美］罗布·邓恩　著　咸　逸　译	
策 划 编 辑	周志刚	
责 任 编 辑	张亚如　周志刚	
标 准 书 号	ISBN 978-7-301-30369-6	
出 版 发 行	北京大学出版社	
地　　　址	北京市海淀区成府路205号　100871	
网　　　址	http://www.pup.cn	新浪微博:@北京大学出版社
微信公众号	通识书苑（微信号：sartspku）　科学元典（微信号：kexueyuandian）	
电 子 信 箱	编辑部 jyzx@pup.cn　总编室 zpup@pup.cn	
电　　　话	邮购部 010-62752015　发行部 010-62750672　编辑部 010-62753056	
印 刷 者	北京中科印刷有限公司	
经 销 者	新华书店	
	880毫米×1230毫米　A5　10印张　208千字	
	2019年6月第1版　2024年12月第2次印刷	
定　　　价	68.00元	

献给莫妮卡和卢拉，我最伟大的发现

序言

E. O. 威尔逊（E. O. Wilson）

对于科学史研究来说，这是一本既重要又及时的书。这本书为广大读者指出了当前生物学研究的主要工作：探索地球——这颗事实上我们仍未充分了解的星球。

大部分读者，包括很多生物学家都认为，发现所有新物种并对每个物种进行分类的工作已经基本完成。在这个十分荒谬的前提下，发现一种新的青蛙或者蝴蝶似乎是一个大新闻。事实上，尽管我们已经发现了80%的开花植物和95%的鸟类物种，但是，对于多样性更为丰富的昆虫和其他无脊椎动物来说，我们仅仅发现了其中一小部分。更不要说，人们发现的真菌不足总数的10%，而已知的微生物甚至连总数的1%都不到。

对于已经发现的物种，即便是算上那些只研究了一点点的生物，人们也仅仅研究了其中的不足千分之一。如果说对"模式生物"的深入研究构成当前及今后生物学研究的第一维度，那么对生物多样性的探索和研究可能会成为生物学研究的第二维度。其第三维度则是重构每个物种的演化史，即"生命之树计划"。如果"第二维度"不能得到很好的研究，那么人类为了维持生命世界的稳定和利用生命世界而做出的大部分努力都将是盲目的。我们根本无法想象，甚至还没有意识到，这些知识可以为我们自己带来怎样的利益。

在《生命探究的伟大史诗》这本书中，作者罗伯特·邓恩（Robert Dunn）（即罗布·邓恩）通过讲述对生物多样性研究做出重要贡献的学者的故事，描绘了生物多样性的真实图景。正是这些学者几世纪以来的努力，拓展了生物学研究的第二维度。远不同于很多围于实验室的生物学家，这些先驱探索生物多样性的过程既有体力层面的艰辛与疲惫，又有智力层面的开拓与创新。结合一些"先驱"（其中不乏他的朋友）和他自己的经历，邓恩讲述了生物多样性研究带给他们的慰藉与兴奋。

现在，有两种崭新的研究方式摆在我们面前，而这两种研究方式，必将改变整个生物界的研究方式并将加速其发展。这二者皆由技术驱动。其一是基因组学：现在，解析一种细菌的全部遗传信息仅需几个小时，而且其成本还在逐渐降低。这项技术突破已经开始"照亮"此前微生物学宇宙中大量的"暗物质"，并将使微生物生态学重新崭露头角。此外，我们还可以通过DNA分析确定生物的遗传演化地位，助力"生命之树"的建立。

第二个研究方式的改变则是"网络生物大百科"（Encyclopedia of Life）计划的提出。这个于2008年正式推出的项目将建立一个门户网站，任何人都能随时随地免费查询某种生物目前已知的所有知识，既有之前编目的生物，又有新近发现的。像生命体一样，它的内容将随着时间不断增加，也将在人们关心的，从农业到生物技术、到医学再到公共卫生的很多问题上发挥巨大的价值。另外，它还附有新近上线的"生物多样性历史文献图书馆"（Biodiversity Heritage Library），最终将为每个物种相关的所有原始文献提供免费的网络访问权限。而建成这个图书馆需要扫描的页面预计将高达5亿。

正如罗伯特·邓恩极具个性地以旁观者的视角所讲述的那样，300余年来，了解所有生物的热情一直是生物学研究的一大推动力。如今，我们仍在不断努力，不断研究已知的物种，发现全新的物种，为宏大的"林奈计划"（Great Linnaean Enterprise）添砖加瓦。我们希望，在21世纪，地球生命的大部分"暗物质"都将被照亮。

前言

天地之间有许多事情……是你们的哲学里所没有梦想到的呢。

——威廉·莎士比亚（William Shakespeare），《哈姆雷特》

　　我是在亚马逊丛林中有了写作这本书的想法。那时，我的妻子作为医学人类学家在那里考察，我则是她的"行李"。我们搭乘一架小飞机到了一个偏远的地方。在那里，我们不懂当地的语言，不了解当地的习俗，而且基本不了解当地的食物。通常情况下，我们是唯一穿戴整齐的人，是唯一不睡在自制吊床上的人，也是唯一抱怨周围的臭虫的人。我们对周围的环境陌生得不能再陌生了。

　　我们这些在书本和电脑、高速公路和手机中养大的西方人，来到了一个没有自来水、没有通电的村庄。顺便说一句，还有一个小问题——村里的每个人都觉得我们是一个"委员会"，负责领导反对海军的土著革命。我们对这样的一些小误解已经习以为常了。

　　之后，在一个完美的亚马逊丛林之夜，伴着悬于半空的鹦鹉和村庄外的猿啼，我和村里的人一起踢了足球。我本来不擅长足球，但是那个晚上对我来说却非常美妙。所有人都知道比赛的规则。我们说着相同的语言，比如传球和射门。我们彼此的沟通无比顺畅。那是一个无比美妙的时刻，我就像照片上那样笑得无比灿烂。夜幕降临之时，比赛结束了，守门员胡安向我走来，斜靠在一边，郑重其事地问我："在你的家乡，你们也能看到月亮吗？"胡安的问题让这个夜晚变得意义非凡。

我向胡安解释说，我们也看得到月亮，而且和他们看到的几乎一样。此后，我对他的世界里存在的那些各种各样的可能性感到了一丝敬畏。在胡安的世界里，每个村庄都会看到不同的月亮。在他的世界里，未知的事物如此之多，如此美妙。已知的仅仅是丛林中的一小片地方，是当地的树木，一些虫子和他自己的生活。胡安只了解他自己的日常生活，其他的一切对他来说都是推测。他从未见过安第斯山脉，那片在他的家乡以南20英里①，绵延不绝、高耸入云的山脉，那片超出了他的活动范围的地方。对他而言，一切皆有可能。

在西方社会，我们都知道地球仅有一个卫星——月球。我们从各个角度观察着我们的星球，知晓了地球的所有秘密。用我家里的电脑就可以找到胡安的村庄的卫星照片。再没有更多的大陆、更多的卫星留给我们去找寻，似乎一切都已经被研究清楚了——至少看上去是这样。但当我反复思量胡安的那个问题时，我不知道我们真的弄清楚了多少。从我的角度说，我是一个研究蚂蚁的生物学家，所以我会想我们究竟对昆虫了解多少。当然，我很清楚我们对昆虫世界知之甚少。我们了解的到底有多少？我们不了解的又有多少？

---

① 1英里约为1.609千米。——译者

关于已知和未知的问题萦绕在我的脑海。

对于"我们对世界了解多少"这个新的疑问，下一步解决方案也很简单。我开始收集报纸上有关新物种发现的文章。似乎每周都会有新的文章出现，至少看上去是这样。新的蜘蛛，新的鼠，新的豪猪，新的鲸，新的长颈鹿的近亲，琳琅满目，层出不穷。我用来装这些报纸的抽屉很快就装满了，而且我收集的仅仅是其中的重大发现。我自己是研究蚂蚁的，但是新的蚂蚁被发现的新闻却从未见报。我以自己的名字命名过一种蚂蚁，但从未有人通过《纽约时报》联系我去讨论它。自从我第一次收集到它之后，我就再也没有见过它，也没有其他人再见过。

我开始用第二个抽屉收集更为一般的发现：在一个新的洞穴中发现了数十种未命名的物种，在巴布亚新几内亚发现了大量新物种，在人类的肠道中发现了新的微生物，其中包括超过四百种新的细菌，等等。很快，第二个抽屉也开始充实起来。我很好奇里面是不是有更为重大的发现，不仅仅是一个物种或者几个物种，而是整整一类与我们形影相随却又不为我们所知的物种，或者是其他星球上的物种，或者是依靠那些我们认为无用的物质存活的物种，甚至是不需要DNA就能存活的物种。我开始在第三个抽屉里收集这些重大发现。它装满的速度比前两个慢得多，但最终和前两个抽屉一样，还是装满了。

通过了解这些生物学发现的故事，我开始发现了一些其他的东西：这群做出了贡献的科学家，多数是执着的，大多是很聪明的，少数则是疯疯癫癫的。很容易想象，大多数新发现都需要全球范围的协作和高昂的经费，因而进展十分缓慢，并且需要很多人共同努力才能完成。但令人惊奇的是，近来生物学领域那些最重大的发现似乎依然仅仅来自于一个或几个人的观察结果和他们深刻的洞察力。通常，他们和其他科学家看到了一样的现象，但是他们更加重视这些现象，冒着被同行嘲笑的风险竭尽全力地研究这些现象。通过收集这些有关发现的故事，了解尚未被探索的领域，我逐渐读懂了这些人的故事，体会到了他们的生存之道——我写这本书之前并不知道，可能各位读者也不知道——他们将改变我们看待这个世界的方式。

我不只是开始留意这些做出重大发现的科学家之间的共同点，也开始注意西方的学者乃至整个社会对这些重大发现的反应中的共同点。其中之一便是，在这些发现之前，我们往往比我们想象的还要无知。和胡安不同，我们总是觉得我们已经发现了自然界的大部分秘密。在微生物被发现之前，科学家们信誓旦旦地觉得昆虫是最小的生物。在海底生物发现之前，很多科学家坚信洋面之下300英寻①就不再有生命存在。当我们绘制完成由动物界、植物界、真菌界和原核生物界四个界构成的生命之树时，我们相信不会再有新的生物界被发现。

在这里，我想讲一些生物学家的故事，是他们的发现定义了生命世界的维度。我更关注那些发现了全新的生命领域的科学家，不管他们发现的是海底的生物还是在我们自身细胞中的生物。现在，我们又一次觉得，我们已经发现了自然界绝大部分的奥秘，但是我们肯定又错了。当我对这些生物学发现的故事愈发熟悉，我愈发觉得生命王国还有崭新的世界等待着我们去探索。

① 1英寻约为1.8米。——译者

开始的时候，我觉得问我能否同样看到月亮的胡安是更为幼稚的那个人，不是我。但是现在我对世界的看法改变了。当我对其他科学家谈起这本书的时候，没有人问过我我能否一样看到月亮，但是其中的一个人说他正在寻找生命的第四域。还有一个人说他找到了世界上超过一半的疾病的致病原因。另有一个人觉得一半以上的生命位于海底和我们脚下的地壳以下。我们可能无法找到地球的第二颗卫星，但是这些科学家想象的图景却和存在第二个月亮一样惊人。而且，在新的生命领域发现之前，我们仍需要继续探索我们已经发现的一切。地球上的大部分物种尚未被命名，而大部分已命名的物种也尚未被深入研究。当我们还在很小的部落里一起狩猎，一起聚居的时候，我们只了解我们身边的动植物，尤其是那些对我们来说是有用的或者是危险的物种。地球那层薄薄的绿色表层是我们居住的家园，它仅仅是一个小小的星球的一部分，而我们的星球比起浩瀚星河又是这样的微不足道。现在我们知道，我们并没有那么与众不同。自然世界浩如烟海，而我们依然知之甚少。

目 录 | CONTENTS |

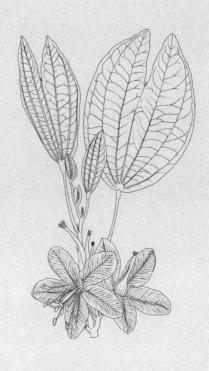

第一部分

开端

1 过去我们所知道的

　　就在几十万年前，人类还生活在非洲。在人类历史以及史前的大部分时间，我们都生活在又小又闭塞的聚落中。我们发源自草原，我们在那里觅食和狩猎。从那时起，我们便开始收集动植物，并为它们命名。渐渐地，有些人或者部落开始徒步离开。他们或者为了追踪猎物，或者纯属偶然，或者可能只是为了躲避他人。他们当时迁徙的路线我们现在仍在推测。随着时间的推移，他们也忘记了他们去过哪里。他们也没有留下关于过去的记录，仅仅留下了一点点神话。他们的名字和故事随着时间的流逝湮没在历史的尘埃中。

　　随着人们为了生计缓缓向外迁徙，村庄的边界每年都在向外扩张。住在边界的人会发现，每次村庄边界扩大，他们都会遇到新的动物和新的植物，或者笼统地说——新的生命。总体上说，人们渐渐发现了生命故事的点滴。然而，因为并没有文字记载，各地的语言又随着这种扩张而渐渐分化，所有的新发现都仅限于当地范围，不同地区的人们重复发现了很多同样的东西。一个部落的人到了一个新的环境，就好比读者随意打开了一本书中的一页，他们发现自己被几段洋洋洒洒的文字包围。他们开始试着读懂这些"段落"。在每个地方，就好比在书的每一页，他们不仅给遇到的野兽命名，还给他们遇到的植物、真菌、甲虫、蚂蚁，和其他被认为是有用的、该躲避的，或者仅仅是谈论过的生物命名。通过这些生物和它们的名字，人们记录着自己的知识，自己的故事，自己的信仰。

那是探索自然的第一波浪潮，也是科学史中被我们遗忘的部分。远在哥伦布和麦哲伦之前，世界的大部分地方就已经被探索过了。只是很少有人会认为，那些生活在小小的部落里、刀耕火种的人们就是地球的第一批探索者。

当我们喝着浓缩咖啡①、读着《人物》杂志的时候，我们很难想象我们的祖先是依靠吃植物的嫩枝和叶子生存的，也很难想象他们曾给大部分的动植物命名。现在向窗外看去，我们能看到鸽子，看到路边的树木和杂草，看到一片一片说不出名字的绿色。昆虫在纱窗上拍打翅膀，而我们又"一视同仁"地上前将它们拍死。我们现在觉得"先民"（那些和我们没有关系的"先民"）是无知的，至少对身边的世界知之甚少，可是几代人之前我们就是"那些先民"。那时，我们都生活在小部落里面，捕猎，觅食。我们的吃喝拉撒都在树林里。

我们过去的生活方式和我们过去曾了解的事情都是我们幻想出

---

① 当然，浓缩咖啡来自于咖啡树的种子——咖啡豆。1000年前开始，人类便依照原产地埃塞俄比亚的生态环境驯化和种植咖啡树了。

来的。历史留给了我们瓦砾和遗迹，但却没有留给我们祖先对周围物种的记录。现在的一些有人类聚居、从事狩猎或农耕的部落，可能在一定意义上能够当作过去的模型。在很多部落中，人们依然很少记录东西，却了解大部分他们听说过或是记忆里的事物，而且会给他们新发现的东西命名。在我们明白他们与原始的部落并不相同的前提下，我们可以通过这些部落推测我们过去的生活曾是何种模样。在这些部落中，我们仍然能够看到我们过去的影子。了解我们过去的样子，了解我们过去所知道的事物，对思考我们将何去何从无疑是必要的。

我们可以在世界的任何地方找到这样的部落，他们依靠口头流传的关于周边物种的知识生活，就像我们的祖先那样。为了找到这样的部落，我选择从玻利维亚的卡维纳斯开始自己的探索之旅。通往卡维纳斯的路是遥远的，而且很多地方根本没有路，只有一条河或者是一条小径。想要到达卡维纳斯，第一步就是去里韦拉尔塔——北玻利维亚亚马逊流域最大的城市。①

为了顺利到达里韦拉尔塔，我和妻子莫妮卡（Monica）搭乘飞机到了玻利维亚的圣克鲁兹。从圣克鲁兹，我们乘车到了特立尼达——洪水泛滥的亚马逊河草原南侧一座慵懒的小镇。随后，我们从特立尼达乘车北上到了很远的地方。我们是在旱季来到的这里，但是汹涌的河水仍未退去。洪水依然在草原、丛林和我们要走的道路上肆虐。

---

① 里韦拉尔塔的居民将那里称为一座城市，尽管那里几乎没有超过一层的建筑，而且我们上一次造访时还只有一条铺好的路。尽管如此，里韦拉尔塔依然是周边居民认知中最为繁华的城市。

我们的行进速度很慢，本来一天的车程被拉长成了好几天。成群结队的蚊子从车窗飞进来，在我们身上饱餐一顿之后扬长而去。热浪袭来，毫无退却的意思。这样的生活夜以继日，一天，两天，三天。几天以来，车子驶过了人迹罕至的丛林和草原——那些地方生活着亿万只昆虫、数十种灵长动物，以及鳄鱼、蟒蛇和偶然离群的牛。整个路途中，车子按原计划在一个叫作谢拉顿的小镇停了一次。当然，也有几次因为爆胎或是车轴损坏而停站，还有一次停站耗时六小时——司机试图借助马和牛把车子从泥泞中拖出来，而最终我们靠一辆卡车、两匹马和一头牛的拖拽才得以脱困。我们遇到了和早期西方探险家们一样的问题——糟糕的食物、糟糕的交通、漫长的白昼，以及不得不承认，我们缺乏坚韧的意志。回过头来看，那段旅程也相当快乐，尽管当时我们觉得自己狼狈不堪。

当我们接近里韦拉尔塔的时候，路边的景色从森林变为了农田，让我们以为我们是在美国中西部的农场驰骋。但里韦拉尔塔并不是美国艾奥瓦州。尽管这里有牛群和庄稼，但是这里的一切是与世隔绝的，只属于热带，充满了野性。总的来说，里韦拉尔塔像是一座人类定居的岛屿，被丛林和河流环绕。它的北边是蜿蜒曲折的马德雷德迪奥斯河，发源自安第斯山。它的东边是贝尼河，在镇子边缘和马德雷德迪奥斯河汇合。贝尼河流经平坦且季节性洪水泛滥的玻利维亚平原，一个伟大的文明曾在此兴起，又神秘地衰落了。镇子的另外两面被丛林环绕，不时可见小块农田、牧场、草原和河流。所有的河流都汇入马德雷德迪奥斯河，而马德雷德迪奥斯河又在两千英里外的地方由亚马逊三角洲汇入亚马逊河。镇子里有很多茅草房，只有一条铺好的路。那条铺好的路的旁边分布着镇子里大部分的两层楼房，那些楼房大多是橡胶商、巴西坚果商和市长的财产。每天晚上，里韦拉尔塔的富人（相对富裕的那批）会乘汽车或是摩托车穿梭在镇子唯一的广场。那些没有车子的穷人则在一边旁观，脸上满是来自于古老山区的红壤尘埃。

我们到达后，便乘摩的前往小镇边上的一座旅馆。旅馆的老板娘叫多纳·罗萨（Doña Rosa）。那时，我们的背包仍然背在背上，路上的每一次颠簸都在和我们包里的书籍、鞋子和衣服的重量一起考验着我们的腹肌。到达旅馆以后，我们住在一层的一个挨着贝尼河的房间。整理好我们的行李之后，我们直接睡了一天半。我们将以这里为大本营度过接下来的几年。

我们的房间也有一些缺点。它离旁边的房子太近，于是我们听得到邻居的打斗；它离街道太近，于是我们每天早上都能听到买面包的男孩的号角；它离厨房太近，于是我们每天都伴着刷锅的声音入睡。此外，它离贝尼河也很近，所以我们每天醒来的时候都能听到黄褐色的河水在我们耳边奔流。我们都梦到过河流。像贝尼河这样的河流，将第一批亚马逊人带到了丛林周围。正是这些河流使得农业在此兴起，也正是这些河流将亚马逊丛林分隔开来。这些河流见证并承载了这一切——动物的咆哮声，以及人们来洗衣、捕鱼或者仅仅是赏月时候用几十种当地语言谈论的只言片语。

我们需要到上游的地方去，看看那些道路无法抵达的远方有什么。我们需要逆流而上才能到达卡维纳斯。在里韦拉尔塔当地人看来，上游丛林中的谜团远远比住在里面的人更多。在那里，"印第安人可能还像过去那样生活"，多纳·罗萨的克罗地亚丈夫这么告诉我们。其中一些人可能还是像美洲豹一般未开化的土著，所以我们要去的话必须十分小心。作为一名科研工作者，我并不喜欢这些"人形美洲豹"的说法，但是丛林深处的确有让我无法拒绝的神秘，这些神秘引诱着我进一步前行。科学需要怀疑精神，但是很多时候，想要有所发现往往需要我们暂时放松怀疑的精神。如果想要发现什么，我们先要相信这些东西是有可能存在的。我想知道，那些遥远的树林，那些似乎有小鸟在呼唤我名字的树林里到底隐藏着什么。[①]

我们旅馆的楼上住着那时在纽约植物园任职的萨拉·奥斯特霍特（Sarah Osterhoudt）。她把我们介绍给了玻利维亚土著人民联合会。那时，联合会需要一些人到丛林深处的土著人部落去深入了解和记录他们的知识。几周之后，我们便收拾行装动身前往卡维纳斯，去往里韦拉尔塔西南的一个卡维尼诺人部落。我们到那里是为了去记录当地使用的草药，并带去一些学习用品，同时还想了解如此与世隔绝、与丛林和河流为伴的人们是如何看待世界的。

我们将自己想象为勇敢的探险家，但是实际上卡维尼诺人的领地早在1900年就已经被科学家发现了。[②]我们带了一些很好的帐篷，还带了一些我们最喜欢吃的东西。即使这样，我们也没能摆脱那种远离尘世的感觉，似乎还有很多事物等待着我们去发现。

我们从里韦拉尔塔租了一架飞机，和我们同行的还有一位卡维纳斯当地的向导。那架飞机已经很旧了，出于对飞机服役年限的担忧，尤其是对悬在它引擎下方的金属碎片的担心，我问飞行员这架

---

① 我之所以这么说是因为树林中有一种小鸟的叫声很像是在喊："罗布，罗布，罗布。"

② 讽刺的是，那些科学家里面就有一位蚂蚁生物学家，名字叫作W.M.曼恩（W. M. Mann）。我甚至不是第一个询问卡维尼诺人他们对蚂蚁的了解程度的人。参见 Wheeler, W. M. and W. M. Mann. 1923. A Singular Habit of Sawfly Larvae. *Psyche* 30: 9-12。

飞机状态如何。"棒极了,"他回答说,"我们把它从美国国际语言暑期学院手里买过来之后还没用它干过什么。"这听上去不错,直到莫妮卡那声压过引擎轰鸣的惊叫:"国际语言暑期学院二十年前就被逐出玻利维亚了!"我们知道得太晚了。我们就这样出发了,一架有三十年历史的老旧飞机,一个飞行员和四个乘客,还有一只坐在前排乘客座位上的小鹦鹉,看着我们越飞越高,直到高过了它的同类。

已经没法用语言形容我们穿过亚马逊丛林,飞往卡维纳斯过程中,飞行高度有多么低。我们看上去就像是从树梢缓缓滑过一样。眼前的绿色变化无穷,几乎没有两种相同的绿色,而每种绿色都代表着一种生命。在玻利维亚北部,丛林向北方、南方和西方绵延数百英里①,但是在东边和巴西接壤处的丛林却被采伐得很厉害。斑斓的色彩映入我们眼帘,而当我们靠近时则变成了鹦鹉、花朵和树木的果实。我们的下方是贝尼河和它古老的河曲,点缀着深深浅浅的绿色条纹。当我们准备着陆时,色彩变得更加鲜亮,更加梦幻。在离那些树木越来越近的时候,我们看到了白蚁的土堆。这些土堆的形象越来越清晰,突然,我们意识到,它们就在我们准备降落的跑道上。

我们的飞机降落得很拙劣,当起落架接触到水泥般坚硬的白蚁土堆时飞机非常颠簸。在机舱门打开之前,我甚至没有时间去分辨这些白蚁究竟是什么物种。聚落中的人们开始出来围观我们的飞机。我们的向导很快便从飞机中跳了出来,朝相反的方向走去。我们被留在还没熄火的飞机上,看着长长的两队人,很多人衣不蔽

---

① 1英里约为1.6千米。——译者

体。农民们穿着没有拉锁的旧衣服，婴儿们紧靠着他们的母亲。我们走向他们的队伍，向他们打了招呼。一个人回应了我们，并走上前向我们伸出了手。握手之后，他拍了一下我的后背，然后又握了一次手，拍了一下后背，紧接着又是握手。我们竭尽全力想尽快学会当地这种打招呼的方式，和每个走上前来的大人握手并拍一下后背，一个接一个直到队尾。接着，我们的飞机起飞了，只留下没有向导的我们独自在亚马逊丛林的中央。

很久之后我们才知道，并没有人告诉这些土著人我们要来，他们只是听到了飞机的声音，然后就跑到了我们降落的地方。其中一个来迎接我们的人是海军在当地的特使。（在多次战败并损失很多领土之后，玻利维亚已经变为了一个内陆国家，但是碍于面子，玻利维亚海军仍未撤编。[①]）他问我们来卡维纳斯做什么。莫妮卡向他解释说，我们来这里，是为了了解当地居民对疾病的治疗情况以及获得治疗的方式。那位特使皱了皱眉，似乎并不相信。萨拉说她是来研究当地的植物的。特使的眉皱得更厉害了。我说我是来研究当地的蚂蚁的，特使听了转头就走了。如果说我们几个就是所谓的"革命委员会"，那确实没什么好担心的。特使走后，我们环顾四周看着来迎接我们的人们。我们真的到了卡维纳斯。

目前，对于数万年前人类从阿拉斯加迁徙到亚马逊盆地这个"新世界"的时间和方式仍有争议。新近的遗传学分析表明，迁徙分为两个阶段：首先，在现阿拉斯加地区和加拿大西北地区，人口开始增加；然后，在一万六千年前，可能只有几百人的少数人开始

---

① 这个海军特使所在的卡维纳斯甚至都不在河边。

南迁。[①]但在人类学争论漩涡的中心，即使是如此谨慎的说法也招致很多人的反对。抛开这些具体的时间和方式的问题，我们可以确定，有些人到了这里，而且其中一些人并未就此停下脚步，而是继续前行。

从白令海峡到安第斯山脉和亚马逊地带的迁徙可能持续了数百代人的时间，但很显然，真正所需的时间比这个要短许多。我们可以想象我们的祖先是何等举步维艰。但是他们像我们一样，偶然间会突然想要继续前行，想要翻过山去看看山的那边有什么，下一座山的那边又有什么。他们不断地告诉他们的孩子们："我们就要到了。"

当人们从寒冷的北方向南方迁徙的时候，他们身边的很多事物都改变了。行走在北极圈的针叶林中，我们只能找到一两种蚂蚁、十几种树和在寒冷中悄然绽放的花朵。生活在这些地方的居民，和那些在迁徙途中的人一样，对当地的这些动植物很是了解。但当他们向南迁徙的时候，他们就会遇到更多的物种。在亚马逊丛林中，平均1英亩（约0.405公顷）的土地上就生活着数百种树木，一座房子所占的空间中就生活着数百种鸟。倘若仅仅是给热带雨林中相对显眼或是重要的动植物命名，都像是没有笔却要写出一本厚重的书那样艰难。这是用语言和记忆书写的一本生命百科——书写的原因仅仅是因为这些物种对人类有用或是较为常见，这显然有所偏颇，但书写起来依然规模浩大。生活在北极圈的人可能只需要区分驯鹿和北美驯鹿，但亚马逊人却要区分数百种植物，即使仅仅是为了分

---

① Kitchen, A., M. M. Miyamoto, and C. J. Mulligan. 2008. A Three-Stage Colonization Model for the Peopling of the Americas. *PLoS ONE* 3: 1–7.

清它们是有益的、有害的或是致命的。

给物种命名并不是一门很大的学问。它就像是绘制地图或者编纂字典，本身并没有什么用处，但它是一切的第一步。它是孩子开始对周围环境进行探索时所做的第一件事，它是对周围世界最简单的刻画。它就像发现和命名那些行星和恒星一样，命名之后，下一步才是研究恒星、行星、卫星和其他星体的相对运动，命名是这些研究的第一步。所有已知的人类文明都会给物种命名，然后给它们分类，并由此形成关于它们的知识和故事。给物种命名，以及随之而来的研究，使得我们人类不同于其他动物。和我们亲缘关系最近的灵长类动物只能命名几个物种。科学家发现，长尾黑颚猴似乎对代表着不同捕食者的叫声呈现不同的反应。当它们听到"蛇"的时候会向下看，听到"鹰"的时候会向上看，听到"天啊，是豹"的时候会迅速爬到树上躲起来。[①]很多物种对世界的分类更笼统，大多仅仅是"危险"或者是"瞧，我多迷人"；我们是唯一的物种，能够或者是愿意说出那是"黑顶山雀"，或者是叫出其更加罕见但是准确的学名（*Kamera lens*）。

除了给不同的动物和植物命名，我们相信那些当地人也了解这些物种的用途。人类学家通过从当地人那里了解这些知识，试图找出最有用的动物和植物。他们想要知道当地人对周围的物种了解多少，能够了解多少，以及他们会把这些了解到的知识用于何处。

---

① 参见Seyfarth, R. M., D. L. Cheney, and P. Marler. 1980. Monkey Responses to Three Different Alarm Calls: Evidence of Classification and Semantic Communication. *Science* 14: 801–803。

在卡维纳斯，不管过去人们是如何生活的，这些过去的知识都已经消失了。18世纪末，传教士在此定居，和卡维尼诺人一起生活。传教士们让卡维尼诺人从遍布卡维纳斯的金鸡纳树树皮中提取用于治疗疟疾的奎宁，并将奎宁出口到欧洲。此后，在1869年，尽管玻利维亚亚马逊丛林中的河流尚未被探索清楚，一个美国地理学家就已经在卡维纳斯发现了橡胶。

橡胶树会很大程度上改变居住在其周围的人们的生活。欧洲和北美对于橡胶的需求驱使当地人走出家门，踏上通往橡胶树的泥泞小路。人们会在橡胶树皮上割出一排有一定角度的切口，然后等胶乳自己流出。每天早上，他们在切口下方放上一个小桶；每天下午，他们回来，将这一桶白色的"金子"带回家。毫不夸张地说，到1900年的时候，人们发现了玻利维亚亚马逊丛林中的每棵橡胶树，并对它们进行了开发。如果卡维纳斯和其他发现了橡胶树的部落一样，那么可以肯定的是，这里的所有男人和大部分女人都会夜以继日地到丛林中切割橡胶树皮，收集胶乳，将胶乳加热之后团成球状，拉到岸边以备运输。[1]这些树木的汁液，这些用来保护欧洲人精致的脚不被雨水侵袭的橡胶，灼烧着亚马逊土著人的手指，还经常导致他们过劳而死。[2]

在橡胶业蓬勃发展的同时，橡胶树也被破坏得很严重。在橡胶树被破坏后的一段时间里，当地人的生活似乎又变得和以前一样。

---

[1] 丘奇（Church）报道说，在1880年有185人（包括男人，女人和孩子）受雇在卡维纳斯采集橡胶。仅仅一年间，他们一共收集了104000磅（1磅约为0.454千克）橡胶，也就是说，平均每人收集了超过550磅橡胶。参见Church, G. E. 1901. Northern Bolivia and President Pando's New Map. *The Geographical Journal* 18：144–153。

[2] Fifer, V. 1970. The Empire Builders: A History of the Bolivian Rubber Boom and the Rise of the House of Suárez. *Journal of Latin American Studies* 2: 113–146.

但是那时，人们却有了对西方商品的需求，因而有了对钱的需求。人们已经用上了火柴、油和煎锅，似乎很难再回到过去的日子了。于是，新的循环开始了。卡维纳斯周边盛产巴西坚果树，巴西坚果成了北美人的圣诞佳肴。这足以使卡维尼诺人又回到丛林去。他们用巴西坚果换来了财富。日常生活又有了美好的前景。

我们无从知晓，在两百年后的今天，被西方经济浪潮裹挟的卡维纳斯是否还保留了以前关于丛林的知识，是否还有由当地语言记载的，未被西方文化取代的知识和传统。

我们发现，卡维纳斯是一个遍布茅草屋的小村庄。屋子周围的土地都被清理过，可能是用火烧过，只留下了草地。每间房子周围都有一圈空地，每天都有人打扫，供孩子、猪和宠物猴子玩耍。（我们在卡维纳斯居住的时候，一只宠物僧帽猴骑着一头猪在镇子上转了一圈，它靠向左或向右拉猪耳朵控制方向。）那些房子大多是用来自棕榈树的材料搭建的：棕榈木的墙、棕榈叶的屋顶、棕榈木吊床和棕榈木的座椅。而商业社会在里面的体现则是金属锅、火柴和油。屋子里其余的东西也大多是丛林的产物，或者是人工种植的，或者是猎杀得来的。丛林环绕了整个村子，林中有很多久经踩踏后形成的小路。至少对于我们的任务来说，这是一个好地方，在这里，人们仍然在给周边生物命名，并对它们进行研究。对于我们来说，如果有什么理想的地方，我们能想到的也只有这里了。

因为我们的到来并未被提前告知，所以我们住在哪里，我们吃什么，甚至我们要做什么都还没有着落。我们的向导回来了，我们也不知道他之前去了哪里，他用卡维尼诺语和他们商量着能不能帮我们找一个睡觉的地方——我们那时还不会说卡维尼诺语——或者有没有什么办法让我们带上所有东西，然后把我们丢给海军。幸好，最终的结果是前者。他们让我们住在广播室里。广播室在整个村子的中间，里面的"原住民"只是一台不间断地播放卡维尼诺语广播的发射器。广播室的窗户没有纱窗，于是我们就在小屋里搭了一个帐篷住了进去。

经过长时间的协商，解释了不管多好吃我们也不想吃猴子的原因之后，我们最终在镇子里找到了可以为我们做饭的一家人，又雇了几个可以带我们认识周边动植物的向导。于是，我们可以着手准备做我们计划在这里做的工作了。村子里的老人都只会说卡维尼诺语，所以我们还需要一个翻译。村里的孩子在翻译方面给了我们很大帮助，至少看上去是这样。后来我们才发现，在这些孩子的"帮助"下，我们把"吃饭"说成"阴茎"说了好几天。

每天早上，我们都和一个当地的动植物专家出去学习。让我们很兴奋的是，我们会看到很多东西。我们和几个这样的专家出去过，其中最仰仗的还是一个叫费利佩的人，他也很乐于当我们的向导。费利佩也很想找到一些植物，后来我们才知道他想找的是神奇的助性植物，这种植物在那里很受欢迎，因而也很难在附近找到。和我们同行对他也很有帮助。费利佩边走边把植物指给我们看，并告诉我们它们的用途。费利佩一个接一个地告诉我们那些植物在当地的名字，就像在读一本字典一样。在离村子比较近的地方，几乎每种植物对费利佩来说都是有用的。有些植物有西班牙语名——据说是最近才借用过来的——但是大部分植物或者只有卡维尼诺语名，或者只有从其他我们不知道的土著语言借用过来的名字。

费利佩靠眼睛快速辨认出的植物，我们每种都收集了。我们对他在没有花和果实的情况下就能辨认植物非常惊奇，因为依据分类学之父卡尔·林奈（Carl Linnaeus）的习惯，我们通常需要看到植物的性器官才能辨认植物，于是，我们只能做很多笔记。费利佩辨认植物的确不需要花和果实，他主要依靠观察树皮，观察叶片和树干的形状，甚至有时他只依靠观察瓢虫或者病毒在叶片上留下的痕迹就能辨认出不同的植物。因为热带的瓢虫和植物病毒通常只吃或者感染特定植物的叶片，因而它们留下的痕迹可以当作鉴别物种的依据。费利佩的方法是很实用的，是我们那没有豪华向导团的祖先曾仔细雕琢过的方法。我们鉴别植物的动力主要来自于萨拉的好奇心，而费利佩的动力则来自于寻找食品和药物的需求，换句话说，是他生存的需求。

在这几次出行中，我开始询问一些关于昆虫的问题。我主要关注蚂蚁，尤其是那些我在野外有一定概率能认出来的，以及那些在其他土著部落中已经被命名、研究和神化了的蚂蚁。在玻利维亚的邻国——巴西的卡亚波部落，有超过八十种蚂蚁被命名，其中很多都对人们有用。[①]我希望卡维尼诺人对蚂蚁的认知能够作为他们对身边世界认知程度的衡量指标。如果当地人了解蚂蚁，那他们也应该对其他昆虫有所了解。如果人们对蚂蚁这一常见物种了解不多的话，那他们对其他昆虫，尤其是更难以发现、多样性更丰富的热带昆虫，可能也知之甚少。一只接一只地，我拎起蚂蚁的腿给费利佩看。很多种蚂蚁都没有名字，有的只有一些模棱两可的名字。费利

① Posey, D. A. 1981. Wasps, Warriors and Fearless Men: Ethnoentomology of the Kayapo Indians of Central Brazil. *Journal of Ethnobiology* 1: 165–174.

佩可能会叫一只蚂蚁"刺很硬的大黑蚂蚁"，遇到这种情况，我也就不再细问了。

在和费利佩同行的过程中，我发现了一种蚂蚁，后来才知道它是一个新物种，费利佩或是西方科学界都没有给它命名。昆虫学家比尔·麦凯（Bill Mackay）后来将其命名为*Camponotus dunni*。我遇到的很多种蚂蚁都还没有被命名，很可能也是新物种。这里的很多事物都是未知的，至少从蚂蚁的角度说，很多连费利佩也不知道。卡维纳斯周围的几百种蚂蚁，费利佩可能知道四十种，和亚马逊地区城市里的非土著人差不多。毫无疑问，这个数字比并非研究蚂蚁的科学家的平均水平高一些，但也没有那么惊人。有可能是卡维尼诺人没有给这些蚂蚁命名，也有可能是这些命名随着时间佚失了。后来证实，他们对蜜蜂了解更多，但是从昆虫纲生物的角度说，蚂蚁可能是更有代表性的物种。甲虫们可能已经在村子外呼唤彼此的"名字"了，甚至是在屋顶的茅草里面打着"招呼"，但是卡维尼诺人并没有通过给它们命名予以回应。这只是因为，物种实在是太多了，即使很多物种对于人们来说是有用的，人们也无法将其命名穷尽。人们命名了那些大的、好吃的或者会带来麻烦的物种，剩下的可能还有很多，但也只好被遗忘在昏暗的角落里，任由它们追逐嬉戏。

从费利佩的日常生活来看，他的世界是以他自己，以他自己的所见、所闻、所感为中心的。动植物都是用来吃的。[①]在那些没有被

---

① 当被问起有关世界观和世界起源的问题时，两个卡维尼诺老人开始讲述一个关于一个男人、一个女人、一条水蟒和一个芒果的故事。卡维尼诺人开始将丛林版本的亚当和夏娃的故事当作是他们起源的神话。当被问起他们成为福音派教徒之前的宗教信仰时，没有人回答我们。最终，一个坐在更远处的女人回答了我们："我们是天主教徒。"

传教士直接影响的文化中，命名物种的动因也是类似的，只是可能有的部落对物种多样性了解得更多一点。例如，卡亚波人觉得世界像蜂巢那样，分成多个平行的平面，一层一层悬挂在空中。大部分卡亚波人在中层的平面生活，但他们曾经生活在更高层，生活在天空之上，只是后来掉下来了。那些没有掉下来的人点燃了篝火，照亮了日月星辰。在卡亚波人之下，在那个日月星辰的光芒照不到的最低的平面上，生活着那些没有价值的人——卡亚波人以外的人，蝼蚁一般没有价值的弱者。卡维尼诺人的月亮可能也曾经是被篝火照亮的，但是现在月亮对他们来说只是一个卡维纳斯以外的神秘世界。在那个世界，人们听不到纺织娘的鸣叫，也听不到数十亿白蚁切割枯叶，并把枯叶带给臃肿肥胖的蚁后的声音。[①]

当我们快要离开卡维纳斯的时候，萨拉已经收集了超过一百种植物。其中的大部分植物都有当地的名字，主要是卡维尼诺语名字，而且很多植物都有各自的用途，比如当作建筑材料、药物，或者只是用来编织给孩子绑宠物甲虫的线。卡维尼诺人对于植物的认知表明，那些传统的知识并没有被丢弃。甚至不必和其他居住在热带地区的部落比较，我们都能知道卡维尼诺人对身边的世界了解很多。植物和鸟兽的名字不仅仅存在于他们的语言中，也存在于他们的神话故事里。

卡维尼诺人能命名的物种数量十分庞大，与其他在丛林居住的未开化部落一样。在玻利维亚亚马逊丛林曾生活着数十万塔卡纳

---

① Posey, D. A. 1981. Wasps, Warriors and Fearless Men: Ethnoentomology of the Kayapo Indians of Central Brazil. *Journal of Ethnobiology* 1: 165–174.

人。他们在语言和文化方面都和卡维尼诺人有很近的亲缘关系，两个部族可能有共同的祖先。在卡维纳斯上游的一个塔卡纳人村子里，一群科学家最近清点了当地的所有植物，并统计了塔卡纳人可以鉴别或者使用的物种数目。尽管很多传统的信仰和宗教活动都已经消失了，但是，当科学家向同行的塔卡纳向导展示收集到的185种植物时，他们依然可以认出其中的绝大部分，知道它们在当地语言中的名字。在这些被命名的植物中，有三分之一被塔卡纳人用作食物或者药物。[①]查科博人是一群生活在玻利维亚亚马逊丛林附近的土著人，但是他们的语言和卡维尼诺人完全不同。查科博人可以鉴别出数百种植物，而南边更远处的奇曼人和阿根廷附近查科平原上的图皮–瓜拉尼人也能做到这一点。

在全世界范围内，在小部落里耕作狩猎的民族能够了解周边大部分的植物和大型动物。但是这些村庄的人们对邻近的村庄和更远的村庄周边的物种却知之甚少。即便都是在玻利维亚的亚马逊民族，卡维尼诺人了解的物种似乎和查科博人不同；查科博人和奇曼人，奇曼人和塔卡纳人了解的物种也不一样。没有两个部落了解的物种是完全相同的，而且很多物种只被一个或几个部落发现过。一个部落了解的物种取决于它们是否在当地生活，以及它们对人类有多大用途，还取决于这些物种在文化上的重要程度。卡亚波人命名了很多种蚂蚁，却没有给白蚁命名，因为他们觉得蚂蚁看上去很强

① Bourdy, G. S., DeWalt, S. J., Chávez de Michel, L. R., Roca, A., Deharo, E., Muñoz, V. Balderrama, L. Quenevo, C. and A. Gimenez. 2000. Medicinal Plant Uses of the Tacana, an Amazonian Bolivian Ethnic Group. *Journal of Ethnopharmacology* 70: 87–109; Boom, B. M. 1989. 关于查科博人对植物资源的利用，参见*Resource Management in Amazonia: Indigenous and Folk Strategies*, edited by Posey, D. A., and W. Balée 78–86. New York: The New York Botanical Garden。

大，而白蚁看上去很弱小。在泰国的一些地方，昆虫被看作是造物主的失误，因而当地人很少给昆虫命名。全世界的土著人用不同的方式给周边的物种命名，命名的物种即使没有几千种，也有几百种。

在历史上，数万个部落中的人们都对周边的物种有所了解，并为它们命了名。每个部落都会觉得自己是特殊的，是天选之子。每个部落都有自己的造物主和神话。每个部落都觉得日月星辰都是他们独有的。周边的动植物也都是他们独有的，取之不尽，用之不竭。很少有人了解稍微远一点的地方是怎样的模样。那时，我们也还没从太空中俯瞰过我们的星球，不知道我们周边是怎样一番光景。但是，当地人至少都为自己周边的大部分草木鸟兽起了名字。早在一万年前，人类便到达了世界的大多数地方，大部分哺乳动物、鸟类、树木以及大多数淡水鱼都随着被人类使用、食用或者仅仅是简单提及而被命名。人类曾经几乎给地球上每个显眼的物种命名。在卡维纳斯，我们只是了解了这样的一个部落。然而，在全世界，这样的部落还有几千个。

西方科学家面临的第一个挑战并不是发现当地的鸟类和猴子，巴西坚果和竹子，而是找到已经发现这些物种的土著人。然后，下一步也是必要的，既需要我们谦虚，也需要我们傲慢。谦虚是指需要我们意识到我们所生活的部落并不是那么特殊，这样的部落还有几千个——每个部落都发现过周边的一些物种，并给它们命了名。傲慢则是指各地用各种语言命名的物种还需要用一个简明的通用名重新命名。如若不然，相同的物种就会以各国语言命名，甚至连同一国家的不同科学家也会对同一物种给出不同的命名。

对通用名的需求很快变得迫在眉睫。科学界需要一个人命名所有东西，无视之前的人和其他国家的人，例如英国、法国或是马里人对同一物种的命名，瑞典出现了这样的一个人，他的名字叫卡尔·林奈。林奈不仅仅有这样的意愿，他甚至觉得他是完成这项任务的天选之子。以后我会讲他的故事。在这之前，我们还得先离开卡维纳斯，回到家中。

我们在卡维纳斯的时候，经常听到关于村子外面的动物，或者曾经生活在村子外面的动物的故事。一些故事听上去像是完全杜撰的，比如白蚁堆中的小矮人，还有一些听上去就没那么容易分辨了。一天晚上，我们听到了关于一种大猴子的故事。当孩子们走来走去并点燃熏香驱赶蚊子的时候，一个老人幽幽地说："山上有一种很大的猴子，名叫蜘蛛猴。那些蜘蛛猴有一人来高，我爸爸曾经提到过它们。它们就生活在山上，也有可能以前生活在山上。我知道它们。有时，它们会在夜里到村子来。我听到过它们朝我家走来时马匹受惊的声音。"

这个大猴子的故事我们听过很多次，不管是在卡维纳斯，还是在卡维纳斯以外的地方。每次我们听到这个故事的时候，他们都会提醒我们，这些大猴子很危险，十分危险。有时，晚上我们在帐篷里坐着的时候，我们就会想附近的森林里是否真的存在这样的动物，一种体型很大、很奇特的新型蜘蛛猴。在这片广阔而幽暗的丛林中，这似乎是有可能的。

一天晚上，大猴子的故事依然萦绕在我们脑海。突然，我们听到了一声巨响，之后又听到有什么在敲我们的窗户。我们坐起来，环顾四周。莫妮卡叫我出去看看是什么。我点亮了小手电筒，照了照房间，又照了照窗户，检查了屋子的每个角落，然后，我小心地打开了门。美洲虎在卡维纳斯附近是很常见的，但是我却在想会不会是那种大猴子。我记起早些时候，我曾听到马被什么穿过村庄的东西吓到。我缓步走出去并向四周张望。突然之间，我看到它了——一只睁大了眼睛，看起来极其凶恶的家猫。

不管是在卡维纳斯，还是在其他的部落，那些很难被找到的动物，比如大猴子之类的动物，往往容易被我们忽视，被我们认为是杜撰的。这种忽视往往是正确的，但是有的时候也会犯错误。过去十年间，在科学家"发现"的大型脊椎动物中，有几种以前曾被认为只存在于骗局或者神话中。例如，2008年在越南发现的一种大型乌龟——斑鳖，之前被认为在野外灭绝很久了。这种乌龟是世界上最大的淡水物种，尽管当地已经久有传闻说湖里发现了三百磅重、长得像乌龟的怪物，却迟迟没有被科学家们发现。大自然很善于愚弄那些试图限定它的边界的生物学家。在卡维纳斯，没有人会排除任何可能性，不管是新的月亮、巨大的猴子，还是海妖、巨猿。他们也不该排除这些可能性。从卡维纳斯向西到秘鲁，有将近五百英里人迹罕至的原始丛林和草原，大到足以隐藏一支巨猴军队，或者其他我们难以想象的东西，大到足以隐藏无尽的未知。

从很多方面看，对于我们来说，卡维尼诺人对世界的了解程度不仅是我们过去，还是我们现在对世界了解程度的缩影。在生物学探索的每个阶段，我们总是认为我们即将探索的领域有怪物出没，就像卡维尼诺人认为周边广阔的丛林生存着怪物一样。当我们出海时，我们最初认为广袤的海洋中有海妖出没。当我们仰望星空时，我们认为宇宙中有和我们差不多的火星人。我们想象的未知事物和我们自己有点相似，但又有那么点区别。还会有什么比大猴子或者小绿人更像我们自己的吗？然而，每一次，真正未知的东西总是和我们的预期相去甚远。任何人都能想象出一种类似人的生物，但是那些原始部落的人则很难想象出猛犸象、剑齿虎这样的近亲，更不要提那些亲缘关系更远的原生生物、细菌，以及挥动着触须的巨大乌贼了。

当我们快要离开卡维尼诺人的领地时，我开始思考一些其他的问题，一些我真正想得到答案的问题。我问了几个这样的问题，但是我们的向导似乎已经厌倦了我们的好奇心。我们变得越来越不受欢迎了。真的到了该走的时候了。

我们本可以租飞机离开卡维纳斯，但是抱着探索的心态，我们打算乘渔船顺流而下。我们走过一个城镇，到达了海军基地卡维纳斯港，在马尔梅河岸边等待着渔船的到来。我们看着马尔梅河奔流而下，沿岸有各种各样未知的物种和二十多个语言渐渐消亡的土著部落。我们等待着，时常问："渔船什么时候才会来？""捕完鱼的时候。"他们回答道。"什么时候会捕完鱼呢？""捕到足够多的鱼的时候。"于是我们等待着，等待着好运，等待着渔民能捕到足够多的鱼，等待着那个满载着死亡生物、充满恶臭的筏子。我们等了三天，但是什么也没等到。于是，我们决定徒步前行。

步行的路程超过60公里，但我们那时候依然踌躇满志。不幸的是，没有人愿意在雨中当我们的向导。卡维尼诺人虽然被雨水和河流滋养，但是他们似乎很怕水。我们等雨停等了几个小时，最终我们放弃了。我们三个在雨中踏上了旅途，靠萨拉日志里的一张手绘地图前进。那张地图上的线条模糊得像圆圈一样，这有点令人担心。我们开始向西，走出卡维纳斯所在的丛林，进入了湿热的草原。雨始终没有停，我们终于明白了为什么没有人愿意和我们同行。这片我们需要整整一天才能走出的草原，里面的积水足有一英尺①深。

我们艰难地前行着。随着旅程的深入，我们变得越来越湿、越来越热，而且我也开始越来越频繁地抱怨萨拉收集了这么多该死的植物标本——这些标本一直由我背着。我们走过了布满蟒蛇、蚊子和沙蝇的潮湿草原，满载着对潮湿天气的不适。那里到处都是水，可是可以饮用的却很少。我们的滤水器都用完了，只剩下一点煮开过的水，也没有办法补充。中午的时候，我们就没有水了，食物也所剩无几。饥渴难耐的我们停在了一望无际的草原中央，喝掉了萨拉书包底部最后的一点"酷爱"②。我们开始担心我们迷路了。后来，我们遇到了一个八岁的男孩，他独自从一个村子走向另一个村子。我们尽了最大努力跟着他，可最终还是没能跟上他，只好跟着他在泥地里留下的脚印前行。

最终，在徒步行进十二个小时后，我们看到了一个在我们简陋的地图上标作"帕拉伊索"（即天堂）的地方，一座森林岛。我在官方地图上看到过它，那里曾经是个村庄。又累又渴的我们顺着草丛里的羊肠小径走到了森林中，也就是"帕拉伊索"所在的地方。在森林中，我们爬上了一座小山，接着又是一座。在那里，我们找到了一间废弃的棕榈小屋，屋子的周围都是果树——橘子、芒果、

---

① 1英尺约为0.3米。——译者
② 酷爱，英文名是Kool-Aid，是一种固体饮料。——译者

葡萄和橙子。这些都是亚洲的物种，但在这里有很长的种植历史。树上满是成熟的水果。我们做了唯一可以想象的事情：把行李放下，开始大吃特吃，直到吃得嘴唇、手指都开始灼痛为止。我们精疲力竭，还有些迷路，但我们心满意足。

当我们在帕拉伊索乐不可支的时候，我很好奇我们需要花多长的时间才能发现和命名周边的物种，了解哪些能吃，哪些不能吃，需要花多长时间才能弄清我们尚未探索的地方到底是有未知的生物，全新的卫星，还是只是各种各样的梦想。我们要从哪里开始呢？

在先民之后的第二代探险者中不乏一些科学家，如果他们遇到我们这种情况，和我们一样迷失在亚马逊丛林的果园中时，他们可能会开始收集周边的物种。正因为我们身边满是未命名的物种，我们还有很多工作要做。有人说："科学是引导人们在黑暗中漫步的光芒。"我们也需要这样的光芒，但是那时我们已经很累了，而且我们还要忙着填满自己的肚子。

2　通用名

"看哪，他们成为一样的人民，都是一样的言语，如今既作起这事来，以后他们所要作的事就没有不成就的了。我们下去，在那里变乱他们的口音，使他们的言语彼此不通。"

——选自《圣经·创世记》11：6—7

1732年5月23日，周五，林奈的生日，他在这个早晨启程离开了乌普萨拉①。马儿轻嘶，徐徐前行。出发不久，他便翻身下马，拿出了纸笔，地面上的淡黄的野花吸引了他的注意。前行不远，他再次停下，就像他之后数千次的停留一样。像大多数生物学家一样，他是一个不让人省心的旅伴②，本来一天的行程往往会被他拖到三天。

---

① 瑞典中部城市。——译者
② 我妻子可以证明，生物学家都是这样。

又一朵花，又一只鸟，又一只虫，琳琅满目的大自然一次次让他停住脚步。如果他的马会说话，它一定会提醒林奈他们还有很长的路要走。①

林奈的这次旅行由皇家科学院资助，在旅行刚开始的时候，他那匹原本整装待发的马看上去无精打采。它原以为林奈会像他说的那样，仅有一支笔，一套换洗的衣服，一个标本夹，和一顶假发与之相伴。谁知林奈带了太多关于鸟类学和植物学的书籍，远远超出了它的预期。不过这次旅行注定将开启一个探索的新时代，一个比发现新大陆还要伟大的新时代。他的旅程将从南方的乌普萨拉开始，顺大路沿波的尼亚湾②北上至于默奥③，然后转入内陆，向北极圈和萨米人④（更多地被称为拉普人）的神秘土地进发。尽管现在看来，瑞典北部不再是一片遥远而蛮荒的地域，但在当时，1732年，用林奈自己的话说，"这是世界上最野蛮的一片土地"。⑤

林奈希望有一天会功成名就。但由于现在他依然寂寂无名，他必须去野外探索。他此行的动机正如现今的生物学家所了解的那样：他因为身无分文而踏上旅途，此外，颇有冒险精神的他也想收集一些植物。尽管他的母亲并不十分同意，他的父亲还是让他放心大胆地去。那时的林奈是懵懂而又毫无准备的，但他的这次旅程注定将改变生物学的历史。

---

① 有关林奈旅行的详细内容，请参见Black, D. 1979. *Carl Linnaeus, Travels*. New York: Scribner. Also, Blunt, W. 1971. *The Compleat Naturalist*. New York: The Viking Press。

② 波罗的海北部海湾，西岸为瑞典，东岸为芬兰。——译者

③ 瑞典北部港口城市。——译者

④ 欧洲北部北极地区的少数民族。——译者

⑤ 引自Blunt, W. 1971. *The Compleat Naturalist*. New York: The Viking Press。

两千年前，可能有上万个像萨米或者卡维尼诺这样的部落，有上万种没有文字的语言。在每种语言中，动植物又有它们各自的名字。随着农业、书写和聚落的发展，这些文明的语言有很多种发展趋势。最可能的发展方向即世界依旧是碎片化的，事物在一千种语言中有一千个名字。奶牛可能因其价值而遍布世界，但在每个地方它都有各自的称谓。

最终，科学家意识到了这个潜在的问题，并试图通过将物种名改为很长的描述性语句以避免对同一物种进行重复性命名。当我们只需要辨别周边的物种时，我们只需要一个简单的名字就够了。但当我们需要了解这批从西班牙运回的蓍草①和家里药用的东西是否是同一个物种时，我们就需要费尽九牛二虎之力来区分很多不同的物种。这些新的物种名必须涵盖该物种的所有特点，至少是人们再次看到它时能将它辨认出来的所有特点。纵观人类历史，很多当地人命名的物种名都由两个词构成，一个俗名（例如行军蚁），和一个更加具体的定语（例如"红行军蚁"中的"红"）。卡维尼诺部落的印第安人就是这样命名当地物种的，世界各地的其他部落也是如此。但18世纪的科学家们需要更好的命名方式，因为世界上的红行军蚁有数十个物种之多。理所应当地，他们命名的物种名越来越长，越来越长，一个物种名甚至会有十个乃至几十个词。

但是，这个让名字越来越长的命名法并不奏效。更糟的是，随着发现的新物种数量日益呈爆炸式增长的趋势，这个问题越来越严重。船只从世界各地带回各种新物种，甚至在欧洲内部也有成千上万的新物种被发现。人们根本不知道在英国和在瑞典命名的物种究

---

① 一种药用植物。——译者

竟是不是同一物种。它们的名字可能不同，但描述的却是相同的物种；相应的，它们的名字可能相同，但所代表的物种又有所不同。例如千叶蓍，一种久经使用却难以辨认的草药，被命名为*Achillea foliis duplicatopinnatis glabris, laciniis linearibus acute laciniatus*[①]。这一连串的形容词不只是为了将其与其他数十种蓍草区分开来，也是为了提供足够多的细节将其与其他的所有植物区分开来。但是，很快就有成千上万个新物种等着我们去命名，而能描述物种特征的形容词已经不够用了。况且，这样的命名并不利于给物种归类，命名一种新的植物往往是要和其他所有植物作对比，而不只是将其从相像的物种中区分出来。在这样的命名系统中，我们不知道一共有多少物种，也不知道同一个物种被反复命名了多少次。

科学语言随着新物种的发现变得愈发分散，而对于新物种的探索又随着欧洲人想要寻找新的作物、新的药物、新的衣料和新的香料而显得迫在眉睫。进而，对物种命名系统的调整，对自然的探索也提上了议事日程。就像通天塔那样，我们对周边事物的认知在随着科学语言的碎片化而慢慢崩塌。

卡尔·林奈将在这一片混沌中拯救科学命名法。从小时候开始，他就能叫出周围植物的拉丁名。他的摇篮是用鲜花装饰的。后来他的母亲说，给他一枝花就能让他停止哭闹。他的父亲是一位牧师，同时也是博物学爱好者。是他在向林奈灌输，林奈是这个艰巨任务的天选之子。他们的姓氏"林奈"来源于"椴树"这个词（后来，林奈将椴树重新命名为*Tilia*）[②]。

---

① 意为"一种蓍草，叶片狭长，光滑，有深而尖锐的裂纹"。——译者
② 林奈的父亲只有名字，没有姓，因为天生喜欢树木花草，就用瑞典语的"椴树"一词作为姓氏的语源。——译者

"椴树"林奈将会拯救科学语言，但是现在他还在探索的旅程中。随着旅程的深入，取得重大发现的可能性让他踌躇满志，但是这种兴奋也被旅程中的生存压力冲淡了不少。雷声在他身边咆哮，威吓着他的马，也同时威胁着他精心制作的标本。启程六天后，林奈决定停下来休息一下。乌普萨拉之外的世界是严酷的，而我们的林奈是脆弱的。他那瑟瑟发抖的身体已经让他抱怨不已，而他也将很快会意识到自己的孤独，并渴望能有一个旅伴。然而，他还没有完成旅程计划的十分之一，还没有走上那些艰难的羊肠小道，现在的他还只是蜷缩在旅馆中。

林奈从乌普萨拉沿海边的大路北上，途经一些小城市，此后，他离开于默奥，徒步沿于默奥河进入内陆。他朝于默奥河的上游行进了三天，每天的旅程都比前一天更加艰难。宽广的大路变成了羊肠小道，羊肠小道又变成了难以攀爬的巨石迷阵。对于那段旅程，他写道："我从未想过会有如此糟糕的路况……这些东西轮番折磨着我——一堆堆的石子，盘踞的巨大树根，以及它们中间的坑洼里满满的雨水。"尽管路途艰险，林奈仍然没有停止收集标本。

在当地的萨米人向导时有时无的帮助下，林奈日夜都在赶路。当时是北极圈内的夏天，林奈在极昼的午夜也没有停下脚步。这样的行程也只能用"可怕"来形容了。他和他雇佣的助手们在风雨中穿过树林，穿过齐膝深的沼泽和溪流。对于林奈来说，这是一种"比死刑还要残酷"的惩罚。他宁愿根本没有踏上这次旅程。他吃光了所有的食物，也无从觅食。他们饿了整整一天，在终于翻过一座小山之后，他们发现了一些帐篷。然而，帐篷里没有人，也没有食物。最后，他们找到了一个老太太。老太太觉得他们的境遇和他们的无知很是"般配",并对他们施加援手。那时的林奈是那样的可怜,是他自己决定的旅行让他沦落到这可怜的境地:辛苦的劳动,刺骨的严寒和一路的艰险。难道他没有更好的选择吗?按他自己的话说,他已经厌倦了"像一条鲑鱼一样逆流而上、走向毁灭"的生活。

随着旅程的深入,林奈越来越依赖当地人好心的帮助。大部分情况下,这些帮助他的当地人都是萨米人。萨米人已经在斯堪的纳维亚北部生活了几千年,远在芬兰人、瑞典人和维京人之前。林奈遇到的最初的七个萨米人都骑着驯鹿。他们都会说瑞典语,所以林奈还可以和他们交流。随后,语言问题变得越来越大。然而,和萨米人的每次交流,都让林奈对他们越来越感兴趣。他为萨米人画了素描,也画了他们的船。

每次萨米人拯救林奈于水火,他都会记录下来他们是怎样帮助他的。也许是林奈越来越觉得寂寞了,所以,当萨米人给林奈提供住宿的时候,他详细地描绘了萨米人"几乎裸睡,只盖驯鹿皮"的习惯。"人们赤身裸体站起来也没有什么尴尬的,无论男女。(后人认为,唯一会尴尬的可能就是林奈。)"当他生病的时候,他会记录萨米人使用的草药,并对他们把真菌当作壮阳药很感兴趣。他也看过一个萨米男人在敲击一个神奇的"鼓"。而且,每次和萨米人交流,他都会了解到萨米人是如何为动植物命名的。

林奈从萨米人那里得到了很多东西,也包括萨米服饰、鼓、靴子,甚至帽子。这让他的马深感"沮丧"。后来,这些服饰也将陪伴他度过人生中的一些重要时刻。他从萨米人那里学到的最重要的东西，也是他旅程中的第一堂课，就是全世界的土著人都会对他们周围的物种和景观命名，也会了解这些物种的价值和用途。

林奈很清楚萨米人知道很多他不知道的事，他正是受益于这些当地人的生存技能才得以活下来。萨米人对不同的物种有不同的命名，对不同的物种有不同的归类方法，对物种的用途也有相应的分类。他们几乎创造了自己的分类科学。然而，他不知道的是，世界上还有几千个文明，它们对周围世界的了解都达到了萨米人的程度。这些来自其他文明的科学知识，带给了林奈一些问题，但也给他提供了解决的办法。解决的办法就是：想要了解世界上所有的物种，他不必从头去追踪每个物种，因为很多物种已经被萨米人这样的当地部落命名了。各地的原住民已经探索了世界的大部分地方，林奈要做的只是要将他们的发现汇总起来。

林奈这次旅行以及接下来的工作归根究底都是为了瑞典王国的利益——为瑞典寻找一些有用的东西，因而，对林奈来说重要的是，通过与当地人交流来了解他们是如何利用周边环境中的资源的，这样可以节省时间。从某种意义上说，他就像是一个翻译，穿梭在世界各地不同文化所催生的科学之间。这些不同的文化、语言和命名，在他看来是上帝摧毁通天塔的结果。很多类似萨米人这样的部落（也就是通天塔的建造者）对相似的东西有不同的命名，这让林奈更加深刻地认识到物种通用名的必要性。上帝让动植物散落在世界各地，并让它们被不同的人重复命名。林奈想要把每个物种用上帝唯一的真正语言——拉丁语重新命名，并在每个物种名后加上他自己的名字——林奈，也就是它们的命名人。他想成为上帝的合作者。上帝可能没能把他创造的事物组织好，林奈将帮他完成这件事。

在当地人的大力帮助下，林奈最终回到了于默奥。在离大路很近的地方，林奈的辛勤最终得到了回报。他将与一种花坠入"爱河"。在6月12日，他走下马来环顾四周，发现了一种他之前从未见过的植物。他看到了一种"血红色"的小花，这种花有着鲜亮饱满的花冠。这种植物"极其美丽，并用一种最令人愉悦的方式装饰着泥泞的土地"。对于他来说，这些花就像是由美女的画像构成的。没有一个画家可以"描摹出一个美丽女子的迷人之处"。那是一种美丽的小花。就像安德罗墨达（Andromeda）[①]那样，"像美丽的诗篇描绘的那样……像一个精致的、散发着无尽魅力的少女在筹划她的婚礼一样"。这种植物"依附在湿地中翠绿的土丘上，就像安德罗墨达被锁在海里的岩石上那样。海水冲刷着她的双脚，就像清水冲刷着这种植物的根。恶龙和毒蛇环绕着安德罗墨达，就像小花旁边的蟾蜍以及一些其他爬行动物"一样。接着，他更加具体地描绘安德罗墨达和这种小花的共同点，然后在他的笔记本上画出了小花和安德罗墨达的对比，赤身裸体、胸部丰满的安德罗墨达站在一块石头上，就在他的小花旁边。之后，他将这种植物命名为青姬木（*Andromeda polifolia*）。很显然，林奈愈加觉得寂寞了。

如果说林奈从萨米人那里得到的知识是他学到的第一课，那这朵青姬木的花则见证了他这次旅程中第二课的开端。这种植物因为它的性器官（也就是花）吸引着林奈——从某种意义上说，这些可爱的花朵本来是用来吸引蜜蜂的——而这也激发了他的灵感。[②]

---

① 古希腊神话中，安德罗墨达是埃塞俄比亚国王刻甫斯（Cepheus，仙王座）与王后卡西奥佩娅（Cassiopeia，仙后座）之女，为仙女座。——译者

② 那时，植物的有性繁殖刚刚被发现。林奈在出发前通过瓦扬（Vaillant，法国植物学家）的论文《花的结构》了解到了这点。在这篇论文中，瓦扬探讨了花的繁殖功能。

他开始考虑利用性器官，即雄蕊和雌蕊来区分物种，或者至少是区分植物。每个进行田野调查的科学家都想过通过归类使复杂问题简单化。林奈也做了同样的事情，但是他创造了他自己的体系。植物的性器官既易于区分，又便于记忆。他已经发现了一种《圣经》中没有记载的植物，这种植物在诺亚的洪水之后生长在这个隐秘的角落，通过雄蕊和雌蕊繁殖后代。就像林奈之后做的所有事一样，他的方法并不算正统，但是很有效果。他的脑海中开始浮现出一种适用面更广的体系。正是由于他的寂寞，一段新的故事开始了。[①]

休息了一段时间之后，林奈继续着他发现新事物的旅程，想要看看瑞典的北部有什么。像其他科学家一样，心情不好的时候，他觉得几乎所有问题都已经被人们研究清楚了；心情好的时候，则会觉得几乎全世界所有的未知都在他眼前。余下的旅程相对平静，不过他发现了越来越多的新物种。最终，青姬木成了他这次旅行中命名的第一个物种，他在这次旅行中一共命名了几百个物种。而他一生命名的物种接近一万个，远比之前任何人命名的都要多。

他回到了拉普兰，同事和老师纷纷向他表示祝贺。他的这次旅行从各种意义上说都是很成功的——发现了新的物种、新的矿物，以及动植物的新用途。最后他出了一本书，名为《拉普兰植物志》，书里描绘了他这次旅行中收集的植物。林奈发表的关于这次旅行的其他结果并没有立即得到关注，但当人们仔细阅读他的成果时，他们会发

① 不久之后，在为哺乳动物分类时，相似的事情又出现了。林奈观察到，马的下颚骨包括6个"门齿"和两个犬齿，"在一段距离后有12个臼齿，每边6个"。他写道："如果我知道每种动物有多少牙齿，有多少乳头，并知道它们位于何处，那我应该能够归纳出一个完美的四足动物分类体系。"由此可见，他已经开始为动物和植物寻找一种简单的分类体系。

现，林奈记录了很多他所见到的很有意思的事物。

　　然而，人们也在林奈的记录中发现了一些虚构的行程。林奈把那些日子发生的事完整地记录了下来，其中包括一连串本不该存在的抱怨，一次海上的旅程，在乡村的蹒跚之行，和一些其他的细节。林奈的记录中有多少虚构或是夸大的成分我们现在不得而知，但是有一点是清楚的：他愿意为达到目的不择手段，不管是虚构一段旅程，还是夸大旅程中的艰险。林奈想要成为一名无所畏惧的探险家。他并不是无所畏惧的，但他却野心勃勃——这一特点也在他后来想要给全世界的所有物种命名时派上了用场。

　　但在那时，他对科学的贡献还未真正开始。他对自己的伟大程度的期待也仅限于此，毕竟，还有很多和他一样有能力的植物学家。但真正造就他的伟大的，并不是那些田野调查的经验，而是他归纳出的生物学世界的分类体系和分类方法，那些诞生于拉普兰之行中的分类方法。

　　尽管林奈满怀雄心，但物种的命名体系仍然是一片混乱。即便是那些最常见的物种也被重复命名了很多次。当然，最棘手的还是，没有人知道世界上还有多少物种尚未命名。像林奈这样的生物学家开始放眼欧洲以外的地方，开始在大洋中探索，想象着远方的世界。但是，世界到底有多大，世界上到底有多少物种，我们仍然无法估量。就连林奈，他能想象的范围也只是比瑞典稍大一点的地方。不管世界上到底有多少物种，为了给每个物种命名，是时候做出一些改变了。科学家需要一个更加普适的体系。

　　对于林奈来说，他回来后的第一件事就是给他在旅行中收集的物种用拉丁语重新命名，用以替代萨米人的命名。他将他收集到的物种仔细分了类。植物标本是用标本夹压制的，石头都被放在盒子里，动物也都被他仔细地制成了标本。

处理这些在拉普兰之行以及更早的旅程中收集的标本是他工作的开端。他的工作室已经因为他疯狂的工作而变成了一间"博物馆"。那些标本就像是生命世界的目录，等着有人将它们分类或是重新分类。工作室的一面墙上挂着他在拉普兰的全套装备，这些装备仿佛依然期待着下一次旅程；旁边则是他的鼓和他收藏的其他文化珍品。另一面墙上放着很多大型植物标本和很多贝壳。第三面墙上则放着他的书、矿石和他的工具——一个小显微镜、一把小刀、一把解剖刀、一个放大镜、一袋别针和一个指南针。在屋子更远的角落里，有几个装满了栽培植物用的土壤的大罐子，还有一棵栖息着三十种鸟的树。鸟儿一边鸣叫，一边在折断的树枝间跳来跳去。

同时被归档的还有一些压制好的、粘在纸上的植物标本。据报道，林奈收集了瑞典的三千种植物、一千种昆虫和一千种矿石。林奈仿佛在他的小屋里重新创造世界一般，将这三千个物种重新分类，这样的工作让林奈觉得比懒散地躺在躺椅里更有意义。思考将海蛞蝓放在他体系的什么位置可能要用去他一天的时间，而考虑人类的分类地位也同样如此。

给物种命名只是开始，但除非将这些物种用什么方法归类，否则这些命名很容易混淆，也很容易重复或者用错。林奈那时并没有试图去研究物种间的关系，自然选择和演化理论在那时也还没有被提出来。他更像是一个厨师，发现了几百坛没有贴标签的香料。他所要做的第一件事就是给它们归类，并在已有归类的基础上为更多

"坛子"分类。当分类完成之后，他可以在必要时摸一摸，闻一闻，尝一尝，但他没办法一次性对比所有香料，没办法一次性对比所有物种。

因此，林奈将他在野外想出的办法应用到了分类中，即通过性器官为植物分类。他知道这种方法可能是错的，可能并不能反映出物种间的亲缘关系，但这种方法非常有效。我们可能会对此窃笑，但是，通过性器官来辨别和记忆物种的确比通过叶片大小和花瓣的数量更加简单，后者是他的前辈和同事用的方法。根据植物的雄性性器官，也就是雄蕊的大小、数量等性状，林奈将植物分为23个大类，然后又根据雌蕊的性状再将它们分成不同的小类。事实证明，这是一种行之有效的分类方式。对于动物的分类，他有一套不同的体系，但和植物的分类体系一样简单——通过动物的颚骨和乳头进行分类。

林奈的新体系对于他来说是顺理成章的，因为他已经被植物的性器官深深吸引了。自从发现了岩石上可爱的"安德罗墨达"之后，他便再也无法忽视植物的性器官。他本可通过叶片的大小及颜色、根的长度和茎的纹理对植物进行分类，但他最终决定还是要依靠植物的性器官进行分类。他将一系列植物命名为蝶豆属植物（*Clitoria*）①，然后开始讨论它们的大小阴唇。他觉得那些有着多个雄蕊的植物很是"好色"。他的反对者指责他的分类系统对女性并不友好。可是林奈知道自己已经走了太远，无法回头了。他对植物的性器官非常痴迷，对秩序，对上帝赋予他的这个给物种分类的使命更加痴迷。他这套基于性器官的分类方法让他可以为所有物种重

①　这个拉丁语名字源于阴蒂（clitoris）一词。——译者

新命名，并建立自己的分类学体系。

林奈想出了基于性器官的分类学体系，但他的命运和哥白尼并不相同。类似太阳围绕地球运行这样的谬论并没有立刻破除，林奈的理念也没有很快为大众接受。然而，林奈的工作将引发一场变革，尽管这种变革是循序渐进的。他将结束以人类为中心为物种分类的时代。他成功地为他工作室中的物种进行了分类，这样的工作至少已经足够他开始写作了。之后，林奈又进行了多次旅行，大多是为了他的工作，但他去的地方并不算远。他在荷兰和英格兰居住过，在那里，他继续着他的工作。不管在哪里，他都在观察各种各样的标本，并疯狂地写作着。在拉普兰之行后的三年时间里，他在很多人的资助下共写了八本书。在这个过程中，他成了伟大的林奈，万物的命名人。

1735年，林奈在他的《自然系统》一书中提出了相对简单的分类体系。那是一本很薄的书，只有12页。书中不仅涉及动植物，还涉及那些他研究过的其他有用的东西。这本书在当时引起了轰动。作为分类学的研究方法，这种不自然的分类方式无疑可以称得上是"异端"；可更重要的是，这种分类方法很有效果。林奈可以把几千个已知的物种纳入到这本书的体系中。

但林奈这种非主流的方法很快招致了批评。J.J.迪勒纽斯（J.J.Dillenius）在给他的信中说："总有一天，你会抛弃你自己的体系……我认为，基于性器官的分类是没有用处的，是没有必要的，甚至会误导他人……"这样的批评声遍布欧洲，这些批评既针对他的植物分类体系，也针对他的动物分类体系。举例来说，阿尔布雷希特·冯·哈勒（Albrecht von Haller）说："林奈这种凌驾于动物王国之上的做法让很多人反感。他觉得他就是第二个亚当，根据一些不同的特征就给所有动物命名，甚至没有借鉴过他的前辈的观点。"[1] 林奈受到的批评如此广泛、如此频繁，恰恰说明了他的名气越来越大。他和他的体系也随着每次批评而越来越为人们所熟知。

林奈的大胆出人意料，但如果他只是提出了植物分类的新方法，并对过去的动物分类方法加以修正，那他的方法可能并不会流行起来。他想做的，是把一切重新安排，让它们变得更加简单。要做到这点，他还要做出另一个改变。而这也意外地催生了他最后一个巨大贡献，也是他最著名的成就之一。这将极大地提升他的命名能力，使其得以为成千上万个物种命名。我们还记得，当林奈开始他的工作的时候，那时的物种名都很长，那些名字往往是在描述它们的特征。他厌倦了这些出现于诸多著作中的很长的名字。在他给学生的田野指南中，他开始使用更加简单的名字——一个相对宽泛的名字，用以表示它所属的分组，和一个更加具体的名字，用以将其从该分组中的其他物种间区分出来。该物种的其他更具体的生活史特征则可以通过其他的方式记录。

用两个表示命名的词刻画一个物种的方式在很早以前就有了。在大多数文明中，比如在卡维尼诺文明中，物种的命名就是由表示所属类别的词和一个用以区分的词组成。前者类似我们现在的属名，如*Homo sapiens*[2]中的*Homo*；后者类似我们现在的种加词，如*Homo sapiens*中的*sapiens*。我们的大脑可以将物种大致分类，然后

[1] 引自Blunt, W. 1971. *The Compleat Naturalist*. New York: The Viking Press。
[2] 人类的科学命名，智人。——译者

再更加具体地进行区分。林奈偶然发现了全世界土著人都已经知道的事。萨米人也用两个词描述物种，例如，他们将普通潜鸟（*Gavia immer*）命名为"*áhpedovtta*"，即"海洋潜水者"。"潜水者"类似属名，而"海洋"则类似种加词，用于将"海洋潜水者"从其他"潜水者"中区分出来。林奈的方法和萨米人类似。林奈没有见过这种鸟，但他一定听说过它。虽然他没有为这种潜鸟命名，但他将用这种方法为几千个其他物种命名。如果要这样做的话，他必须无视之前几百年人们的成果。

不必说，不管是我们现在称自己为*Homo sapiens*（智人），还是我将普通潜鸟写作*Gavia immer*，都表明林奈的方法最终流行起来了。现在，关于物种命名的规则手册都抛弃了林奈之前的科学家使用的命名方法。那时，林奈开始给世界上所有的物种重新命名。除此之外的任何其他命名系统，不管是还在使用的，还是已经停止使用的，都被废止。这种强硬的手腕对于人类从废墟中重建通天塔无疑是必要的。[①]

林奈发现他用于田野速记的双名法开始流行起来了，他也继续着之前的工作。他开始大量使用双名法为物种命名，并继续用其性器官体系为植物分类。在《植物种志》一书中，他正式确立了植物命名的双名法。在随后一版的《自然系统》中，他将该体系扩展到

---

① 普通潜鸟的故事清楚地证明了命名物种的复杂性。普通潜鸟是一种分布十分广泛的北方鸟类，在很多文明和语言中都有记载。因此，它被命名了一遍又一遍，而且通常是用本民族的物种名命名的（例如"普通潜鸟"，其中"潜鸟"类似属名，"普通"则类似种加词）。潜鸟的生物学特性在不同的文明中都被研究过，而且研究内容不尽相同。而关于这些知识也体现在很多土著人的习俗和仪式中，从萨米人到因纽特人都是如此。详见Svanberg, I., and S. Ægisson. 2005. Great Northern Diver (*Gavia immer*) in Circumpolar Folk Ornithology. *Fröòskaparrit* 53: 51–66。值得注意的是，这篇文章的两位作者都是以林奈所在的乌普萨拉为中心进行研究的。

所有物种。从某种程度上说，林奈也存在一个问题，就是他试图将瑞典的所有物种命名，随后是全欧洲的所有物种，进而是探险家们到达过的所有地方的所有物种。为了命名更多的物种，他需要来自世界各个角落的标本。于是，他开始派他的学生前往世界各地。在他的学生们的旅程中，他们发现了新的物种，也遇到了一些已经了解那些物种的当地人。林奈之前遇到的是萨米人，并向他们学习，他的学生遇到的则是日本人和亚马逊人。

尽管林奈对于发现和命名新物种有某种执念，但或者也可能正是因为这份执念，林奈越来越受到学生们的欢迎。学生们都清楚地记得当时他们在他屋子（也就是后来的"宫殿"）周围做的那些狂热的田野调查。他们穿着各种各样的服装，一起外出采集标本，林奈则慢慢地跟在他们身后，穿着那套老旧的拉普兰服装，为他们找到的标本命名，给他们颇具远见的启发。仿佛有一支乐队和他们同行，并在他们回来的时候高奏"林奈万岁！万岁！"

学生们不仅从林奈关于植物的知识中得到启发，还因他的新体系带来的无限可能性而备受鼓舞。纵观林奈一生，他对物种的命名逐渐成为主流的命名。他仿佛是在编纂一本关于生命的字典，因而他也愈发贪婪地想要得到更多物种的标本。他为学生们购买船票送他们出国。他资助他们到巴西，到南非，到澳大利亚。他们想要发现一切物种。上帝创造了这些物种，而林奈则为它们分类并一一命名。他像亚当一样，但他比亚当更加热切，更有雄心，更加自负，也更有决心。他不假思索地将学生送出去，让他们踏上冒险的旅途，只为了他自己的科学成就，他自己的荣耀。他的学生们可能没有意识到这一点：他们带回的一切，每个物种[①]，每份记载，每份报告和文

---

① 除了极少数的例外。

章都只会冠以林奈的名字。这支乐队的喇叭只为林奈一个人奏响。

林奈用以研究物种的工具有放大镜，可能也有显微镜、笔记本和诸如此类的东西。但他主要的"工具"则是一套橱柜。对于林奈来说，他正是通过这些橱柜和利用橱柜构建的体系来观察整个世界的。为了了解周围的世界，伽利略用的是望远镜，而林奈用的则是分类体系和命名。

这些橱柜是木制的，相比于林奈的伟大成就来说，显得有些朴素。[①]在橱柜表面，除了木纹以外，只有一个简单的花朵图案。在橱柜里面有一些小架子，而架子之间可能会有其他架子或者其他层插入。这个橱柜经常被比作一座图书馆，但它的内容远比图书馆丰富。

在传统的植物标本制作方法中，植物被巧妙地贴在纸上，这些纸又被粘在一起，做成一本书，而这些书又被放到书架上，林奈的同事和以前的科学家就是这么做的。这些满溢着知识的书本一层摞着一层。这些书可以重新排序，但是书里的每一页却不行。

而在林奈的植物标本中，植物只是被固定到纸上。这些纸张并没有装订成册，只是一页一页散乱着，承载着上面的生命。这些看似杂乱的纸张有一个优点——流动性。这些纸张每年、每个月甚至每天都可以随着新标本的加入或者新想法的出现而重新排序。看似截然不同的物种可能在发现一种过渡物种后就被联系起来了，看上去相似的标本也可能在发现一些新的特征后被区分开来。因而，林奈可以将全世界的物种变成一沓卡片，并按照合适的方法将它们排序。

---

① 有关林奈的橱柜的详细内容参见Muller-Wille, S. 2006. Linnaeus' Herbarium Cabinet: a Piece of Furniture and Its Function. *Endeavor* 30: 60–64。

　　林奈的橱柜为所有生物的分类及命名体系搭好了框架——至少在当时是那样，但从现在的角度看只是其中的一部分。我们在他的方法的基础上做了一些小的改进，更换了一些物种的名字，但大体上是相同的。狼的科学命名仍然是*Canis lupus*[①]，而且我们所知道的大部分物种，不管是在花园里，车道上，还是卧室中的物种都是由林奈命名的，其中不只包括狗，还有牛、夜鹰、凯门鳄、帝王蟹、疣鼻栖鸭、甘蔗蟾蜍、双角犀鸟、雪鸮、水牛、白头海雕、南部猪鼻蛇、美洲野牛、巨蚰，以及其他一万多个物种。他甚至将人类命名为*Homo sapiens*。除了在刚果内陆，几乎我们日常见到的所有物种，几乎所有常见的物种，它们的科学命名都是由林奈完成的。

　　我们沿用林奈的命名是很有意义的。可能更重要的是，即使我们用一套新的鉴别体系代替了林奈的性器官体系，但我们的分类体系依然沿用他的，我们的命名体系也是如此。我们每年都在电脑上调整物种的分类地位，就像林奈调整那些"载着标本的纸张"的次序一样。随着时间的流逝，我们创造了更好的体系。于是我们再次给它们重新排序。林奈给我们提供的，是通往生命世界的一扇模糊的窗户。我们可以嘲笑那时林奈的自大，不管是他想命名所有物种的想法，还是他觉得自己会是将所有物种重新命名的天选之子。尽管这样，他还是完成了自己想要做的事——给所有他能找到的物种命名。其实，他的一些前辈或者竞争者本应得到更大的声誉。约翰·雷（John Ray）[②]在植物研究方面比林奈更加细致，林奈也从他

---

① 即灰狼，狼的科学命名。——译者
② 英国博物学家，在17世纪时，他是第一个提出要对物种进行分类的人。他是系统动物学（systematic zoology）的奠基人。——译者

那里借鉴了一些想法。林奈的朋友彼得·阿特迪（Peter Artedi）[1]也为林奈的体系做出了贡献，可惜他在得到承认之前就去世了。林奈最终成为几乎所有常见物种的命名人。林奈从某种程度上说是疯狂的，但是他的偏执也是伟大的。他撰写了生命世界的字典，可以说，其后的每个新命名，不过是在为这部字典添加新的条目。

---

① 瑞典博物学家，以"鱼类学之父"的称号闻名。——译者

3　看不见的世界

> 我认为，富有怀疑精神，这对科学家是有利的，因为这可以使他们不致损失大量时间；然而，我曾经遇见不少人，我相信，他们正是由于（缺乏怀疑精神），不敢去试验和进行观察工作，不管这些工作是否具有直接或间接的益处。
>
> ——查尔斯·达尔文（Charles Darwin）

斯瓦默丹（Swammerdam）于1637年出生在阿姆斯特丹，几乎比林奈早了一个世纪。他父亲原本是想培养他做一名医生的。那时，医生往往是对科学感兴趣的人从事的职业。虽然斯瓦默丹一开始学习了当时较为原始的医学，但他还是觉得昆虫比人类更有意思。因为这个原因以及一些其他的原因，他将研究方向从医学转回了他童年时的兴趣——昆虫。后来他这样写道："野兽的身体和人类的身体一样值得赞美。"①我们应该"从它们的天性考量它们"。

斯瓦默丹在工作时无疑是幸福的。他热爱科学，但他觉得那时最重要的科学问题已经被人们解决了，他生不逢时。对此，他无比忧伤，也许就是我们现在所说的抑郁。他有时会出去走走以缓解这种忧伤。早上，他会沿着河边散步，观察河边的生物，混在刚从市场回来或是去上班的人群中，并不显眼。在河边，他有时会偶遇田螺和甲虫。蚕在桑树上蠕动着，天空中不时有雨燕飞过。之后，他会回到屋子里，坐在窗边的木桌前，打开他的工具箱。工具箱里是一把锋利的剪刀，一把由手表发条做成的锯，一把尖尖的小刀，还有羽毛、玻璃试管、镊子、针和钳子。

一天早上，他坐在显微镜前开始观察蜜蜂。当时，人们自认为对关于蜜蜂的一些事情很有把握：蜂巢的首领是蜂王，昆虫都是从腐烂的污物中自己出生的，昆虫内部就是一片混沌，而且没有相对复杂的器官。

他开始一点一点地将那只蜜蜂解剖。那是一只雄蜂，斯瓦默丹很肯定他是"人类历史上"第一个解剖蜜蜂的人。在解剖蜜蜂时，斯瓦默丹打开了新世界的大门：蜜蜂的体内是有器官的，并不是混乱的糊状物！这是从来没有人想到过的新现象，或者说是秘密。他觉得这是几百年来对亚里士多德理论的第一次重大突破。其实任何人都可能发现这一现象，但是没有人真正仔细地观察过。

大部分严肃的科学家都在仔细地研究人类，并根据人类的研究结果提出普适的理论。尽管那时，显微镜制作起来并不困难，购买

① 引自Reustow, E. G. 2004. *The Microscope in the Dutch Republic*. New York: Cambridge University Press。

也相对容易，但很少有人用过显微镜。几乎没有人看到过斯瓦默丹发现的世界，对于那些看到过的人，他们的发现也和斯瓦默丹的发现一样非主流，一样奇特，而他们对这样的发现也同样痴迷。他们确实需要这样的精神。那时，人们认为显微镜不够舒适，解剖也很枯燥。即使这样，斯瓦默丹仍然乐此不疲。他站在同辈人肩膀上发现的，是那些相对较小的生物错综复杂的内部结构。如果较大的昆虫有自己的器官的话，那么那些更小的生物应该也有。如果他坚持用显微镜观察，他可能会发现更小的生命。他的显微镜足以看到比昆虫小得多的东西。那时的斯瓦默丹离发现螨虫以及一些更加微小的生物仅有一步之遥。那些微小的生物后来被称作微生物，但在当时还不为人所知。他差一点就通过显微镜发现了前人错过的细节。

斯瓦默丹的大部分工作都很简单。他用一只仅有一个透镜和一个支架的显微镜观察样品。当这些粗浅的方法不足以支持他的研究时，他开始解剖———一个一个器官，一根一根血管地解剖。他在蜜蜂的呼吸管中插入一根针，然后一英寸一英寸，一英尺一英尺地将整根呼吸管拉出来。蜜蜂体内的"管道"是如此精巧，却又从未被人发现过。他对此充满敬畏。此后，他的研究从蜜蜂转向苍蝇，再转向蚕，再转向他屋子周边湿地中的田螺。在很短的时间内，斯瓦默丹颠覆了几千年来关于无脊椎动物体内结构的很多观点。他满怀着可以做出更多发现的期许继续研究着。

仔细观察似乎可以解决人类面临的一些重大问题。而由于当时人们对生物世界知之甚少，似乎不用怎么仔细观察就能解决一些问题。于是，他开始解剖一种常见于荷兰水沟和河里的田螺。这种田螺后来被林奈命名为真宗田螺（*Viviparus viviparus*），让斯瓦默丹非常着迷。他觉得他之前已经很了解田螺了，但他现在在田螺的输卵管中遇到了"很多没有听说过，甚至没有想象过的奇景"。当他切开田螺的身体时，他发现里面有珍珠一样的球体。他不知道这些闪亮的球体是什么，但他对他的这个发现十分兴奋，更对这些球体的数量十分惊讶。

随着进一步的解剖，他发现了田螺壳里有一些很长的虫子，每只虫子体内还有更小的虫子。这些较大的虫子是田螺的寄生虫，而现在的科学家们还在研究那些"更小的虫子"是什么。发现这些虫子和"珍珠"之后，他不得不承认，他之前"如此无知，竟对这些现象视而不见"。[1]

进一步研究后，他开始明白他发现了什么。他发现了田螺的输卵管，而且在输卵管中有一些小田螺。也就是说，在母体内有很多未出生的小田螺。从母体取出这些小田螺之后，它们也能够自己爬行。它们也是活的，似乎"方方面面都是完美的"。当他继续解剖输卵管时，他发现了越来越小的田螺，小到他的显微镜看不到为止。这似乎是无穷无尽的。对他来说，这是"大自然中从未听说过的艺术"，"很令人惊讶"，十分"不可思议"。他坐回椅子上观察着卵中的田螺，它们在母体内蠕动着。恰恰是荷兰水沟中这些不起眼的田螺有力地揭示出了未知的事物。"我几乎无时无刻不在想这些"，想着"上帝深不可测的智慧，高深莫测的发明，不可估量的力量"。他觉得他能想象到的一切都是上帝的杰作，是生命精妙的机理，而他唯一可以依赖的就是继续研究。

---

[1] Reustow, E. G. 2004. *The Microscope in the Dutch Republic*. New York: Cambridge University Press.

　　斯瓦默丹发现了其他一些关于发育的秘密。在毛虫中，他发现了后来被证实是属于蝴蝶的器官，这些器官在毛虫身上早已发育完成，等待着羽化。这些在毛虫中发现的器官对他来说是不同寻常的，因为它们讲述着生命的起源。而这番显微镜下的美景对前人来说完全是未知的。于是他在想，这些东西是特意留给人们去发现的吗？更重要的是，斯瓦默丹发现的一切表明，还有很多东西等待着我们去探索，还有很多复杂的东西，甚至是整个物种，都是肉眼无法发现的。

　　对于斯瓦默丹来说，田螺就是一种象征。他觉得，通过仔细观察，人们可以在田螺的输卵管中发现无限小的田螺。我们现在很难想象，当时没有人知道是不是还有更多的东西没有被发现，也没有人知道更加仔细的观察能否带来更多的收获。但是，斯瓦默丹推测，更好的显微镜可能会帮助他们发现更多复杂的东西，甚至是更多的生命。[①]

　　回过头来看，斯瓦默丹注定会名望和荣耀加身。但他的荣耀来之不易，因为当时他的研究并不是科学的主流。当时的主流科学更加关注人类自身，而且理论的提出往往不需要观察作为基础。出于对这种简单理论的不满，斯瓦默丹通过逻辑推理做出了重大发现。如果他坚持认为自己是正确的，人们可能会接受他的观点。但他并没有坚持下去。因为，1673年，他遇到了安托内蒂·布里尼翁（Antoinette Bourignon）。

　　安托内蒂·布里尼翁只有一个任务：了解上帝。一天晚上，上帝告诉她要"摒弃地球的一切生命。把对你自己和对万物的爱分开。否定你自己"。她听从了上帝的教诲。那时她只有十几岁，但

---

① 斯瓦默丹显微镜的技术细节，详见Ruestow, E. G. 2004. *The Microscope in the Dutch Republic*. New York: Cambridge University Press。

她觉得她得到了上帝的直接指示，因而她想要进入修道院。然而，修道院对安托内蒂来说都不够极端。

她的父母并不相信这些。他们把她从修道院接了回来，并想把她嫁给一个富商。安托内蒂推迟了她的婚期，一次，两次，三次。那个富商对此很是不满，而她的家人则一再哀求。最终，她打扮成一个隐士那样，借着清晨的黑暗逃跑了。她穿过了树木和沼泽，深入丛林。她身上只带了一分钱。这时，上帝的声音再次出现："你的信仰在哪里？只在那一分钱里面吗？"于是，她扔掉了那一分钱。除了身上手工缝制的罩衫，她一无所有。

就像她后来的信徒说的那样，当她穿行在树林里的时候，她"从她所关心的以及世间所有美好事物的重担下解脱出来"。她觉得自己的灵魂无比满足，不再有任何奢求。她聆听着上帝的教诲，除此之外，别无所求。她穿越欧洲，宣扬她的信仰，她那直达灵魂的信仰。她随身带着一台印刷机。那是一台木制的机器，非常沉重，但她觉得这是她的使命的分量。她在每个城市都要用它印刷她的小册子，以每小时250页的速度印刷那本关于她和上帝直接对话的小册子。①

当安托内蒂到达莱顿的时候，斯瓦默丹遇到了她。斯瓦默丹受了她的迷惑，开始给她写信忏悔自己的罪行。他忏悔着他的自大，并最终忏悔研究科学带给他的乐趣。②在这些忏悔的基础上，安托内

---

① 斯瓦默丹与布里尼翁的交往可参见Cobb, M. 2000. Reading and Writing the Book of Nature: Jan Swammerdam (1637—1680). *Endeavor* 24: 122–128。

② 如果说她追求的就是让人们对自己在取得成就的过程中产生的傲慢和快乐进行忏悔，那她对一个科学家进行"教导"无疑是明智的。从本质上说，科学发现就是科学家满足自己求知欲的过程。或许她追求的不只是他们的忏悔。有些历史学家指出，布里尼翁会让她的信徒放弃更多。比如像斯瓦默丹这样的信徒，他们放弃的不仅有他们的罪行，还有他们的财产。

蒂命令斯瓦默丹放弃科学，皈依上帝。对她来说，斯瓦默丹的科学就是"撒旦的消遣"。[①]

在安托内蒂的教导下，斯瓦默丹相信了他只是在满足自己的骄傲，在追求虚名，只是为了研究而研究。他发现了一些自然的奥秘，但仅仅是为了满足自我。他意识到他之前的乐趣并不是因理解上帝而产生，而是因探索某种异端而产生。

斯瓦默丹在安托内蒂的催促下销毁了他的很多记录。安托内蒂可能并不知道，斯瓦默丹将关于蚕的研究的珍贵资料寄给了他的同事马尔比基（Malphigi）——马尔比基自己也是一个伟大的发现者。然后斯瓦默丹搬到了安托内蒂在石勒苏益格[②]岸边一个小岛上的公社。斯瓦默丹失去了研究的动力。他放弃了他的研究，他的发现和整个全新的领域都渐渐湮没在了历史的尘埃中。马尔比基也没有继续他的研究。他那时对显微镜很是厌恶，他觉得显微镜会让他患上溃疡。

自从斯瓦默丹前往安托内蒂的小岛之后，显微镜下的世界便很少再有人光顾。斯瓦默丹最终离开了那座小岛，可惜他英年早逝，而他的工作还远未完成。尽管这样，他还是发现了一些重要的东西。纵观人类历史，之前没有人看到过斯瓦默丹发现的东西。但现在大家只需要一件简单的工具就可以了，只是似乎没有人愿意这样做。很多科学家觉得如此精细地观察上帝的造物是一种亵渎。然而，一位布商，一个卑微、暴躁、古怪、忙碌的人，

---

① Cobb, M. 2000. Reading and Writing the Book of Nature: Jan Swammerdam (1637—1680). *Endeavor* 24: 122–128.

② 丹麦南部城市。——译者

却利用他的空闲时间第一次看到了显微镜下的生命。天文学家用望远镜仰望星空，并仔细观察了宇宙；而这位布商——列文虎克（Leeuwenhoek），选择了向下看，他发现了崭新的世界。他看到的一切，大部分来自于微观世界。在此之前，生物学研究大多以人类为对象，但列文虎克的发现告诉我们，我们是体型过大的"庞然大物"，我们是生命世界中的"巨人"。如果说，是比列文虎克晚得多的林奈告诉我们，地球上物种的数量远超我们的想象，那么，是列文虎克向我们揭示，大部分生命都比我们小很多倍。

历史造就了很多不可思议的革命者，而列文虎克无疑是他们中的一员。根据同行的描述——也是故事的一般版本，列文虎克和科学在一开始似乎并没有很大的缘分。他的父母是编篮师和酿酒师，他也并没有接受过教育，而且只会说荷兰语——他并不懂当时科学界通行的语言：英语、拉丁语和法语。无论从当时还是现在看来，他似乎都是个笨蛋。他没有读过什么书，只有一本《圣经》与之相伴。他尝试过很多工作，当过勘测员，当过布商，做过一点这个，干了一点那个。此外，当地政府和他的家庭给了他足够的资助，他因而有了一些空闲时间。[①]

这个版本的故事是作者在外界压力下写作的，比如虽然列文虎克他不懂英语，但他看过很多翻译成荷兰语的书，也就是说其实他读过很多书；不过，故事大体上还是真实的。只是和一些其他的科学家相比，他似乎显得有些无知，读的书不够多，知识储备也不够

---

① 列文虎克的故事，常见版本可参见Dobell, C. 1932. *Antony van Leeuwenhoek and His "Little Animals"; Being Some Account of the Father of Protozoology and Bacteriology and His Multifarious Discoveries in These Disciplines.* New York: Harcourt, Brace。

充分。尽管他在荷兰小镇代尔夫特是核心人物，但在更广阔的世界——科学世界中，他还是个外来者。

列文虎克很年轻就结了婚。他和妻子生有5个孩子。当他40岁的时候，他已经从事过6种职业，而且还从未接触过科学。根据当时的预期寿命，在这个年纪，他对生活的期待也仅仅是多活几年。

当列文虎克开始他的研究时，他可能已经读过了斯瓦默丹的研究成果。基于斯瓦默丹的工作，列文虎克了解到跳蚤是当时世界上最小的生物，它们的细微结构就是世界上最小、最精细的结构。但在他40岁的一个晚上，他读到了罗伯特·胡克（Robert Hooke）[①]的一本图画书——《微物图志》。在闪烁的烛光下，疲惫的列文虎克阅读着这本书。白天在屋子一楼穿针引线的工作已经让他开始有点眼花了。胡克的书是用英语写作的，因而他读的应该是一个译本。书中的图画都是很小的东西：软木塞上的"小室"、蜜蜂、蚂蚁、蠹虫和盲蜘蛛。这些都是很让人好奇的东西，而且列文虎克也能在屋子周围找到它们。书里的文字也很有意思，但当列文虎克知道这些图片的含义之后，单单是这些图片便足以激发列文虎克浓厚的兴趣。它们似乎是在向他展示着一个全新的世界——一个被乌云遮蔽但又令人激动的新世界。

对于列文虎克来说，这些被他忽视了四十年的东西一下激起了他的兴趣。这些东西既令他兴奋，也让他有些难以置信。它们是胡克或者斯瓦默丹之前的人从未发现的。很久以来，列文虎克做过各种各样的实验，按他自己的话说，他是一个好奇心很重的人。他之

---

① 英国博物学家，发明家。他提出了描述材料弹性的基本定律——胡克定律。此外，他设计制造了真空泵、显微镜和望远镜。"细胞"一词也由他命名。——译者

前做过一些物理实验，但没有得到什么结果。他觉得他可以成为一位科学家，只是尽管他有这样的想法，但他却没有接受过合适的教育。实话实说，他的这种感觉是正确的——他的物理实验的确很粗糙。

在没有任何支持的情况下，仅仅凭着自己狂热的爱好，他开始自己磨制镜片，用以进行和胡克类似的观察。有几百人读过那本《微物图志》，很多人也对书中的内容很感兴趣，但没有人想过要自己制作显微镜。我们很难想象是什么指引他坚持下去的，毕竟他没有接受过显微镜方面的训练，甚至没有接受过科学方面的训练，也没有前人的经验可以借鉴。现在我们可以回过头来想，"我可以自己制作一台显微镜来观察微观世界"。但在列文虎克之前，没有其他人这样做过，甚至在列文虎克去世后的一百年内都没有人这样做过。

为了制作出第一台显微镜，列文虎克将两片玻璃一起熔化，然后趁玻璃还热的时候迅速将它们拉开。于是列文虎克得到了一块很薄的玻璃，并将它放在火焰旁，让它熔化为一个越来越大的液态玻璃球。然后他将这个玻璃球放到一个简单的铜框中，这样它就能为他所用了。这样做出的透镜很多都碎了，还有很多是不完美的。他夜复一夜地工作着，后来，他终于欣喜地拿到了一块完美的透镜。

这是列文虎克制作的第一个镜片，也是他第一次透过镜片观察；而列文虎克不知道的是，他后来一共制作了上百个镜片，他后来有上千个日日夜夜都在进行这样的观察。每天晚上，他都会梦到显微镜下的生物——跳蚤、蚂蚁和其他微小的生物。他的镜片，他的观察能力和实验能力，一起为他打开了一扇通往新世界的大门。

他在显微镜前待了几百个晚上了。也是这样的一个深夜，他点亮了一支蜡烛，喝了些茶，然后拿起了他最好的一个镜片。他将镜片装到框架上。在他观察镜下的生命前，他思考了一下自己的处境。他的父亲是编篮子的，他的家人都是靠双手制作东西谋生的。他的双手很是灵巧，可能比一般人更加灵巧。像其他科学爱好者一样，他很好奇他通过显微镜看到的东西到底有多重要。其他人看到过他看到的东西吗？他的发现新颖吗？代尔夫特是个小城市，如果他发现了些新的东西，他又要向谁提问呢？

雷尼埃·德·格拉夫（Regnier de Graaf）①住的地方离列文虎克不远。德·格拉夫从某种意义上说也是一个"外来者"。作为新教国家中的天主教徒，他无法在教会大学中任职，因而一直处于边缘地位。正统的"科研机构"在伦敦，也就是英国皇家学会所在的地方。英国皇家学会的会员有罗伯特·波义耳（Robert Boyle）②、罗伯特·胡克，后来还有牛顿（Newton），仿佛科学的仲裁者一般。如果皇家学会发表了什么成果，事实往往就如该文章所述。德·格拉夫最近因为关于人类卵巢的研究而成为皇家学会的成员，也算得上是列文虎克认识的最有名的人了，尽管他们并不熟悉。列文虎克告诉德·格拉夫"他使用神奇的透镜看到了微小的生物"。我们可以想象那一刻的尴尬——德·格拉夫一定在想，列文虎克是不是疯了。

列文虎克坚持着他的观点。德·格拉夫给皇家学会写信，要他们"让列文虎克给你们写信，告诉你们他发现了什么"。几个月

---

① 荷兰医生，解剖学家。——译者
② 英国化学家。1661年波义耳的著作《怀疑派化学家》问世，影响深远。——译者

后，德·格拉夫去世了，年仅32岁。在荷兰，生物学研究似乎对人们的健康并没有好处。

德·格拉夫的贡献是他发现了人类卵泡的功能，部分借鉴了斯瓦默丹对于田螺输卵管的解剖工作。人类的卵巢和田螺输卵管是类似的。当英国皇家学会开始认真考虑德·格拉夫有关列文虎克的提议的时候，德·格拉夫已经去世了。如果英国皇家学会彻底无视德·格拉夫的提议的话，列文虎克可能就不会为世人所知了。

列文虎克那封信的内容显得曲折、滑稽、奇怪，也很不专业，信的题目是"列文虎克先生用显微镜观察了一些标本，主要是皮肤和肉等地方的霉菌、蜜蜂的刺等"。英国皇家学会对此分成了"很感兴趣"和"表示质疑"两派。这个号称有世界上最好的显微镜的怪人是谁？他们给列文虎克回了信，要他写更多的信来，但对他的发现仍持保留意见。他们给列文虎克的信就像是现在的科学家写给好问的小孩子那样，让他保持信心，这样他可能会有所发现。

列文虎克给他们回了很多封信。这些信大多是一些私人的问题，就像闲聊一样，充斥着很多和科学无关的事情：关于邻居的，关于他的健康、他的牙齿、他的粪便和很多奇奇怪怪的东西。列文虎克被形容为"有小狗一样愚蠢的好奇心"，但又不止于此。他的好奇心很单纯，但又很狂热，很执着。他的信有一部分被忽略了，另外有一些则被发表了。有一些信的确引起了英国皇家学会的兴趣，但也有一些让他们很是尴尬。

列文虎克并不知道他的发现到底有多重要，因为他对科学世界知之甚少。除了这些信件，他是与世隔绝的。德·格拉夫去世之后，代尔夫特便没有其他科学家了。列文虎克很少旅行，所以他和科学世界交流的方式只有信件和显微镜。这些信件告诉他哪些发现是新颖的，哪些是无趣的，哪些是值得研究的，哪些是要暂时搁置的。通过与英国皇家学会的通信，列文虎克开始受到尊敬，他在欧洲受到他人的崇拜，在他内心也对自己非常满足。他对英国皇家学会喜欢他的研究感到非常满意，而这也让他想要发现更多东西。这给他带来了很多快乐，例如，当胡克对他用显微镜对人类毛发的观察结果表示赞同的时候，他无比欣喜。

英国皇家学会逐渐开始欣赏列文虎克的技艺了。他们会让他观察任何东西，不久之后，列文虎克便会给他们观察报告。他仿佛一个远航的探测器，时不时给他们发回远方星球的照片，而地球上的人则享受着远方的美景。1676年4月，列文虎克的研究达到了顶峰。列文虎克，这位星际漫游者，越过了一座高山。他觉得他发现了一些崭新的、不可思议的东西。他在7月28日写了一封信，但没有提到他的新发现。首先，他想要让自己的记录更加完整。而且，他也担心别人是否会相信他，因为这个发现实在是令人难以置信。在此之前，列文虎克看到的都是一些小东西的细节，但这些东西仍然是肉眼可见的：跳蚤的腿、蜜蜂褶皱的口器。但这次，他发现的是全新的东西，是遍布他周围的一种全新的生命。当他第一次看到这些东西的时候，他的第一反应是叫身边的人过来确认他是不是疯了。他对他十几岁的女儿喊道："过来！快！看我做了什么！雨水中有小动物……它们在游动！它们在四处嬉戏！它们比我们肉眼看到的任何生物的千分之一都要小……看！看我发现了什么！"[1]

---

[1]　Korner, L. 2001. *Linnaeus: Nature and Nation*. Cambridge: Harvard University Press.

比列文虎克晚很多的林奈命名的都是可见的生物，其中大部分都已经被当地人命名了，然后他将这些物种整理归类。但列文虎克发现得更多，他发现了一些没有人见到过的生物。对于这样的发现，他甚至震惊到不能呼吸了。这片新大陆到底有多大呢？最终，在1676年10月19日，列文虎克给英国皇家学会写了一封信："我希望这些新发现没有使你们感到乏味。希望你们觉得这些很有趣。"然后，列文虎克写了六十页。

很难用语言描述列文虎克偶然发现的新世界有多宏伟，也很难用语言描述对此毫无准备的科学界有多震惊。他看到的在雨水中四处游动的小动物，其实是原生生物，一种只有在显微镜下才能看到的单细胞生物。在那段日子里，他给生命世界增加了一个全新的维度。这个维度的生命既包含无害生物，也包含有害生物，后者在一百年后才被发现。微观世界对人们来说完全是未知的，因而英国皇家学会起初并不完全相信列文虎克的发现。他们在开始的时候甚至没有给他回信。

列文虎克也一直在怀疑自己。他花了几百个小时，调整镜片、安装载玻片并反复观察。当列文虎克试图确认他的发现、推进他的研究时，他发现他不只看到了原生生物，还看到了一些更小的生物。这些更小的生物"四处游动，在它们只有水滴大小的世界中移动了很远的距离。多么灵巧的生物！它们时而静止不动，好像一个静止的圆点，时而迅速地转身，就像一个圆点突然转了一圈一样。它们的运动范围并不比一粒沙子大"。他看到的这些更小的生物是细菌。在那段时间里，列文虎克发现了我们现在分为两个界的生物。之前生命世界只有动物界和植物界，如今多了细菌界和原生生物界。虽然直到很多年后，这些"界"的概念才被生物学家承认，但不消说，确实是列文虎克在代尔夫特首次发现了它们。

在发现了这个新世界之后，列文虎克花了很多时间来进行测量、观察和确认。他不是很确信他观察到的东西。不过，他并不对此感到厌烦，因为有太多东西等待他去发现。他观察着他那些"四处游动就像一群蚊子一样"的生物，仿佛坐在躺椅上喝着啤酒、看雨燕飞过一般轻松惬意。但英国皇家学会仍未给他回信。他们在想什么呢？

列文虎克在等待皇家学会的回复时，开始担心他们是不是在怀疑他。然而，他并没有浪费时间。他叫上了邻居们和他一起用显微镜观察那些微小的生物，看它们"在米粒大小的水滴中游动"。他让他们每个人都签了证明书，以证明他们看到了什么。有人看到了10000个微小的"动物"，有人看到了30000个，还有人看到了45000个。

为了证明他看到了多么不可思议的东西，他还做了其他实验。"一滴胡椒水中有超过1000000个生物，如果我说有8000000个，那也可能是真的。因为有人证明他看到了这么多。在一个米粒大小的水滴中，至少有45000个生物体。以此类推，普通大小的一滴水中至少有4140000个生物体，乘以2的话，那么一滴水中则会有8280000个这样的生物体。我确信我看到了这样的数量。"想象一下，如果真的是这样，那全世界又有多少这样的"动物"呢？[①]

---

① 列文虎克的发现在很多书籍和文章中都有描述，但是最佳版本可能是他自己的版本。如，von Leeuwenhoek, A. 1977. *The Select Works of Antony van Leeuwenhoek: Containing His Microscopical Discoveries in Many of the Works of Nature.* New York: Arno Press。

英国皇家学会对此很是怀疑。他们想要亲自看到这些生物。罗伯特·胡克——正是他的书让列文虎克执着于显微镜——决定亲自去观察一下。他的显微镜早已闲置多年，而他本人也有些老眼昏花了。但找出那些老旧的显微镜来观察一下似乎是值得的。他找到了他最好的显微镜，将它擦拭干净，按照列文虎克的方法开始观察。胡克觉得他的显微镜和列文虎克的一样好，肯定能看到列文虎克发现的东西。他取了一点河水，并向里面加了点黑胡椒，就像列文虎克说的一样。列文虎克当时之所以用黑胡椒，是因为他手边恰好有黑胡椒。另外，他也想知道是什么让黑胡椒有辣味。列文虎克显微镜下的黑胡椒水中几乎包含无穷无尽的东西，类似的还有"白色的盐"。可胡克没有看到任何列文虎克宣称他发现的东西。胡克想知道问题的原因。也许，列文虎克在说谎。或者有可能，那种微小的生物在荷兰更多。还有可能，英格兰根本没有那种生物。

几天之后，胡克又一次观察了胡椒水。这次他看到了，"有很多微小的生物"。1677年11月15日，胡克带着他的显微镜出席了英国皇家学会的会议。他向大家宣告，那个无知的荷兰人列文虎克说的是事实。在场的成员们满腹狐疑，围在胡克身边，想要用他那小小的显微镜观察样品。他们并不习惯排队，只是肩挨着肩挤在一起。最终，他们看到了那些微小的生物，他们相信了列文虎克。

他们寄给列文虎克一个徽章，作为接纳他进入他们这个精英团体的证明，列文虎克对其十分珍视。于是，列文虎克也成了皇家学会的成员。现在他的任务就是继续研究并将成果展示给他的新同事们。他给皇家学会回了一封信，说他"余生"将竭诚为他们服务。

尽管皇家学会已经看到了列文虎克发现的微小生物，但仍然存在着一些令人担忧的问题。例如，他们看到的那些生物远不如列文虎克描述得那样清晰。列文虎克描述了一些他们看不到的细节。是他自己想象出的这些细节吗？这些微生物身上的"脚"是什么？书信在翻译的过程中是不是漏掉了什么？皇家学会觉得他们需要更多的信息。于是他们派出了一位使者——托马斯·莫利诺（Thomas Molyneaux，后来他成为第一个预测到物种灭绝的人），让他到荷兰与列文虎克会面，并看看他的显微镜。这是一段很长的旅程。同时，胡克也去学习了荷兰语，以便能够直接阅读列文虎克用荷兰语写的信。他们都是执着的人。

一到荷兰，莫利诺就询问了列文虎克，能否为皇家学会购置一台他的显微镜。那时，列文虎克有很多台显微镜，可能有上百台，但他只是简单地拒绝了。他可以向莫利诺展示他在显微镜下看到了什么，但却不允许他的显微镜离开他的屋子。纵观全世界，只有这间屋子里的显微镜能够清晰地观察微观世界。列文虎克的屋子好比一扇传送门，透过这扇门，世界第一次变得如此清晰。

莫利诺对列文虎克的显微镜赞叹不已，但也对不能购买感到愤愤不平。"但是你的设备真是精妙绝伦"，它们"比英格兰所有的显微镜都要清晰一千倍"。而这在列文虎克余下的四十五年生命中依然如此。列文虎克说他也想让莫利诺看看他最好的显微镜和他"特别的观察方式"，但他坚持他的显微镜"只能由他自己使用，连他的家人都不行"。

莫利诺沮丧地回到了英格兰。充满着饱学鸿儒和远见卓识的英国皇家学会也只能等待列文虎克关于显微镜下生命的下一份报告。列文虎克寄来了很多令人充满好奇的信。在每封信中，列文虎克都会写一些只有他自己能看到的东西的诱人细节，一群在他嘴里、身上以及邻居身上发现的微生物。

列文虎克非常长寿，因而英国皇家学会并不需要担心。他又活了将近五十年，活得几乎比皇家学会的所有人都久。他又第一次看到了寄生虫、他自己的和别人的精子、他牙齿间像梭鱼般游动的微生物，以及在快速游动的螺旋状生物。他从来不缺需要观察的东西。代尔夫特的每个人都听说过他和他的显微镜。与他同时期的荷兰画家，比如维米尔（Vermeer），还在对绘画的光影赞叹不已[1]，而列文虎克已经透过显微镜中的光影看到了他们只有在梦中才能看到的东西。

我们不知道列文虎克为何会如此与众不同，为何会如此痴迷于微观世界。对于我们来说，了解他对那个永无止境、美不胜收的微观世界的热爱可能就足够了。正是这个世界让他穷尽一生去探索，永不停息。我们也会好奇，是否之前就有人意识到了这个世界的存在，但最终忽视了它。

在林奈的生命目录中并不包含微生物。所以，我们很可能会误解，以为斯瓦默丹和列文虎克是在林奈之后补充了他的工作。林奈只给了所有微生物四个名字，其中之一是"混乱"，仅此而已。他并不相信这个肉眼无法看到的世界的存在。他对昆虫则更有耐心些。然而，列文虎克（和斯瓦默丹）的时代比林奈早了一百年。不只是林奈忽略了微观世界，事实上，微生物被整合到林奈的体系中已经是几十年后的事了。即便在那时，它们也只是被看作是会引发

---

[1] 从这个角度来说，维米尔的画作《地理学家》描绘的可能就是列文虎克。代尔夫特是个很小的小镇，镇上的人可能都互相认识。而且间接证据显示，列文虎克为维米尔绘画用到的暗箱提供了透镜。

问题的一类与众不同的生物，而不是具有重大生态和演化意义的生物。随着人们对微生物害处的过分强调，人们再也找不到列文虎克观察微观世界的那种乐趣了。斯瓦默丹的大部分发现都随着他皈依宗教佚失了，而在列文虎克去世的时候，损失则更大。如果说列文虎克是游弋在微生物星球上的探测器，那随着他的去世，这个探测器就与我们失去了联络。在后来的二百五十年间，我们再没有像他那样清晰地观察过微观世界。很久以后，科学界才重拾探索微观世界的乐趣。当然，其中也有例外，但少得可怜。列文虎克的微观世界就像丛林中的遗迹一样，等待着人们的重新发现。

一天，在代尔夫特，列文虎克解剖了一只蜻蜓的眼睛，并通过它的眼睛观察现实世界。远处本来只有一座塔，但他看到了一百座塔。他又看到了一百个他的女儿。他觉得蜻蜓看到的世界可能就和他现在看到的一样。观察世界的方法到底有多少种呢？胡克在用类似列文虎克的显微镜观察过微生物之后说："我从未见过这样的奇观，从未见过如此小的生物。我也不能想象，大自然中居然会有这样微小的生物。但大自然并不会被我们肤浅的理解所限制，将来，显微镜技术的进步，将进一步扩展我们对自然的认识，将让我们看到目前只存在于我们想象中的事物。"[①]事实看来，他说的完全正确。

---

① "A Letter of the Ingenious and Inquisitive Mr. Leeuwenhoek of Delft, sent to the Secretary of The Royal Society, 5 October 1677" from Hooke, R., 1678. *Lectures and Collections; Microscopium* (London: J. Martyn, Printer to the Royal Society, 1678), quoted in, Gest, H. 2004. The Discovery of Microorganisms by Robert Hooke and Antoni van Leeuwenhoek, Fellows of the Royal Society. *Notes and Records of the Royal Society of London* 58: 187–201.

第二部分

寻找生命之树上的万物

4 使徒

> 但还有一片生命的大陆等着我们去探索，不是在地表，而是在一两百英尺高的地方……现在我们几乎对这些一无所知。到目前为止，地球引力和盘踞着可怕蚂蚁的树干一起将我们困住，我们对树梢上的生命一无所知，而我们拿到的只有不相关的现象和标本。
>
> ——威廉·贝比（William Beebe），
>
> 《英属圭亚那热带的野生动物》，1917年

哥白尼提出地球是围绕太阳运动的，但直到他去世前，他才发表他这一理论。他一直对此秘而不宣，甚至差点没能将他的理论出版。[①]

[①]　在他的学生雷蒂库斯（Rheticus）的劝说下，哥白尼同意在他生命的最后一年发表他关于"日心说"的书籍《天体运行论》。他将书稿寄给了雷蒂库斯，后者将其出版。在最常见的故事版本中，出版的《天体运行论》在哥白尼去世的那天递到了他的手中。哥白尼从昏迷中醒来，看了一眼那本书就平静地去世了。他的遗体和全世界的人一起，围绕太阳运行着。

后来是伽利略公开并且修正了他的理论。很快，"地球围绕太阳运行"这种看似异端的理论就被公众接受了。在一代人的时间里，我们就改变了对宇宙的看法。

生物学中类似于哥白尼革命的理论证明起来就没有那么容易了。生物学世界并不以我们为中心，但我们却依然这样认为。是林奈和他的追随者将我们人类归入到生命世界的一个小小角落中，是列文虎克让我们认识到了微生物和它们的多样性。但对于公众来说，这两种理论，即生命远比我们想象的小，以及我们只是生命世界渺小的一部分，是很难接受的。没有一个人可以向我们证明我们在浩瀚的生命海洋中有多么渺小，而要人们转变观点也不是那么容易。总体上说，让人们相信我们并不是生命世界的中心似乎比让人们相信我们并不是在宇宙的中心更难一些。

正是因为这场姑且可以称之为"列文虎克革命"的生物学革命并不彻底，每当我们发现生命世界其实比我们想象的更为丰富多彩时都会十分惊奇。我们也对大部分生命与我们并不相像感到惊奇。我们依然认为生命应该以我们人类的样子为标准，但往往新的发现又会提醒我们事实并非如此。林奈的学生们在前往热带的时候，就经常遇到这样的情况。当特里·欧文（Terry Erwin）——林奈的又一个信徒，尽管中间隔了很多代人——想要杀掉雨林中一棵参天大树的树冠中所有的昆虫时，他也为昆虫的多样性而震惊不已。

林奈从没有到过热带，更不要说见过热带雨林的树冠了。林奈并不擅长旅行，也不喜欢离家太久。于是，他选择让他的学生们替他去完成。林奈将这群替他在全世界旅行并寻找新的或者有用的物种的学生称为他的"使徒"。他恳求他们说："不要害怕会置身险地……任何想要达成宏伟目标的人都会面临险境。"[1]但他自己却很少去冒险。

他的使徒是去收集每种植物、矿物和动物的。有用的东西往往比无用的东西更有价值。但这些使徒心知肚明，林奈想要的不是那些地方的几个物种，他想要的是那里的全部物种。所有标本都被运回了林奈家中，他将它们一一命名。那时，他的理论框架已经基本完成，所以给他的"生命图书馆"增加新的条目是很简单的。他会很快为新的标本分类，分类完成之后则会为它们命名。这些来自远方的标本不再像以前那样被简单地塞到抽屉里，林奈会把它们整理好，然后有序地放到为这些新标本空出的橱柜中。[2]现在是他的使徒为他收集整个世界的时候了。如果说他们是使徒，那林奈则是他们的神。

克里斯托弗·特恩斯特伦（Christopher Tärnström）是第一个出发的使徒。他之前在乌普萨拉跟随林奈工作，是林奈最喜欢的学生之一。他比他的老师还要年长，已经娶妻生子，但他还是想要去中国，既是为了科学，也是为了林奈。在1746年，特恩斯特伦登上了瑞典东印度公司的船，到达了现在是越南的地方。这片土地无疑是可怕的，但也很迷人，充满了热带地区无限的可能性。然而，这

---

① 　引自Blunt, W. 1971. *The Compleat Naturalist*. New York: The Viking Press。
② 　例如W.T.斯特恩斯（W.T.Stearns）认为将物种归入林奈体系很容易，而这也是"激发林奈的很多学生踏上旅途的原因"。引自Blunt, W. 1971. *The Compleat Naturalist*. New York: The Viking Press。

些可能性之一，就是特恩斯特伦在到达那里的一周内便死于一种热病。他连一种植物都还没来得及收集。林奈非常悲痛，之后又派出了一个新的使徒。①

在林奈的17个使徒中，5个死于第一次旅行返程之前，大多是死于疾病。哈塞尔奎斯特（Hasselqvist）在带回几百个新物种之后就去世了，而这些物种几乎都冠以林奈之名。林奈的另一名爱徒劳弗令（Löfling）在委内瑞拉库马纳港崭露头角之后，和特恩斯特伦一样，死于某种热病。②

对于那些幸存下来的使徒来说，旅程也并非一帆风顺。在日本，通贝里（Thunberg）被安置在一个专门为外国人准备的小岛上。他寄宿的主人不准他离开，于是他只好到篱笆下寻找新的植物。他将他微薄的口粮节省下来，仔细察看，来看它们属于何种植物。这些使徒都是这样不分场合地收集标本。

除去这些例外，这些使徒大多是成功的。和伟大的植物学家约瑟夫·班克斯（Joseph Banks）一道踏上旅程的索兰德（Solander）成为出海旅行的生物学家的榜样，他也是唯一一个发现的物种没有冠以林奈名字的使徒。查尔斯·达尔文和之后的田野生物学家及分类学家都追随着索兰德的足迹。更准确地说，因为林

① 林奈通过为物种命名表现他的悲伤、快乐或者愤怒。这是他最自然的发泄方法。对于那些他喜欢的人，比如特恩斯特伦，他会用他的名字命名一些可爱的植物。厚皮香属植物（*Ternstroemia*），一类有着美丽花朵的热带植物，就是以特恩斯特伦的名字命名的。对于那些他不喜欢的人（比如后文提到的罗兰德），他们的命运就不是那么好了。

② 并不只是林奈自己派出的使徒在热带面临危险。后来的几代田野生物学家也面临着各种灾难。公认的最有才华的热带田野鸟类学家泰德·帕克（Ted Parker）和最受人尊敬的热带田野生物学家之一植物学家阿尔文·金特里（Alwyn Gentry）于1993年在厄瓜多尔的一场空难中丧生。他们的确发表了一些研究成果，但是他们大部分研究成果都随着他们的离世佚失了。

奈体系非常成功，每个生物学家都习惯性地称自己为林奈的使徒。之后的每个生物学家也都沿用林奈的双名法为物种命名，每个动物学家和植物学家也都通过观察性器官来分辨动植物。

最初的使徒大多数主要关注植物、哺乳动物和鸟类。微生物被完全忽略了，昆虫也不是很受关注。它们比植物和鸟类更加难以分辨，而且容易让人觉得不舒服。丹尼尔·罗兰德（Daniel Rolander）是关注昆虫的几个使徒之一。林奈将罗兰德派往南美洲东南的苏里南海岸。在苏里南，可能仅有一两种物种未被命名，也可能有成百上千种。旅程起初很顺利。罗兰德给林奈写信说："我现在可以在苏里南四处走走了，去见见万能的上帝创造的大自然的奇迹。这里真是一个人间天堂。"

对于林奈的使徒来说，他们去的每个地方都比瑞典有更多的物种。再比如，特恩斯特伦觉得西班牙南部是"人间天堂"。①可苏里南是一个完全不同的地方，它远比西班牙更有异域风情。对于一个常年生活在生物多样性贫瘠的瑞典的人来说，这里的物种实在太多了。罗兰德的信中也开始呈现一丝凶兆。他写道："我觉得即使是您，在到达这里的前两天也不敢进入丛林。这里到处都是大蛇、蜥蜴、昆虫和其他动物……它们张着血盆大口，朝行人咆哮着。我也不想提那些随处可见的、多刺的树和灌木，如果一个人陷在里面，他可能就无法逃脱……落在地上的腐烂果子散发着令人作呕的恶臭。"他总结道："这里的一切似乎并不是为人类创造的。"②写完这封信之后，罗兰

---

① Korner, L. 2001. *Linnaeus: Nature and Nation*. Cambridge: Harvard University Press.
② Ibid.

德被周围的一切吓坏了。有一个故事版本说，他离开苏里南的日期比原定的早了很多，也远未完成林奈交给他的收集所有物种的任务。

林奈想让罗兰德带回有用的东西。他告诉罗兰德，地球上的大部分物种已经被他命名了（并无旁人），所以他的任务是收集那些未被命名的物种来填补空缺。然而，罗兰德仅在他住的地方周边就发现了几千个未被命名的新物种，很多是植物，但大部分是昆虫。这些昆虫争先恐后地朝他鸣叫，而他所能做的就是抓一些昆虫放到罐子里。可是，要抓的昆虫数不胜数。他仿佛站在生命的巨浪之前，最终，在通常版本的故事中，生命的巨浪吞噬了他。罗兰德在苏里南发了疯，回到家后开始酗酒，最终无家可归，从此再无音信。这个故事并不是真实的，却被当作事实流传了几百年。

对于罗兰德的事情，林奈撒了谎。2007年春，罗兰德写的七百页日志被首次翻译成英文，为世人所阅读。此前，这部日志一直存放在哥本哈根丹麦自然历史博物馆的植物学分馆中。[1]根据罗兰德日志的译本，他收集了几千种标本，带着它们回到了瑞典，并拒绝将它们交给林奈。林奈对此很不高兴，并将罗兰德列入了黑名单。他阻挠罗兰德找工作，甚至到罗兰德家中去偷那些他梦寐以求的、来自苏里南的标本。罗兰德最终找到了一份教师的工作，却被禁止发表他的成果。他似乎从未发疯或者酗酒，只是从此寂寂无闻。而林奈又因为他的固执给了罗兰德最后一击。他用罗兰德的名字命名了一种欧洲长蝽，*Aphanus rolandri*，其中*rolandri*代表罗兰德，而*Aphanus*则是希腊语中忽视和模糊的意思。

尽管罗兰德发现了几百种甚至上千个物种，但由于林奈的封

---

①   Pain, S. 2007. The Man Who Crossed Carl Linnaeus. *New Scientist* 195: 41.

杀，这些物种几乎都没有被命名，它们的所在之处也无从知晓。林奈命名了其中几个物种，这几个物种可能是他从罗兰德那里偷来的。[①]这些物种中有一种甲虫很吸引罗兰德。它是黑色的，只是在头上有红色条纹。最终，林奈将其命名为*Galerita americana*，它是新热带地区[②]第一种被命名的步甲。罗兰德埋没在历史的尘埃中，但这种甲虫却流传了下来。从现在的角度说，这种甲虫和罗兰德发现并被林奈命名的其他几种生物是欧洲科学家在亚马逊丛林发现的瑰宝。但这并不是人们在"新大陆"的热带雨林发现的最后一种甲虫，远不是最后一种。

罗兰德发现的那种甲虫，尽管被命名为步甲，却是一种生活在树冠的甲虫。尽管包括罗兰德在内的很多科学家都偶然发现过一些树冠甲虫，但从未有人从高大的热带雨林树冠中系统地进行过收集。这样的工作要等到两百年后了。1971年年初，特里·欧文成为近距离观察树冠昆虫的诸多先行者中的一员。他发现了许许多多的步甲。[③]

特里·欧文在加利福尼亚海边长大。他生于1940年12月1日，也就是林奈出生233年后。他小时候很喜欢和祖父一起钓鱼。清晨，他祖父驱车带他到加利福尼亚内华达山脉，他们会带上午餐，坐在船上等着鱼儿上钩。他们有时会钓到一篮子鱼，有时则会两手空空地回家。特里和他祖父只是放下钓钩，然后耐心等待。

---

① Pain, S. 2007. The Man Who Crossed Carl Linnaeus. *New Scientist* 195: 41.
② 世界陆地动物区系分区之一，包括整个中美洲、南美洲大陆、墨西哥南部以及西印度群岛。——译者
③ 这些甲虫的俗名——步甲，后来变得越来越有讽刺意味。

　　特里·欧文的父亲是一名赛车手。通常，我们在遇到一些男孩的时候，往往不难推测他们将来会成为怎样的人。那么，在欧文的同事眼中，他又会变成怎样的人呢？临近高中毕业的时候，特里·欧文建立了"加利福尼亚征服者车队"（California Conquistadors）。他也走上了赛车的道路，似乎与树冠上的甲虫渐行渐远。

　　高中时候的特里·欧文能想象出的热带雨林，可能就是居住着半裸的土著人的异域土地。他可能是通过《国家地理》纪录片的镜头想象出这一切的。亚马逊雨林中人们的艰难生活不是什么大新闻，那里的生物多样性也一直为人所知。20世纪的博物学家已经在这里发现了巨大的"宝藏"，只不过它们被暂时遗忘了。

　　高中毕业后的特里·欧文进入了圣何塞州立大学。很快他发现自己深深喜欢上了生物学，觉得生物学世界中隐藏着真正的奇迹。在生物学世界中探索，就像过去和祖父去钓鱼时一样，不过这次放下钓钩钓到的可能是新的想法，或者是新的物种。那时和现在一样，大多数生物学背景的学生都转而去研究医学或者兽医学了，欧文遵循这样的轨迹也是合情合理的。但欧文和之前的斯瓦默丹一样被昆虫吸引了，它们像福特野马[①]中的机械一样复杂。就像之前学习拆解汽车引擎一样，特里·欧文开始解剖昆虫，为它们的器官画图，验证它们的功能，并比较它们的不同。

　　欧文的第一堂昆虫学课的老师是J.戈登·爱德华兹（J. Gordon Edwards）教授。爱德华兹成了他早年的导师之一，也是他之后几十年间不断请教的人。爱德华兹因作为早期反对禁用杀虫剂DDT的人而为人熟知。有时，他会在刚上课时将一滴DDT样品放入嘴中以

———————————
① 一种汽车型号。——译者

证明其安全性，但他的兴趣并不限于此。很多人都知道他也是个登山家。他曾带领队员几百次登上美国冰川国家公园的顶峰，最终因心脏病在一次攀登途中去世。一些人则觉得他是探险家。作为一位年轻的教授，爱德华兹徒步穿越了墨西哥，在途中发现了一些新的遗迹。而对于欧文来说，爱德华兹则始终是一位甲虫生物学家。

作为爱德华兹的学生，欧文主要学习在野外以及在实验室分辨不同类别的昆虫。他学会了如何将一群昆虫分类，这算是昆虫学家们的一种精心的"仪式"。经过了这些"仪式"的历练，他对于昆虫世界还有多少未知有了初步的了解。爱德华兹最终让欧文去研究关于甲虫的课题。气步甲并没有被很好地分类，在林奈的体系中也没有它们的位置，而似乎也没有其他人在研究它们。欧文开始研究这个课题，后来这也成了他硕士学位论文的方向，而后更是成为他一生的事业。他将加利福尼亚的气步甲归入林奈的体系，将未命名的物种命名，并将明显是相同的物种合并。对于一名硕士研究生来说，这是一个颇具野心的课题，可能会花掉几十年时间。而特里·欧文只用了两年。

气步甲在很多方面都很特别，但它最为人所知的特点则在化学方面。当受到威胁时，这种甲虫可以瞄准攻击者并释放出一种滚烫的喷雾用于自我防卫——当然，从1965年开始，这个攻击者通常是欧文。这种喷雾主要是过氧化氢和其他高活性物质的混合物。它们在短短几秒内可以放出七十次喷雾。地球上有五百种左右气步甲虫，每种甲虫都有自己的喷雾"配方"。

欧文需要在他的硕士期间将加利福尼亚的甲虫物种归类，但放眼世界，他明白还有更多的物种未被归类。他对甲虫的生态和演化很感兴趣，对其分类学也兴趣浓厚。和之前的分类学家一样，欧文通过性器官来区别不同的甲虫，主要是依靠抱握器（用于交配时抱住雌性）的形状、阴茎和阳茎（用于分泌精子）的弧度等等。[①]分类学需要极大的耐心，也需要对细节有很好的记忆力。与此同时还需要遵从林奈以及前人的研究方式，正是这些传统的研究方式成了后来分类学家的行动指南。欧文被这些深深吸引着，或者换一个更合适的词，被紧紧缠住[②]了。从此，甲虫和它们的迷人之处成了他生命中不可缺少的一部分。

特里·欧文为了研究甲虫愿意做任何事。从他给同事和朋友的信中可以看出，他对甲虫痴迷过了头。这些信里充满了甲虫：新的物种、奇怪的物种和难以区分的物种。他开始时常梦到甲虫，不管是工作时，还是在闲暇时，都在想着甲虫。特里·欧文去了很多地方旅行，而在这些旅程中他发现了更多的甲虫。去欧洲旅行的人给家人的信中写的大多是关于美食和高山，而欧文的信中写的大多是博物馆中的昆虫。

欧文的经历就是学界的标准"履历"。后来，他到加拿大阿尔伯塔大学跟随步甲专家乔治·鲍尔（George Ball）学习。随后，他拿到了哈佛的教职，在史密森学会工作，并得到了去瑞典隆德大学与著名的（至少在甲虫领域很是著名）卡尔·林德罗斯（Carl Lindroth）一起工作一年的机会。他这样写道，这是他"第一次接

---

① 可能部分是因为林奈这种"特殊"的喜好带来的挥之不去的影响，昆虫的性器官现在依然是区分极为类似的物种最重要的方法。欧文的论文中有很多甲虫腿和触角的图画和照片，但也有几百张甲虫阴茎的图画和照片。

② 原文用的词为claspe，原意为"握紧，抱紧"，与抱握器（clasper）双关。——译者

触已经研究清楚了的动物群"。①欧文想要在林奈所在的地方，通过观察林奈忽略的物种而做出自己的成就。如果足够幸运的话，他可能会发现一些瑞典的甲虫，并将其纳入林奈的体系。

如果欧文一直留在瑞典，他可能终其一生都在研究那苦寒之地的甲虫。他可能会解决很多小问题，这当然也会是令人尊敬的贡献。但命运让欧文南下，像林奈的使徒，而不是林奈本人那样。他将踏上一片他始终没有完全离开，也没有完全了解的土地。他并没有打算这样，但不久之后，这便成了他的生活。

事情发生得很突然。在离开瑞典之前，欧文写了一份关于加利福尼亚步甲分类学、生活史等研究的经费申请书。史密森学会的保罗·赫德（Paul Hurd）主任审核了他的申请。这是欧文之前工作的延续，看上去颇有前景。但赫德有其他的想法。他知道在中美洲的工作有资金支持，但在加利福尼亚没有。于是，在欧文不知情的情况下，他划去了申请书中的"加利福尼亚"，改为"巴拿马"，并提交了他的申请。欧文是在从瑞典回来之后，在一次全体会议上才得知自己收到了一笔去巴拿马进行研究的经费。②这是他第一次听说这件事，起初，他无所适从。③1971年12月，也就是他听说经费的事几个月后，他登上了前往巴拿马的飞机。他没有办法抱怨。与此同时，他买了一把弯刀、一顶帽子和一个笔记本。之后，他又买了很多杀虫剂，这也许是想起了他之前的导师爱德华兹。

欧文思考着他将会在巴拿马遇到什么，他的脑海里几乎都是他可能会发现的甲虫。他的导师乔治·鲍尔在墨西哥工作过很久，因

---

① 引自T. 欧文1971年5月给P. 达林顿（P.Darlington）的关于瑞典的信件。
② 那笔经费有八千美元，并注明"欢迎追加申请"。
③ 引自T. 欧文1971年11月5日给乔治·E. 鲍尔的信件。

而欧文能够想象在更南边的地方会发现什么。但也有其他的前辈曾涉足此地。自从在罗兰德到新热带旅行之后，人类对这片区域已经做了很多探索。这些探索很大程度上来自于两个对甲虫情有独钟的收集者，之后欧文也不断地被拿来和他们比较。在欧文前往巴拿马的两百年前，人们就已经开始仔细探索新热带的雨林地区了。在1848年4月，阿尔弗雷德·拉塞尔·华莱士（Alfred Russel Wallace）和亨利·贝茨（Henry Bates）步罗兰德的后尘进入了丛林，在他们之后姗姗来迟的，则是还在病中的、烦躁而又幸运的查尔斯·达尔文。这些人是欧文征途中的前辈。他们将在旅途中寻找新的物种，而除了基本的食宿，他们几乎没有得到任何补偿。从科学家的角度来说，他们略显业余；但从收集者的角度来说，他们毫无竞争压力。

贝茨和华莱士乘船离开了寒冷的大不列颠，来到了巴西的帕拉，也就是现在的贝伦。船靠岸以后，他们立刻开始了收集工作。贝伦和现在玻利维亚北部亚马逊丛林中的里韦拉尔塔一样，是一座只有平房、泥土路和最基本的生活资料的平原城市。几十年后，贝伦和上游的城市开始富裕起来。那里建起了歌剧院。这些歌剧院装饰着几千块欧洲进口的手绘瓷砖。歌剧明星们开始到这里献唱，离亚马逊人对着群山歌唱的地方不过一步之遥。土著人则背着橡胶向河边走去。这条河最终流到了贝伦，而橡胶则从贝伦运往欧美。这些橡胶汁液，这些遍布亚马逊丛林的树的"血液"，它们的旅程沿着商路前行，让一些人富裕起来，也让一些人为之丧命。但事情还远远不止于此。从现在的角度来看，这些城镇最终存留下来了，人们依靠这片炎热的土地上的动物和树木，小片的田地和各种果子为生。蝴蝶和甲虫依然在街上随处可见。

贝茨和华莱士发现了很多当地的物种。不久之后，华莱士这样写道："我每多看这个国家一眼，就想收集更多东西。如果我们对整个国家好好进行探索，我觉得我们会从里面找到无穷无尽的蝴蝶。"①和林奈一样，他们渴望发现稀有的物种。但不同于林奈的是，他们甘愿冒着生命危险去追寻它们。他们对这些物种的热情几乎是无穷无尽的。

林奈命名了将近一万个物种，几乎是欧洲的所有物种。其中很多物种，可能是大部分物种之前都已经被别人命名了，或者至少是由别人收集过了。贝茨和华莱士每人收集了上千个新物种，其中大部分都是昆虫。他们在贝伦的第一年里，贝茨收集了七百多种蝴蝶，大部分都是在离城市不远的地方发现的。每天，他们都会把收集到的东西画下来。从那时起，他们是如此强烈地渴望在笔记本中画出他们的发现，留下他们的敬畏。这些笔记本也随着他们激动的内心，仿佛即将像蝴蝶一样振翅高飞。本子的每一页上都绘着几十个物种，是他们在每天晚上伴着暑热精心绘制的。他们一次又一次重复着这样的工作，他们仿佛看到了"无穷无尽的物种"②。甚至在睡觉时，他们的脑海中依然是昆虫的身体和腿，触须和跗节，各种各样的关节拼接在一起，在丛林的地面上游荡，最终爬到高不可攀的树上。

林奈几乎从未停止过抱怨他那几周旅行中远离家乡的痛苦和孤

---

① 　引自阿尔弗雷德·拉塞尔·华莱士于1849年9月12日给他的代理人史蒂文斯 (Stevens) 的信件，这封信于1850年2月5日发表于 *Annals and Magazine of Natural History*。

② 　Bates, H. W. 1863. *A Naturalist on the River Amazons*. New York: D. Appleton and Co.

独。而贝茨和华莱士，尽管他们在热带的这些年也经常生病，也缺乏照料，但他们却从未抱怨过。他们那时仿佛被快乐冲昏了头脑。

最终，贝茨和华莱士分开了。1849年，贝茨溯游而上1400英里，来到了小镇特费。他在那里住了很多年，并在他的后院里不断收集着标本。只是在那里生活了一段时间之后，贝茨才对自己的境况有了一些不满：远离欧洲那么长时间，只能赤脚走路，衣衫褴褛，食物也越来越少。仿佛是为了表明他人性尚在，他这样写道："我仿佛是被流放了，只靠对大自然的沉思似乎并不能填满一个人的心智。"言下之意似乎是他已经快到极限了。

但贝茨仍在特费和亚马逊丛林的其他地方继续着他的工作。很显然，他得找到用来和对大自然的沉思一起填满他心智的东西。于是，他在特费周围又收集了五百多种蝴蝶。据说，他一共在亚马逊丛林生活了十一年。贝茨和华莱士一起，在亚马逊丛林里发现的物种数量远远超出前人的想象。这些前人中自然不包括当地人，当然，他们也不觉得这些物种有什么特殊之处。

贝茨在特费居住的时候，华莱士则启程回家了。他可能是病得太严重，过于贫穷，也可能是想家想得无法再工作下去了。1852年，他又回到了亚马逊地区，沿内格罗河流域直到巴西的帕拉，他收集了各种东西，想要带回英国。他还想把很多活的动物带回去，但这也带来了很多问题。比如，一些动物逃跑了，一只猴子吃掉了几只鸟，等等。这段旅程很艰难，而他的这些新同伴又让旅程变得非常吵闹。但更糟的是，在帕拉，华莱士得知随他从英国赶来的弟弟赫伯特（Hebert）死于黄热病。他大受打击，而这样的打击却又是接二连三的。

　　华莱士登上了回家的船"海伦号"。这艘船是用荷马史诗《奥德赛》中的美女海伦命名的，而海伦正是一系列战争和沉船的导火索。过去两年间，华莱士收集的标本并未被送回英国，这些标本都存放在马瑙斯，准备在这次旅程中和他那些猴子以及鹦鹉一起运回。事情越多往往就越难办，也越容易出乱子。1852年8月6日，在他们航行了三周之后，当华莱士正在他的船舱中读书时，船长走进来冷静地说道："我们的船起火了，您来看看该怎么办吧。"[1]华莱士和船长来到起火的前甲板，水手们想要将火扑灭，但效果微乎其微。他们在船舱的地板上锯了一个洞，想要让海水流进来灭火。可是火势并没有减弱，而他们又多了一个新问题：从锯开的洞中，海水汹涌而来。

　　华莱士这次带着他在亚马逊雨林里几年间收集到的所有东西，当然，其中最珍贵的是他的标本。但很快，船舱中便满是海水，他仓促地拿了几件衬衣、他画的鱼和棕榈树，以及几件贵重东西，便匆匆登上了救生艇。他没有来得及带上他的标本。他的标本实在太多了，甚至他都不知道该拿哪些。华莱士和船员们在救生艇上等待着，希望火会自己熄灭。然而事与愿违，救生艇也有些漏水，他们甚至有些自身难保了。"海伦号"在一天后沉没了，带走了华莱士几乎所有的标本和他的微型动物园。一只鹦鹉从大火中逃了出来，落到水中，最终得救。华莱士和船长、船员以及这只幸运的鹦鹉一起，在茫茫的大海上漂流了一周。

　　最终，华莱士和船员们被一艘货船救了起来，而这艘货船本身也差点沉没了。他回到了英格兰，可是过去几年间的成果几乎全部

---

① 　Kingston, W. H. G. 1873. *Shipwrecks and Disasters at Sea*. Oxford: Oxford University.

损失掉了。他用了一段时间哀悼他的弟弟，又重新振作起来，继续投入研究。也许正是这种艰难激起了他的斗志，这次他决定前往马来西亚探险。

在马来西亚，华莱士取得了前所未有的成功。在那里，他由一个执着的收集者变成了一个天才。在他患疟疾发烧的时候，他梦到一种天堂鸟变成了几十种，一种猴子变成了好几种，而另一种灵长类动物则变成了人类。他给当时还在亚马逊丛林的贝茨写了封信，信中主要阐述了他的"物种演化的法则"。华莱士清楚地提出了自然选择理论。物种是在不断变化着的，只有适应能力更强、繁殖能力更强的个体才能生存下来。变化不断地发生，地球上物种的多样性正是这些变化的结果。

贝茨读过这些信之后，发现华莱士的理论也可以应用到他在周围发现的物种身上。贝茨意识到他发现的规律已经被华莱士阐明了。于是他给华莱士回了一封信，向他表示祝贺，然后就回去继续工作了。贝茨在亚马逊丛林待了很久，最终发现了大约15000个物种，其中包括52种哺乳动物、360种鸟类、140种爬行动物、120种鱼类、35种软体动物和惊人的14000种昆虫。这些昆虫中大部分是甲虫，而且其中超过一半都是由贝茨命名的。①

单单是其中一个人的发现就比林奈和他所有的使徒发现的加起来都要多。列文虎克终于在狂热方面找到了知音。全瑞典的物种加

---

① 在贝茨的著作《亚马逊河上的博物学家》（1863）的序中，查尔斯·达尔文表示，贝茨一共收集了14712种动物，其中的8000种是科学界之前没有发现过的。就我所知，没有人接近于取得这样的成就。根据步甲生物学家乔治·鲍尔的说法，这些标本中大部分都是不同的物种，根据惯例仍在属名和种加词后冠以贝茨的名字。

起来都没有14000种，全英格兰也是一样，当然这里不包括博物馆里来自于其他地方的标本。虽然贝茨写了一本关于他的旅程的书，但他的成果中影响最大的还是他收集的物种，其中，甲虫尤为惊人。贝茨从此成为"甲虫人"，而亚马逊丛林也被证实是甲虫的国度。这里还存在着一个有待回答的问题：究竟还有多少甲虫没被发现？从他收集的物种来看，问题可能有两种答案。一种可能是他收集了如此多的物种，剩下的可能不多了，就像喝了杯子里的一口水，剩下的水已经不多了一样。但另一种可能则是还有很多物种，他只收集了其中一部分，剩下的还很多，就像从大海中喝了一口水，剩下的依然是汪洋大海。现在看来，贝茨无疑是发现了一片汪洋大海。到了巴拿马之后，特里·欧文将向人们展示了他在这片汪洋大海中逐浪而行的英姿。

在林奈之前，人类始终处于生物学世界的中心。林奈体系的革命性在于人类地位的转变，人类只是生物学世界中的一个物种，正如同北美红栎（*Quercus rubra*）一样。[①]随着林奈为越来越多的物种命名，人类在生物学世界所占的比重越来越小。我们先是百分之一，后来成了千分之一，再后来又成了万分之一。随着时间的推移，连列文虎克发现的那些微生物都被命名了，它们也成了一个个物种。反观我们，即使是在这样的过程中，我们依然变得愈发自大，也愈发迟钝，甚至忽略了我们身边的很多物种。它们在我们的

① 林奈认为有很多其他生物和人类直接相关，其中包括夜行人（*Homo nocturnes*）和穴居人（*Homo troglodytes*），同时，人类也有一些猿猴类的远亲，例如会下象棋、会敬拜神、会下双陆战棋的*Simia sapiens*（聪明的猿猴）。他觉得它们也能在唱诗班中歌唱。毫无疑问，林奈把自己代入了它们。

眼前销声匿迹，但当我们意识到自己的无知时，它们又重新出现在我们眼前。

甚至当微生物被发现时，我们仍然简单地认为我们是上帝造物的中心。我们知道这些微生物的存在，但我们仍然认为我们人类才是更重要的生物，有人类存在的时代才是核心时代。即使有一万种微生物摆在我们面前，即使它们生机勃勃，即使它们已经有了几百万年的历史，我们人类依然认为我们才是生命世界的主宰。这种以自己为中心的思维方式使得我们忽视了周围很多本来十分显眼的东西。当欧文到达巴拿马的热带雨林时，他和大家一样忽视了很多东西。他并不知道那里到底有什么东西，到底有多少东西尚未被发现。

欧文带着在树上寻找步甲的想法来到了巴拿马。没有人知道他会遇到什么。罗兰德第一个发现了新热带步甲，贝茨在他的基础上又发现了很多，但究竟还剩下多少未被发现尚未可知。树冠的世界依然显得很神秘，在那里无论是发现几个新物种，还是在每棵树上都发现同样的物种，都不足为奇。在瑞典，一棵树上可能有十几种甲虫，而在更加湿润的巴拿马雨林中，人们并没有觉得会有什么不同。没有人会觉得这里有更多的物种，包括欧文也没有。他来这里并不是想探索这里的生物多样性，他只想来这里发现几种甲虫。这就是他能想到的，作为一个生物学家用他申请到的经费所能做到的一切。

欧文第一次去巴拿马是1971年12月。他只在那里待了很短的时间。那是一片满是高海拔地区参天大树的丛林，欧文没有带攀爬设备，于是他爬上了一棵较矮的树，摘取了很多果实扔了下来。那是一棵凤梨科植物，是菠萝的近亲。[1]他的妻子拉维恩·欧文（La Verne Erwin）将这种果实放在被单上，等着里面的甲虫自己爬出来。特里也从树上爬了下来，开始敲打其中的一颗果实，想更快地把里面的甲虫驱赶出来。然而，爬出来的并不是甲虫，而是一条毒蛇。从树冠中找到这样一条毒蛇之后，拉维恩·欧文觉得，树冠可能算不上很好的研究对象，但特里·欧文依然在树冠中发现了甲虫。他还会再回来的。[2]

　　特里·欧文在1972年5月又回到了这里，他此行的目的是比较树冠中的甲虫和地面上的甲虫的区别。但是，这次他将要以低地热带丛林树冠中的动物为研究对象。不同于高海拔地区，在巴拿马低地的热带半落叶林中，树木的第一个树杈往往在距离地面60英尺以上的地方，欧文只能靠皮带和鞋跟一点点向上爬。[3]这样的情况直到他在巴拿马的合作者在树上搭建梯子和观测平台后才有所缓解。

---

[1]　欧文之前的导师乔治·鲍尔曾同另一位甲虫生物学家唐·怀特黑德（Don Whitehead）在墨西哥从凤梨科植物中收集过甲虫。他们发现了新的步甲物种（可能这是"步甲"这个名字第一次有了讽刺意味），并撰写了一篇论文。文中不仅讨论了他们的发现，还讲述了墨西哥的风土人情。这样的例子在文中很多，例如第一页的在"一般参考信息和建议"下面的一句话："如果从经销商那里购买而不是食品店购买的话，啤酒大概2.06美元一箱（24瓶）。朗姆酒、龙舌兰酒、麦斯卡尔酒大约每升1美元。"详见Ball, G. E. and D. R. Whitehead. 1967. Localities for Collecting in Mexico. *The Coleopterist's Bulletin* 21: 122–138。

[2]　科学论文或者科学家之间的通信通常不会提到科学家及其配偶的关系。我们第一次了解到欧文的妻子拉维恩只是因为特里·欧文在科学层面提到过她。她作为特里·欧文一篇论文的共同作者出现，他这样描述妻子在科研中的角色："负责田野调查，记录数据，饲养动物和维护实验室日常运转，同时修改和审阅论文初稿"。详见1976. Biotropica 8：215 224. 她的第二次出现是在1978年，特里·欧文以她的名字命名了一种甲虫（*Agra lavernae*），并这样说道："在多年的研究之后，我终于发现了一种足够优雅、足以冠以我妻子拉维恩的名字的甲虫……这也算是对她忍受一个痴迷甲虫的人这么多年的补偿。"特里·欧文和拉维恩离婚了，但他仍然痴迷着甲虫，而*Agra lavernae*仍会和它的科学命名一起流传下去。

[3]　引自T. 欧文1971年12月14日给他之前的导师乔治·E. 鲍尔的信件。

欧文在甲虫生物学方面的导师越来越多了，他给其中一位导师卡尔·林德罗斯写信说："我快要开始向猴子学习了。"[1]

当欧文开始他的研究时，几乎没有生物学家爬到树上进行过研究。一些人只是赌气性地爬到树上，大多是因为竞争和展现男子气概，另一些人则会发出野蛮的叫喊，还可能会划破膝盖，然后从树上向下张望，只为吸引女性的注意。也有一些生物学家爬上过树冠，但对树冠上的世界也只是匆匆扫过一眼。和在树冠上更有经验的原住民比起来他们十分笨拙。猴子时隐时现，黄蜂一路相随。这些爬到半空的科学家依然对他们周围的新世界一无所知，就像他们在地面时一样。他们已经爬得足够高了，高到足以发现身边的新奇世界，但他们缺乏的是探索的动力。

欧文最终在他第一次算得上成功的旅途中学会了爬树。穿行在"迷人的食蚁兽、树懒和巨嘴鸟"之间，他收集了八千多种步甲，而且大多是在"它们原本的生活环境收集"[2]的，而不是诱捕而来的。这些步甲中有很多只能在树冠中找到，由此可见，爬树是十分必要的，至少从树冠中更容易找到步甲。于是欧文继续着他爬树的旅程，同时也不忘从地面取样。后来，在1979年，他灵光一现，作为DDT捍卫者戈登·爱德华兹的学生，他很容易想到这样的方法：他开始向树上喷洒杀虫剂，等待着甲虫自己从树上掉下来。[3]

---

[1] 引自T.欧文1972年1月25日给C.林德罗斯的信件。

[2] 引自T.欧文1973年7月31日给P.达林顿的信件。

[3] 此前，研究人员在收集草蜢时曾使用类似的方法（Roberts，1973），而在树冠喷洒杀虫剂可能会杀死所有的节肢动物，因而欧文希望这个方法对甲虫也能奏效。引自Roberts, H. R. 1973. Arboreal Orthoptera in the Rain Forest of Costa Rica Collected with Insecticide: A Report on the Grasshoppers (*Acrididae*), Including New Species. *Proceedings of the Academy of Natural Sciences, Philadelphia* 125: 49–66。

　　小时候，我一直觉得海洋总有一天会干涸。那时，我会沿着海边，观察在干涸的海床上每个闪烁的、摇动的、发光的、蠕动的物种。[①]在树冠上，尤其是热带丛林树冠上的世界也是一样，很难一眼看穿它的全部。如果有人能立刻把里面时隐时现的物种展现在我们面前就好了。然而，丛林的树冠距离欧文足足有60英尺高，在他身边则是迎风而立、如桥墩般稳固的巨树。树根和他立足的落叶层，即使是在早晨也笼罩在树荫下，非常昏暗。在1979年年初的一天，在特里·欧文第一次前往巴拿马七年之后，他在一棵大树下方铺了一张被单。他买了几种杀虫喷雾。凌晨三点时，在铺好被单之后，趁着风还在吹，鸟儿尚未苏醒，欧文开始向树冠喷洒杀虫剂。他不断调整喷洒方向，使喷雾弥漫整个树冠。不久便开始有一些昆虫掉落下来。

　　从树上落下的昆虫不断敲击着被单，一声，两声，三声，四声，声音连续不断，越来越多。[②]大部分昆虫都是在最开始的20分钟内掉下来的，但特里·欧文等了一个小时，直到最后几只昆虫从叶间掉下，在枝杈间弹来弹去。他收集好第一棵树上的昆虫后，又转向第二棵，第三棵。每天晚上，这些被单都被折叠好送回实验室，然后冻起来，用以杀死昆虫，也使得它们便于保存。

　　最后，欧文在冰箱里的被单上收集了一万多只昆虫，其中包括

①　这个印象来自于小时候祖母给我讲的故事书。故事讲的是五个中国兄弟，个个身怀绝技。大哥的技能是能够吞下很多水，但只能坚持很短的时间。在故事中，他吞下了海洋，邻居家的男孩得以走到海底收集宝藏。但他走得太远了，最终在大哥将海水吐回来时候淹死了。即使小时候我就对这个来到海底的孩子很是同情，他只是没能经受住宝藏的诱惑。

②　参与了欧文后来的探险的卡伦·奥伯（Karen Ober）发现，由于从树冠掉落的所有生物都已经死了，因而站在一棵已经喷过杀虫剂的树下很可能会弄一身烦人的半死蚂蚁。

步甲、象鼻虫、叶甲虫、大蕈甲虫、瓢虫、伪瓢虫、磕头虫和蚂蚁。其中蚂蚁是最多的。欧文最终要做的是把它们从被单上取下，放到罐子里，然后给它们分类，但有时他也会站在野外，只是看看有什么掉到了被单上。虽然使用了这样的暴力手段，但毕竟欧文发现了一些前人未曾发现的东西。他即将有一些发现，可能还是很重要的发现，但这些发现并不是那样唾手可得。

当欧文整理他收集到的昆虫时，他遇到了两个问题。一个是林奈式的问题——如何给这些掉落下来的昆虫分类并命名。另一个问题则显得更加纠结——同样的问题，显微镜前的列文虎克也遇到过——欧文收集到的昆虫太多，多得令人难以置信。其中一部分已经被罗兰德或者贝茨这样的生物学家发现，或者被一些偶遇一棵倾倒的大树的人发现，但这里的物种多样性还是超出了人们的想象。他在给英国皇家学会的信中写道："我在从树上掉下来的虫子中发现了一些很有意思的甲虫。"

如果是其他研究步甲的人处在欧文的位置，他可能会回家，在余生的时间里继续研究步甲，并将剩下的——所有其他甲虫、草蜢、蚂蚁，等等——留给别人研究。昆虫博物馆中有数千种这样的收藏——一罐一罐来自远方的、未分类的昆虫。当欧文带着新的步甲回到家后，他唯一的工作就是给他发现的步甲命名。在大部分时间里，欧文都是这样做的。后来，他忘记了林奈那几种瑞典甲虫，并在离贝茨之前所在的丛林很近的地方忘我地工作着。现在，他理解了贝茨，他甚至希望或者幻想过，他就是贝茨在现代的转世。[①]

　　但欧文发现的以及他关心的不只是步甲，他收集到的动物琳琅满目，而且很显然，其中大部分是未知的。在研究这未知的世界时，欧文对他发现的繁多物种既十分兴奋，又有隐隐的恐惧。J.B.S.霍尔丹（J. B. S. Haldane）曾有一句著名的调侃。当被人们问到他的研究让他对上帝有了什么新认识时，他说："造物主对甲虫有着非凡的热情。"欧文越来越觉得这种演化已经不只是热情，甚至可以说是一种像他一样的执念。

　　在两到三年的时间里，欧文为他收集的第一批标本分了类。他收集的标本实在太多了，很多不是甲虫的标本还来不及处理就腐烂了。他为了采集标本，一共给19棵树喷了药。这些标本和里面的新物种足够他研究很多年，甚至一辈子了。但谁又知道别人做事的时候是怎么想的呢？很容易想象特里·欧文对甲虫的热情可能来自于小时候和祖父钓鱼的经历，再加上他本人执着的性格。特里·欧文在进行这些研究时肯定也遇到了很多困难。每天研究鸟类可能更容易被别人接受，因为鸟类很是可爱；而研究昆虫，并且在晚饭时只能听到关于蟑螂的抱怨，那就是另一回事了。无论如何，特里·欧文对罐子里的昆虫标本和其他地方数千亿活着的昆虫愈发痴迷、愈发投入了。

　　欧文对昆虫感兴趣不只是因为昆虫本身，还因为它们可能与生

_____

① 1993年，欧文用贝茨的名字命名了一个甲虫的属（*Batesiana*）。然而，内布拉斯加大学的两个科学家后来发现，已经有人用*Batesiana*这个名字命名了一个属的甲虫。因为属名不能重复，因而欧文命名的*Batesiana*被内布拉斯加的科学家以欧文的名字命名为*Erwiniana*。其中一个由贝茨收集的物种则成了*Erwiniana gruti*。作为林奈的使徒，林奈的"火炬"被巧妙地传承了下来。

命的维度有关。当特里·欧文和助手们一起整理来自树上的标本时，他的脑海里浮现出更为广阔的图景。如果巴拿马的树上有很多甲虫，那亚马逊、巴布亚新几内亚、刚果乃至全世界的树上呢？似乎每棵树上都有新物种，这样的想法总是让他惊喜不已。在故事的通常版本中，罗兰德面对数不胜数的物种发了疯，而如今看来，同样是面对一片生命的海洋，欧文和罗兰德一样面临被吞噬的危险。

1980年，世界上最出色的热带植物学家之一彼得·雷文（Peter Raven）主持了一次国家研究委员会会议，并提出了为热带生物学研究设定优先级的提案。作为会议纪要的一部分，雷文粗略估计了地球上物种的总数。①他认为地球上可能有250万未命名的物种，总物种数可能有大约350万。②雷文和同事们继续写道："我们可能应该重新评估那些研究得较为清楚的物种，例如甲虫和蝴蝶，是否仍要作为研究的重点。"雷文的估算开了先河。华莱士和贝茨，以及之前的科学家都注意到了热带物种的多样性，但从未想过物种数目会如此巨大。③物种数目很多，但到底有多少种仍然无法估量。

在国家研究委员会会议之后，欧文在给雷文的一封回信中也做了估算。他并不认为甲虫已经被研究得很清楚了，也不认为未命名的物种只有250万种。他不是数学家，因而估算做得极为粗略。但他发现，物种的数目过于庞大，仅仅是粗略的估计就足够了，就像之前列文虎克在面对极度纷繁庞杂的微生物时所做的一样。雷文也想

---

① National Research Council. 1980. *Committee on Research Priorities in Tropical Biology. Research Priorities in Tropical Biology.*

② 那时人们并不知道一共有多少物种已经被命名了，对已命名物种数目的估算也不完善。

③ Elton, C. S. 1973. The Structure of Invertebrate Populations inside Neotropical Rain Forests. *The Journal of Animal Ecology* 42: 55–104.

知道特里·欧文或者其他人在浩瀚丛林的一隅能够发现什么。

欧文的估算方法很简单。他在19棵同种树的树冠中发现了近8000只甲虫，约1200种。基于这一点，他开始了计算。他估计（其实就是猜测）他在这19棵树种发现的甲虫中有163种是较为特殊的，不会栖息在其他种类的树上。换句话说，这些甲虫有宿主特异性（树木就是它们的宿主）。另有千余个其他物种则被归为过渡类型，可以在几种树上生存。如果假设每种树上都有163种宿主特异的甲虫呢？在每英亩土地上约有70种不同的树木，那么就会对应12000种甲虫（163乘以70）。假设甲虫的物种数量占节肢动物物种总数不超过1/3，那这片树林的树冠中则会有31000种节肢动物。[①]简单地说，在一片后院大小的热带丛林树冠中——仅仅是浩瀚丛林的一隅——欧文估计，其中节肢动物的物种数是全世界鸟类物种数的3倍。

欧文关于每英亩热带丛林节肢动物种类数的估算发表在《鞘翅目昆虫学家通报》上，这是一篇相对晦涩（好吧，可能说非常晦涩更为恰当）的仅有两页纸的文章。对于其他人来说，欧文的估算过于简单，难以接受，但对于欧文来说却没有明显的错误。引发进一步争论的是欧文根据自己对巴拿马树木 *Leuhea seemanni* 上栖息的甲虫的相关研究。[②]他将宿主特异的甲虫数目和全世界热带丛林中树木的种类数（也就是50000种）相乘。然后他还计算了其他物种的数目，包括树冠中非甲虫类的节肢动物以及栖息在地面上的节肢动

---

① 欧文又估算了生活在地面上的物种数，但那是之后添加的。在一些不为人知的争论中，我们逐渐由认为大部分物种都生活在地面上转变为认为生活在地面的物种是不重要的。

② 巧合的是，*Leuhea seemanni* 是椴树的近亲，而椴树正是林奈名字的来源。

物。如果欧文的宿主特异性理论是正确的，那"全世界可能有3000万种热带节肢动物"。这句话在一段时间后将欧文的名字等同于关于地球上物种数目的辩论，当然，这是在相当一段时间后。[①]

欧文现在以预测出地球上可能有3000万个物种而闻名。事实上，他的预测比这还要大胆。他觉得单单是热带丛林中的节肢动物就有这么多种，而且他也并没有对地球上物种的总数进行预测。他的预测已经足够大胆，因而他也不敢做出更加大胆的预测了。[②]欧文用这样一句话让人们估算的热带丛林中节肢动物的物种数目增加为原来的三倍。其他的物种，真菌、细菌、甲壳纲动物以及其他非热带节肢动物的数目都是由别人计算的。3000万这个数字对欧文来说已经足够了。

我们能够想象如此多的物种是怎样形成的，我们也能想象这个过程是怎样开始的。这片翠绿的土地上最初只有一两只甲虫。它们不断迁徙，啃食着各种各样从未见过的叶子。最初的昆虫可能会以所有类型的植物，或者是植物的各个器官为食，例如种子、根和叶。当更多类型的植物不断涌现之时，更多类型的昆虫也随之出现。这些食谱颇为广泛的昆虫尽管取食范围很广，但是不能对每种食物都做到有针对性地吸收。于是，在取食方面有特异性的昆虫开始逐步形成，出现了只以一种植物为食的物种，或是只以植物的某些部位，例如花、花蜜或种子为食的物种。随着植物物种的分化，昆虫

---

① 在欧文的文章发表之前，地球上的物种数目，甚至仅仅是热带的物种数目，都很少被讨论，在欧文的文章中也仅仅引用了三篇其他的研究作为参考文献，而其中两篇都是以他自己为第一作者的，还有一篇则是亨利·沃尔特·贝茨（Henry Walter Bates）写的那本书。

② 在2000年美国昆虫学会（Entomological Society of America）会议上一次边喝泰国啤酒边进行的谈话中，欧文表示，他现在认为地球上可能有一亿个物种。勇敢的人永远不会退缩。

也演化为许多物种。每种植物都对应几种以之为食的昆虫，这些昆虫可以防止植物过度生长，也可作为传粉者和种子传播者，促进植物的繁衍。

从更广阔的角度来看，植物和昆虫的故事才是多细胞生物的演化过程的主体。恐龙、鸟类、哺乳动物和鱼类，从大自然的角度说，它们的出现无关紧要，或者说只是锦上添花。对于欧文来说，地球上大部分物种似乎是植物和甲虫，这可能已经持续了几千万年。我们经常提起恐龙的时代或是哺乳动物的时代，但从更为广阔的角度说，自从昆虫和一些更小的生物迁徙到陆地生活以来，地球始终处在它们的时代。恐龙曾经繁盛但最终消亡，而甲虫则仍在不断演化并征服着地球。

人们对特里·欧文这篇文章的第一反应是沉默，就像对其他大多数科学论文的反应一样。生物学家一生可能会发表几十篇文章，每篇文章可能只被引用了一次，或是只被读过几次。科学界充满了没有人阅读过的文章，或者是终其一生都没有人注意过的研究。《鞘翅目昆虫学家通报》本身并不是很受关注的杂志，因而欧文在上面发表的那篇文章似乎难逃被忽视的厄运。

尽管这样，可能是因为欧文和别人提起过他的研究，他的估算还是引起了人们的注意。作为冠层研究先驱闻名、外号为"树冠上的梅格"的玛格丽特·洛曼（Margaret Lowman）在一次会议上听说了欧文的估算，而这也是那次会议的主要议题。①一旦文章受到关注，事情往往会发展得相当迅速。对欧文估算的看法分成了三派：

①　引自2008年4月18日对M. 洛曼的采访。

好奇（如洛曼的反应）、震惊和抨击。大部分人对此的反应都是好奇[①]，然而抨击者写了一些文章，而且不管是在会议上还是在出版刊物中，他们都更多地掌握着话语权，因而欧文的估算在随后的论战中受到的抨击多于拥护。欧文对此也十分惊讶，并在一篇文章中说要"澄清这个问题"。[②]这些批评并不是针对欧文的计算方式的（尽管也有一些针对这方面的批评），虽然他的计算方式十分朴素，但看上去却是无懈可击的。问题主要集中在欧文计算过程中使用的数字，尤其是所谓的"宿主特异"的物种数量。欧文自己也承认，他对宿主特异物种的数目只是做了初步估算，但对于这些物种数目的估算又将极大地影响对地球上昆虫总物种数目的预估。

E. O. 威尔逊（E. O. Wilson），一位蚂蚁生物学家、社会生物学家、保护生物学家、演化生物学家，在很多年后通过一张比例图揭示了欧文估算的重要性。这张比例图主要反映了不同物种的数目占总物种数目的比例。脊椎动物的代表——大象在这幅图中只有细菌大小，植物也只比大象大一点点，而令人不可思议的是，代表昆虫的甲虫则赫然占了很大比例。卡尔·萨根（Carl Sagan）在描述太阳系中不同星体所占的比例时说过类似的话："（太阳系中）除了太阳还有四个较大的星体，其余的星体都只能看作是碎片。"地球毫无疑问也是碎片的一员。对于欧文来说，在他那神奇的*Leuhea*树下，较大的"星体"只有一个，那就是昆虫，其他的物种也都只是碎片。

欧文的估算在某种程度上是很有争议的，因为估算地球上的物

---

① 这是彼得·雷文的回应。欧文的估算其实是为了回应雷文的估算。引自P.雷文2008年1月14日的邮件。

② 例如Erwin, T. L. 1988. *The Tropical Forest Canopy: The Heart of Biotic Diversity.* In Biodiversity (E. O. Wilson, ed.), pp. 123–129. Washington, DC: National Academy Press。

种数目过于基础，往往不被看作是科学。而且，这也很像是只通过树叶上甲虫的数目便对地球上的物种总数做出了预言。然而，这样的估算也给了人们很多重要的提示。举个简单的例子，人们可能因此会意识到昆虫有很高的药用价值。全世界的动植物都有药用价值，进而衍生了药学。如果昆虫和其他生物一样具有药用价值，我们可以推断大部分药物都可能来自于昆虫。①

为了使欧文的估算更为精确，一位高产的英国生态学家凯文·加斯顿（Kevin Gaston）选择了一条捷径。他向生物学家发起了一次调查：你认为甲虫共有多少个物种？你认为螳螂有多少个物种？你认为植物有多少个物种？

他们的回答几乎是一致的："地球上的物种只比我们已经发现的多一点。"即使是相信特里可能是正确的生物学家，也觉得自己研究的物种已经被基本探明了。他们的回答都很谨慎："我们只需要再前进一小步即可。"林奈可能也会给出相同的答案。这是科学家的怀疑主义精神，或者是他们的谦虚。怀疑论者往往只相信眼见为实。谁知道那些新的想法或者理论是从哪块石头里蹦出来的，那些想法或理论往往是观察结果和疯狂想象的混合。这些想法并不是具有怀疑精神、习惯良好的科学。科学具有扬弃的精神，它会攻击别人，批评别人，并且建成的过程十分缓慢。它从不妄下结论。

欧文可能是正确的，但他还需要证明自己。这当然是不可能的，因为他根本无法获取自己所需的数据。欧文从几棵树上获取标本并对其分类已经花去了他几年的时间。即使是这些标本，他也只

---

① 西方科学和医学尚未充分开发昆虫药物的潜在价值。然而，在世界上一些历史悠久的聚落中（包括卡维尼诺人），昆虫常常被当作药物使用。例如相思蚂蚁（*Pseudomyrmex spp.*）被很多亚马逊部落用来治疗风湿。现在这种疗法已经被申请专利。

关注了里面的甲虫，甚至仅仅是其中一部分甲虫。剩下的标本依然躺在罐子里或者堆在一起。时至今日，他的估算仍然处在事实和推测的模糊地带。

特里·欧文真正需要做的，可能是发现一片热带丛林中的所有物种，为其命名，并研究清楚它们以什么为食。研究清楚某个区域的所有物种有助于使他提出的宿主特异性理论更为准确，并提高估算的精确程度。然而，欧文从心底是一个"甲虫人"，更加具体地说，是一个"步甲人"。他并不好大喜功，对步甲以外的物种也不大感兴趣。他已经对地球上有多少物种提出了自己的看法。现在，至少一段时间以内，他会将把视线转回到甲虫身上。他将给他在第一棵树上收集的甲虫命名。每晚临睡前，他都会用床头的显微镜观察一两种标本。他可能知道地球上有多少物种，也可能不知道——但不管怎样，他都会给他收集到的物种命名；不管怎样，他都要继续他的研究。就像列文虎克一样，他回到了显微镜旁；也像列文虎克一样，还有很多东西等待他去确认。当这些事情悬而未决时，他会寝食难安。在经历了这么多年的风风雨雨后，他还是回来了。

同时，他最迫切需要的是更多的数据。罗伯特·梅爵士（Sir Robert May）在一篇基于欧文对全世界物种总数的估算所作的长篇论文中提出，下一步研究需要"集中一批分类学专家，与各领域的专家通力合作，对一英亩热带雨林中的物种做大致的统计，而且最好能够对多个地区、类似的环境进行研究"。他继续写道："在这项工作完成之前，我不会相信任何对全球物种数目的估算。"[①]

---

① May, R. M., and R. J. H. Beverton. 1990. How Many Species? *Philosophical Transactions: Biological Sciences* 330: 293–304.

5　寻找万物

> 纽约的复杂之处相对于一平方英里的低地热带丛林来说，就像是老鼠发出的吱吱声相对于人类创造的所有音乐一样渺小。
>
> ——丹·詹曾（Dan Janzen）

丹·詹曾于1939年出生在明尼苏达州明尼阿波利斯，一个离热带丛林十分遥远的地方。他的成长环境中有农场、幼龄温带森林、冰川湖和弃耕地，与他相伴的则是乌龟、青蛙和树木。总之，周围的物种并不算多。在这片玉米地及林地中，人们在后院就可以接触到大自然，詹曾就是在那儿附近打到他的第一只野鸡的。9岁的时候，詹曾开始收集蛾子，追踪、捕猎或是诱捕动物，也开始钓鱼。他周边的环境很容易就被他研究清楚了，因而詹曾像林奈一样，觉得世界可能也很容易研究。①

九年级的时候，丹·詹曾觉得他已经收集到了明尼阿波利斯的大部分物种，于是他去了公共图书馆。在公共图书馆中有一座小型自然历史博物馆，博物馆的墙上陈列着一些南美蝴蝶标本，而这些华丽、美妙、诱人的标本是詹曾从未收集到的。几天之后，詹曾的父亲宣布他们准备去旅行两个月，而正是这个巧合极大地加快了詹曾的人生进程。"我们要去哪里呢？"他的父亲问他。他的回答是墨西哥，离明尼苏达最近的热带丛林，这是去观察更多蛾子和蝴蝶最好的地方。

丹的父亲是俄罗斯人和德国人的后裔——务实而又冷静，想法十分朴素。他的母亲据丹自己说，是"一个疯狂的爱尔兰人，是一个尝试过一切的、富有想象力的艺术家，用自己的方式展现着她的狂野"。而这些形容词也构成了丹·詹曾的性格——他的性格混合着狂野和冷静，创见和务实。而这些性格的混合加上小男孩朴素的愿望，让他觉得他的父母可以开车从明尼苏达到墨西哥旅行两个月。也正是他母亲的狂野和他父亲的纯粹让他们同意了这次旅行。

丹·詹曾把他送报纸挣来的钱都放在了这次旅行。一家人驱车到了得克萨斯州布朗斯维尔，然后经由韦拉克鲁斯进入墨西哥。他们穿过中西部地区的玉米田和老农场，缓缓向南。在途中，丹看到了窗外崭新的物种。这些物种在他的脑海中累积着，也在他的捕捉网里累积着——每次车子停下，他都会抓一些当作标本。车子每往南走一公里，丹心中的喜悦就增加一分。当他们进入墨西哥境内以

---

① 就像在一次史密森学会采访中说的那样，詹曾后来在本科期间收集了"过去两年间他和他的家人吃掉的所有肉类"。有关詹曾生平的故事大多来自2007年10月24日的电话采访，那时他正忙着搬运箱子、补给以及装订收集的蛾子。

后，他无时无刻不在忙着捕捉蝴蝶和其他昆虫。随着旅程的深入，他爱上了热带，爱上了这片孕育着无尽生命的摇篮。这个摇篮仿佛在召唤着丹这样的收集者。他收集着一只又一只的蝴蝶，一个又一个的物种，在几百英里的旅途中从未停歇。丹愿意像这样，用一只接一只的虫子填满自己的生活。十年级的时候，他和家人又去了一次墨西哥；十二年级时候，他干脆独自去了一次。在这次旅程中，他为了收集蝴蝶骑着一辆摩托车跑遍了墨西哥，"晚上仅仅睡在加油站、妓院后院或者便宜的汽车旅馆中"。①他学会了西班牙语，认识了很多人，并发掘出自己对热带物种多样性的热情——一种近乎疯狂的热情。

詹曾回到了美国，从军六个月后开始在明尼苏达大学学习土木工程。土木工程师是一个很稳定的职业，詹曾并不知道他所喜欢的，追着虫子跑，收集和观察昆虫也可以成为一个职业，这看上去连份工作都算不上。直到大二的一个春天，当他在校园中穿行的时候，一道闪电击中了学生活动大楼。他跑进一栋楼里避雨。在墙上，他发现了一个玻璃展示盒，里面是一只林鸳鸯标本。按照他自己的描述，这是他生命中的一个重要瞬间。这个装着林鸳鸯标本的柜子很像他第一次看到蝴蝶标本的橱柜，或者从某种意义上说，像是林奈的橱柜。他意识到生物学家也可以是一种职业。当他伫立凝视的时候，他身后的门打开了。一位年长的生物学家叫他到办公室去，将他带入了生物学的世界。更直白点说，是把他带到了豚鼠遗传学的讲座上。詹曾仍记得当时讲座的幻灯片。他爱上了生物学，觉得生物学世界仿佛在召唤他，在他

① 来自2007年10月24日对詹曾的采访。

的脑海生根发芽；反观土木工程，那仿佛是在浪费他的生命。从那天起，詹曾开始在热带观察各种野生生物，不放过一分一秒。

1961年，丹·詹曾作为伯克利加州大学一年级的研究生，正式开始了他在热带的研究。在此之前，尽管他还没正式转专业，但他已经将大部分时间用于生物学研究。为了将他作为"业余爱好"收集的昆虫搬到加利福尼亚，他甚至雇了一辆拖车。在伯克利，他作为研究生的第一个任务就是选择几个物种进行研究。他回到了墨西哥的韦拉克鲁斯——他18岁旅行时到过的最后一个地方——为加利福尼亚昆虫调查行动（California Insect Survey）收集昆虫。他收集了他能找到的一切，但他期待的是一些有意思的、足以让他研究很多年的东西。

一天，他走在路上的时候，一只甲虫从他身边飞过，落在了一棵长满刺的金合欢上。这只甲虫立刻受到了一只蚂蚁的攻击，便只好飞走了。[1]詹曾很好奇这只蚂蚁为何会攻击那只甲虫，于是他回到那棵金合欢旁边看了一眼。那棵金合欢上满是蚂蚁。詹曾做了一件5岁小孩才会做的事——他把一些昆虫扔到了蚂蚁身上。和对待之前那只甲虫一样，蚂蚁们攻击了他扔上去的昆虫，但并没有吃掉它们。这些蚂蚁似乎是在保护这棵金合欢。这些现象让詹曾满腹狐疑。幸运的是，早些时候已经有一位博物学家对此做出了解释，虽然这个解释看上去十分荒谬，并不像是正确的。[2]

托马斯·贝尔特（Thomas Belt）于1832年出生在英格兰，是

---

[1] 在同样的情况下，特里·欧文往往会站在甲虫这边——尽管他也会收集并杀死这只甲虫。

[2] 详见Allen, W. 2001. *Green Phoenix: Restoring the Tropical Forest in Guanacaste, Costa Rica.* New York: Oxford University Press。

一位博物学家、地质学家，或者笼统地说，是一位周边环境的观察者。他因研究澳大利亚的金矿而小有名气，并曾前往俄罗斯、科罗拉多等地继续他的研究。他在尼加拉瓜待了四年，其间，写下了《尼加拉瓜的博物学家》一书。这本书记录了许多观察结果，富有远见卓识。其中就包括对詹曾在路上看到的，蚂蚁保卫金合欢这一现象的解释。

贝尔特发现了一种金合欢属植物，和詹曾看到的很类似，这种植物"在枝干上有对生的弯曲凸起，因而得名牛角刺……"贝尔特同样发现这棵树上满是蚂蚁。他发现"那些刺是空心的，里面满是蚂蚁。在刺的一端有一个小洞，可以当作进出口。这个小洞穿过了相邻两根刺之间的分隔处，因而也可以当作两根刺的入口。这些蚂蚁在此处繁衍生息。雨季的时候，每根刺中都满是蚂蚁，整棵树上可见数百只蚂蚁爬来爬去，尤其是幼叶上，蚂蚁格外多"。就像詹曾以及很多热带生物学家发现的一样，"如果有人摸它们一下，或者摇晃一下树枝，这些小蚂蚁就会从刺中倾巢而出，用它们的口器和刺击退入侵者"。

贝尔特继续描述他的发现。他觉得"蚂蚁就像是植物的禁卫军，不仅阻止哺乳动物啃食树叶，还保护着树叶免受更加危险的敌人——切叶蚁的侵害。而相对应地，植物则为蚂蚁提供了安全的住处和充足的食物来源。为了吸引蚂蚁在正确的时间和地方提供保护，植物为蚂蚁精心安排了食物。一切都是如此完美……在每对叶片的基部，在叶片的中脉上，有一个坑状分泌腺，它在幼叶期分泌一种类似蜂蜜的液体。蚂蚁很喜爱这种液体，于是便在分泌腺间穿梭来吮吸这种液体。而这并不是全部，还有更多有趣的现象……在这些分泌腺所在的小叶的末端，当叶片初次展开的时候，会有一种金色的东西，通过基部连接在小叶的末端。在显微镜下观察，它就像是一个金色的梨。叶片刚刚展开的时候，这些'梨'并不成熟，于是蚂蚁就一个一个地查看。当蚂蚁找到成熟的'梨'时，它们便会从连接处将其咬断，将这个水果似的东西带回巢穴"。[①]

如果这是真的，那这个故事就很有意思了。然而，这个故事似乎过于完美，完美得不太真实，而且尽管贝尔特观察到了这些现象，但并没有做过实验。他没有看到把蚂蚁除掉或者往上面放一只甲虫之后发生的事情。他也没有验证过他的假说。在贝尔特的时代，甚至在詹曾发现甲虫被蚂蚁吓跑的现象时，热带生物学都还不是一门实验科学。那些在明尼苏达弃耕地的科学家可能会做实验验证他们的想法，但热带生物学家仅仅是记录下他们观察到的现象。

詹曾把精力集中在蚂蚁和金合欢的关系，即后来所说的互惠共生上。他在观察的同时也试图验证贝尔特的假说。如果贝尔特是正确的，那么若是将树上的蚂蚁除掉，树就有可能会被食草动物吃掉。詹曾就是这么做的。他随机挑选了几棵金合欢，通过杀虫剂或是切掉上面的牛角刺把蚂蚁除掉。果然不出所料，随后，金合欢被食草动物啃食得很厉害，生长速度也变慢了。[②]尽管这是一个很简单的实验，但这却是最早的热带生态学实验之一，是一个后来被看作经典的实验，也是研究动物和植物共生演化关系的经典实验。树木在演化，而蚂蚁也在随之演化，如此循环往复，最终使得蚂蚁和植物形成互惠互利的关系。贝尔特一百多年前的假说看来是正确的。

①   Belt, T. 1874. *The Naturalist in Nicaragua*. London: J. M. Dent and Sons Ltd.
②   Janzen, D. H. 1966. Coevolution of Mutualism Between Ants and Acacias in Central America. *Evolution* 20: 249–275.

　　詹曾靠研究互惠共生起步，但他的研究远远不止于此。他还研究了黑水河流域的生态，种子的传播，巨型动物灭绝带来的后果以及很多悬而未决的热带问题。詹曾在随后5年间提出了12个理论，后来每个理论都成为一个新的研究领域。他解释了为何热带的隘口更高，外界的干扰会如何影响共生关系，如果去掉共生物种中的一个会发生什么，为何干燥林的树木会一同开花，温带物种和热带物种的体型有何区别，蚂蚁为何没有传粉功能，等等。在观察过程中，他的思维总是异常兴奋，如同被智慧之火点亮了。一旦他开始研究热带生态，他根本就停不下来。他的智慧终于找到了栖身之所——一片无拘无束、有待探索的土地。

　　詹曾在热带的研究开始于墨西哥，后来转移到了哥斯达黎加。当他第一次到达哥斯达黎加时，他发现那里的丛林比墨西哥的更加美好，保存得更加完整。在那里工作的时候，他注意到了丛林的变化。他看到他最爱的丛林慢慢退化了。于是他做了越来越多的工作，提出了越来越多的想法。鉴于丛林的退化，他似乎被迫提出新热带最具雄心的保护计划之一——哥斯达黎加干燥林地区的瓜纳卡斯特保护区。瓜纳卡斯特成了他坚守的阵地，用于对抗森林采伐和物种流失。于是，哥斯达黎加依然保持着它的特别之处。詹曾的瓜纳卡斯特保护区为他赢得了很多荣誉和赞美，其最重要的意义无疑是使它成为一个成功的保护生物学项目。通过这个项目及其创新的管理和保护手段，詹曾在日益退化的土地上留住了一片森林。他开始在书中及期刊中写下他的想法。现在看来，他好像是在用种子和泥土培育一片森林，而这可能也是他做过的最有雄心的事了。

　　当1982年特里·欧文在《鞘翅目昆虫学家通报》发表那篇蹩脚

的文章时，詹曾已经是热带生物学的巨擘了。他一直在哥斯达黎加保护区开展研究，同时收集了很多昆虫。从某种意义上说，他是田野生物学家中的田野生物学家。①他那件脏乱的卡其裤，那件穿破的纽扣式衬衫，那头散乱的头发以及那把杂乱的胡子都很好地说明了这一点。这完全不是装出来的。如果他有意伪装，他完全可以让自己显得更加饱经风霜，就像刚刚在树洞中过夜那样。詹曾朋友们的说辞也让人们对他的印象更为古怪——例如，在一次采访中，他们说詹曾身上有一种野猪的气味。记者们也在这方面添油加醋。最近在《自然》期刊发表了他的一张照片，照片上的他脱掉了衬衫，站在标本中间，从每个细节看上去都像是一个荒野中的生物学家，甚至像是荒野中的传教士。1986年，唐·莱塞姆（Don Lessem）在一篇发表在《史密森学会杂志》的文章中说，詹曾"看上去像是个先知，而不是个学者"。②他在人们心目中的形象，不论是在野外，还是在人们的脑海中，就是一个研究热带生命、头发花白的先知。他验证了数十种假说，写了几百篇文章，并提出了许多留待其他生物学家验证的理论。他开展了世界上最大的热带森林保护计划，这个计划他总是反复提及。他很有雄心，或者说有点狂野。

现在丹·詹曾获得了宾夕法尼亚大学的终身教职，他在那里只有秋季两门课的教学任务。一年剩下的时间里，他和他的妻子温

① 因为他在野外的工作，丹·詹曾于1984年获得了由瑞典皇家科学院颁发的克拉福德奖，而这也相当于冷门领域的诺贝尔奖。和奖章一同颁发的还有用于支持他进行田野调查的十万美元奖金（他用这笔钱买了很多东西，还为他的屋子装上了第一部电话）。皇家科学院将林奈送到了拉普兰，也让詹曾继续完成属于他的征程，让他为他发现的蛾子、花朵和树木命名。

② Lessem, D. 1986. From Bugs to Boas, Dan Janzen Bags the Rich Coast's Life. *Smithsonian*. December 1.

妮·哈尔瓦克斯（Winnie Hallwachs）都会住在瓜纳卡斯特保护区干燥林中的一座租来的木屋里，那是他们的家。木屋的墙上挂着很多塑料袋，每个袋子里都有一只活的毛虫——这是丹的一个研究课题。和林奈那面满是植物标本的墙不同，詹曾的屋子里满是装着毛虫的塑料袋，这既是课题的一部分，又有装饰的作用。林奈的那些标本偶尔会被林奈拿来比较，但更多的是用来提醒他生命世界的多样性。而对于他们两个人来说，他们的标本或者毛虫的数量并不多，但就像是天文学家墙上的宇宙示意图那样，这也算是一种提醒，提醒他们自然界如此多样，提醒他们留意那些原本就充斥在他们脑海中的世间万物。

　　詹曾一生都致力于物种保护以及研究物种之间的关系。其余的研究内容对于他来说都是次要的。就像他一生中经历的很多事情一样，他收集物种的课题也是偶然开展的。他并不是一个分类学家，并不擅长鉴别和命名物种。但在1978年，当他沿着山沟追踪食种子动物时，他滑倒了，摔断了一根肋骨——也有可能是几根，因为他从没去医院检查过。①由于受伤不能运动，他在一只六十瓦的灯泡下坐了一个月，这只灯泡由发电机每天从黄昏供电到九点。当蛾子飞向灯泡的时候，他把它们抓住，收集起来——就像一只等待美食的壁虎一样。幸运的是，这一年成了他收集蛾子的最好时光。它们不断地飞过来，詹曾顺势从灯泡旁边的墙上捉住它们，将它们杀掉、钉好，然后小心地展开，以便于之后的研究和鉴别。这是个冗长的工作，但由于他只能坐在椅子上，因而他有的是时间。他只是在那里等待着，收集着，然后继续等待着。在一个月的时间里，他已经

---

① 　同年，欧文开始在邻国向树冠喷洒杀虫剂。

收集了几千只蛾子。在这几千只蛾子里，有很多种他只收集到了一只或者几只。他抓到过的每一只蛾子，都很可能是他没有收集过的物种。很多蛾子对于科学界来说都是新物种。

当他恢复到可以走路之后，他开始到屋子前几公里远的丛林中去寻找那些他收集到的蛾子所对应的毛虫。蛾子是毛虫生活史的最后一个阶段——更加显眼，行动也更加灵活，但是生命也很短暂，对于一个生态学家来说也没那么重要。想要研究一种蛾子的话，往往需要研究它的毛虫形态，研究它们何时何处做着什么。观察毛虫在树叶上啃食、咀嚼、磨牙，使得詹曾意识到人们对毛虫与蛾子之间的对应关系知之甚少。每种蛾子都对应一种毛虫，但究竟哪种对应哪种呢？在那时，瓜纳卡斯特的大部分毛虫（或者说全世界的毛虫）都无法和它们的蛾子形态对应起来。前面我们提到，他在装着叶子的袋子里饲养毛虫，这些袋子成了他和温妮日常生活的一部分。可袋子里的毛虫最后并没有变成蛾子，而是变成了寄生蜂。寄生蜂在毛虫（或者其他昆虫）体内产卵，当卵在其他昆虫体内成熟之后，它们就变成了新一代的寄生蜂。[①]但也有一些毛虫没有被寄生，最终羽化成了蛾子。当它们羽化以后，詹曾会杀死它们，将它们加入蛾子的收藏之列。

詹曾收藏的蛾子变得越来越多。他开始向更多专家寻求帮助，为他发现的物种命名。他发现自己和分类学家，也就是林奈生命图书馆的管理员们，接触得越来越多。詹曾的好奇心让他一步一步走向了另一个伟大的事业。

在思考蛾子的问题时，他并不局限于研究瓜纳卡斯特的蛾子，

---

① 重寄生蜂则会反过来在毛虫体内寄生蜂的蛹中产卵。

而是对全哥斯达黎加的所有物种展开了研究。哥斯达黎加成了生物学家的圣地。这里属于热带，而且工作条件相对较好。他开始和哥斯达黎加的生物学家一起创立哥斯达黎加国家生物多样性研究所，这是一个旨在研究和保护哥斯达黎加生物多样性的国家级研究中心。詹曾清楚这个研究所最终可能会成为"全物种多样性编目"的基础，会有相应的计划、相应的网络和正式的系统与之对应。这些基础工作看上去很简单，生物学家能在那里找到他们正在研究的所有物种，他们可以为新物种命名，为所有物种列出清单并得到当地人的帮助。这个想法很理想化，并不是那么务实，比起詹曾父亲的行事风格，更接近他母亲的风格。但是，詹曾的努力让他的这些理想慢慢向现实靠拢。

　　这些问题在詹曾脑海里已逐渐成形。1992年，詹曾参加了联合国教科文组织在哥斯达黎加举办的保护区设计者会议。[①] 在会议上，美国国家科学基金会的项目主任吉姆·爱德华兹（Jim Edwards）说他想赞助一个疯狂的项目，比如试着发现一个地区的全部物种之类的项目。这句话很是惊人，根本没有人这样想过。一阵沉默之后，詹曾说："哥斯达黎加怎么样？""不，哥斯达黎加不行，我们得选一个更小的地方。"爱德华兹答道。这时詹曾在想，瓜纳卡斯特保护区应该可以，不过他没有说出来。没有人想过这样的任务会不会真的有人执行，也没有人知道这样的项目会发现多少物种。如果欧文是正确的，那么瓜纳卡斯特可能就存在几十万种新物种，这还不包括哥斯达黎加的其他地方。如果他是错的，那么我们对世

① 这次会议于1992年举行，是由美国国家科学基金会资助举办的，由国际生物科学联合会、环境问题科学委员会、联合国教科文组织联合召开的"生物多样性计划"（DIVERSITAS）会议。

界的了解程度就比他认为的高。詹曾觉得这可能是一次验证欧文的估算的机会。"欧文就是在扯淡，他的方法在生态学上就是无稽之谈"，欧文的估算可能过于粗糙，毫无用处。詹曾也一直在犹豫，到底实际的物种数是远远多于欧文的估算还是远远少于他的估算。[1] 然而这并不重要，詹曾并不想估算。他想要发现并命名所有的物种，将它们一个一个地数出来。

这次会议之后，美国国家科学基金会于1993年在宾夕法尼亚大学召开了另一次会议，探讨这类研究的可行性。[2]詹曾和温妮·哈尔瓦克斯主持了这次会议。这次会议并没有讨论到瓜纳卡斯特，但詹曾想要在那里推动这项研究。他想要仔细研究他自己的后院，就像贝茨在特费做的那样。他迫切地想知道那里都有什么，想知道那片森林里到底有多少物种。不管在哪里开展，这项工作都要有一个负责人，而詹曾则是候选人之一。他几乎要喊起来了。他或指出问题，或默默低语，为这项研究提供了无尽的可能性。他就是天选之人，就是那个丛林中的先知。

人们问詹曾这项研究大概要花掉多少钱。他起初的预算是9000万美元。他写下了做出这份预算的理由，但这也可能是他凭空捏造的。他拿到了2200万美元的经费，主要是来自于私人捐款以及美国生态保护组织和哥斯达黎加政府的资金。这成为了这个项目的开端。

詹曾的计划十分宏伟，而这个项目的工作量也一时很难预估。詹曾已经咬了一口智慧树上的苹果，而引诱他的蛇则是那些蛾子和螨虫。现在，他抱着和林奈一样的想法，他要给所有物种命名。美

---

[1] 在一次电话通话中，詹曾表示，他现在认为全世界可能有2000万到4000万个物种，当然，这也是他的猜想。

[2] Kaesuk, C. 1993. Counting Creatures Great and Small. *Science* 260: 620–622.

国国家科学基金会会议的参会人之一，康涅狄格大学的罗伯特·K.科尔韦尔（Robert K. Colwell）这样说道："就像我们第一次看到月球表面那样，这将是我们第一次看到整片热带森林是什么样的，看到森林里面究竟都有什么。"[①]相对于林奈的计划来说，这个项目显得更加谦虚，他们想要探索的只是一片森林而不是全世界。但林奈也没有完全理解他的使命，他觉得他那一万个物种已经差不多是世界上的全部物种了。没有人知道詹曾和他的团队将会命名多少物种。脊椎动物似乎简单一些——170种鸟类，115种哺乳动物，100种爬行动物和两栖动物——似乎并不是很多，全新的物种可能也不会有很多。而无脊椎动物或者更小的生物，数量似乎十分庞大，而人们却对它们知之甚少。丹·詹曾那时已经在保护区发现了3140种毛虫和将近一万种蛾子。单单是瓜纳卡斯特，蛾子的种类就已经比林奈认为的全世界物种数还要多了。而蛾子的种类数相对于甲虫的来说，又可以说是小巫见大巫了。

在电影《陆上行舟》中，主角来到了秘鲁的橡胶城市——伊基托斯，他想在那里建成世界上最美的歌剧院，他想要用音乐填满歌剧院和周围的森林。这个计划很诱人，歌剧院建成后，连世界上最著名的男高音恩里科·卡鲁索（Enrico Caruso）都会被吸引来登台献唱。在几年的搜寻之后，他最终为歌剧院选择了一个完美的地方。他的选址在河边，但从河的下游却几乎无法到达。河水过于湍急，运送建筑材料的船无法通行。将建筑材料运上去的唯一方法就是从陆地上扛着船翻过一座山，然后通过另一边一条平行的河将船开过去。

---

① Kaesuk, C. 1993. Counting Creatures Great and Small. *Science* 260: 620–622.

拍摄《陆上行舟》遇到的考验就和想象中建造那座歌剧院的考验一样。导演沃纳·赫尔佐格（Werner Herzog）雇人将船放到木质滑轨上，他们没有怎么借助杠杆，主要是靠蛮力将船拉了上去，翻过了亚马逊地区的一座山。在此之前，不管是在电影里，还是在现实生活中，都没有人做过这样的尝试。赫尔佐格在编排这一场景时称自己为"毫无用处的征服者"（Conquistador of the Useless）。

詹曾在开始这场伟大的冒险时肯定觉得自己和赫尔佐格电影里的主角一样。他说，森林就像一支由物种和物种名组成的管弦乐团，虽然不是歌剧，不过也都属于音乐。如果他能命名这里所有的物种，那演出阵容就显得很清晰了：蛙类演奏着铜管乐，纺织娘演奏着木管乐。这与世界其他地方都不相同，在这里，詹曾可能会弄清楚夜晚鸣叫的所有物种，弄清楚夜晚所有声音的主人，弄清楚奏响演化之歌的所有乐器。

但詹曾一往无前。他领导了为瓜纳卡斯特保护区所有物种命名的项目。在自信的时候，也可能是自大的时候，他对此很有把握。其他生物学家对此持怀疑态度，但也总是在重复一个我经常听到的说法："我起初觉得这是个疯狂的想法，觉得这是不可能实现的。但我又想了想，主持这个项目的可是丹啊。"很快，他就召集了"三百个博士"到瓜纳卡斯特工作。研究螨虫的人、研究苍蝇的人、研究蠕虫的人等等，都来到这里为保护区所有的物种命名。

对于生物学家来说，发现一个地区甚至是全世界所有物种的理由是显而易见的。尤其是对于田野生物学家来说，这个任务就和爬山或者在18岁时骑着摩托车追随着蝴蝶的踪迹穿越墨西哥差不多，更像是一种崇高的理想。但是这种研究也有一些实际的原因。一旦物种被命名了，人们就很可能会去研究它们的药用价值，其对于人类的意义也会被更多地考虑，它们的功能也会被研究清楚。哪些物种有助于分解作用？哪些物种有药用价值？比如詹曾发现的，保卫金合欢的蚂蚁就被亚马逊的当地人广泛用于治疗风湿。一旦物种被命名，我们就可以开始研究它们的生物学意义，就可以让它们变得"有用"。"利用它，或者丢掉它"是詹曾的座右铭。然而，开发已命名物种的潜在用途只是詹曾开展这个课题的一部分原因。另一个简单到难以置信的原因则是，之前还没有人做过这样的研究。这些物种在数百万年间用人类不可理解的语言呼唤着彼此。这本来是人们在一个地方定居要做的第一件事，但科学家却从未完成这样的工作，哪怕只是接近完成都没有做到过。这次，这样的工作似乎终将完成。詹曾仿佛在抓住手中流逝的泥沙，他要在这些生物从他手上逃回野外之前，用林奈的方法为它们命名。

詹曾在哥斯达黎加开展的这个项目，后来被称作"全物种生物多样性编目"（All Taxa Biodiversity Inventory，即ATBI）。这个项目看上去像是人类最荒诞也是最有野心的项目，不过有时看起来也没那么荒诞不经。至少，哥斯达黎加远不是热带美洲物种最多的国家。在哥斯达黎加，干燥林可能是最容易研究的，研究的便捷处之一即树冠离地面不高。不管怎么说，詹曾研究的这一小片森林是大小适中的。为何不在更为肮脏、条件更为恶劣、车费也更加便宜的"真热带"开展研究呢？有时，一些热带生物学家会这样问詹曾。还有，为何不在欧文做过估算的雨林进行研究呢？为何不在亚马逊地区或者刚果盆地进行研究呢？

在一些报告中，詹曾通过展示一张莱特兄弟飞机的照片回答了这些问题。詹曾说，莱特兄弟并没有选择在雷雨天时在崎岖的山上进行他们的首次飞行。相反，他们选择了风和日丽的平原。因而，詹曾也选择了一个从生物学的角度来说算得上"风和日丽的平原"的地方展开研究。他也希望能够借到东风。

甚至在这个项目启动前，来得比较早的或是本来就在此地工作的生物学家已经发现了很多新物种。詹曾自己也以身作则，做了很多工作。他一边筹备这个项目，一边给手头的标本命名。他和他的团队一起给他收集的蛾子命名。他自己收集毛虫，并把它们养大，屋子里的茧越来越多。他常在打电话、听讲座、吃晚饭的同时，把蛾子钉在标本盒里。他的小屋里满是饲养毛虫用的塑料袋，他的生活也满是叶片和毛虫排泄物的味道。他还在不断地把学生和雇员派出去收集标本。

这个项目早期基本上是顺利的，但也在最开始的时候就遇到了不少困难。如果万事顺利的话，分类学家应该像很多条平行线那样工作——分享标本，帮助彼此鉴别物种，为詹曾的物种字典系统地添加词条。然而，分类学家并不习惯如此全方位的合作，尤其是和研究不同物种的人合作。研究甲虫的人没有和研究蚂蚁的合作过，研究白蚁的人则没有和任何人合作过。为物种命名的分类学家更多地是独自安静地工作，而不是大家一起合作。他们自己收集标本，然后回到满是萘（用于保存昆虫标本的化学物质）的味道的房间。在房间里，他们最好的时光都是在显微镜前度过的。这样的工作很少和外界接触。如果分类学家很热衷于交际，那他们中的很多人可能会觉得他们并没有把时间花在他们真正感兴趣的物种上。分类学研究中的那些模棱两可并没有让他们失去研究的重点，相反，这些反倒让他们将精力更加集中在自己的研究方向上。为了更好地研究他们的课题，他们就必须深入挖掘，高度集中，而外面的世界则和他们渐行渐远。

达摩克利斯之剑只是悬在詹曾头上，其他人的压力就没有那么大。如果这个课题失败了，那么这将算是詹曾的失败，而不是其他人的。詹曾和其他人一样都为分类学家捏了一把汗。詹曾担心那些分类学家不会像一个团队那样合作，而是全无系统，在发现了一种有趣的昆虫之后就去寻找另一种，而不是继续深入研究。更糟糕的是，即使他们发现了新物种，他们的工作进展也十分缓慢。他们就像是在孵蛋，并不急于发表自己的成果；即使发现了未命名的物种，也只是像坐在蛋上面，等待着最终的确认。①詹曾希望他们能通力合作，就像一群被科学的力量驱赶的牛群；可惜，分类学家却像猫一样并不喜欢群居。

瓜纳卡斯特全物种生物多样性编目并不是詹曾唯一的课题。他还开展了很多其他研究。但这终归还是他一个很重要的课题，一旦完成就是一个举世瞩目的成就。詹曾殚精竭虑地花了很多年想要让这个课题平稳运行，想要为一个又一个的物种命名。这个课题对于詹曾来说不仅仅具有科学上的意义，更是他梦想的一部分。他有生

---

① 一位看问题比较系统的生态学家读到这里的时候立刻指出，这样的等待也有好处。在发现物种的时候就直接对其进行描述或归类，很可能会导致同一个物种被命名了两次。

之年可能还会经常和别人提及为瓜纳卡斯特所有物种命名的事。就像他在后来一次又一次的采访中说的那样，他知道他的余生每天都要做什么——当然，很大程度上是在收集蛾子。1997年春天，这个项目的第一阶段即将开展。在瓜纳卡斯特的分类学家陆陆续续地减少，比如收集和研究蝗虫的分类学家。随后，预料之外的事情发生了。

在筹划这个项目的时候，詹曾是和哥斯达黎加国家生物多样性研究所合作的。他不想成为官方负责人，因而他让哥斯达黎加国家生物多样性研究所负责所有经费的管理。① 然而，哥斯达黎加国家生物多样性研究所决定将这笔经费花在"从社会和经济角度考虑"更有意义的课题上②，而不是詹曾的全物种生物多样性编目项目。加梅斯（Gamez）觉得这笔钱花在与生态旅游有关的野外指南之类的项目上更好——我们可能会留意到，这些指南中所介绍的森林，其中的大部分物种尚未命名。一些参与全物种生物多样性编目项目的生物学家也注意到，一部分经费已经被哥斯达黎加政府挪作他用。不管怎样，这个项目最终因为几个电话流产了。几年时间筹划的事情仅仅在几天之内便土崩瓦解。

并没有谁阻止科学家们在瓜纳卡斯特工作，但还是有很多人离开了，因为他们没有了经费的支持。如果说这些生物学家是詹曾歌剧中的音乐家，那他们都带着不和谐的旋律离开了舞台。研究苍蝇的人离开了，然后是研究真菌的、研究螨虫的，最后只剩下詹曾和

---

① 而哥斯达黎加国家生物多样性研究所本来是由詹曾和哥斯达黎加植物病理学家加梅斯一同建立并用于研究哥斯达黎加的生物多样性的。

② 语出自罗德里戈·加梅斯（Rodrigo Gamez），时任哥斯达黎加国家生物多样性研究所所长，引自Kaiser, J. 1997. Unique, All-Taxa Survey in Costa Rica Self-Destructs. *Science* 276: 893。

哈尔瓦克斯两个人，还在坚守着为所有东西命名。

　　詹曾的全物种生物多样性编目项目失败后，一家规模小一些的企业准备赞助他们的项目。詹曾找到了佐治亚大学的昆虫学家约翰·皮克林（John Pickering）。皮克林的工作所在地离资助人更近，他们一起讨论了开展新的全物种生物多样性编目项目的计划。这次他们选址在大烟山国家公园，它位于东海岸，位置相当于美国的"后院"，看上去是个不错的选择。这座公园占地面积很大，有2200平方公里，里面的物种也很多，但也没有多到没办法研究的地步。大烟山的全物种生物多样性编目项目是很大胆的，但比哥斯达黎加的要谨慎很多。粗略估计，大烟山的多细胞生物大约有十万种。[①] 相比较而言，就我们现今所知，在瓜纳卡斯特，单单是蛾子就有一万多种。[②]通过这个项目，我们至少能命名一个小地方的所有物种，能够绘制出一张小小的生命地图。皮克林开始和公园管理处的基思·兰登（Keith Langdon）一起募集资金。很快，大烟山的全物种生物多样性编目项目即将上马。

　　不只是詹曾和皮克林在思考着这些大问题。2000年9月，有人要求斯图尔特·布兰德（Stewart Brand）（《全球概览》杂志的创始人）、凯文·凯利（Kevin Kelly）（《连线》杂志的执行编辑）等一些意见领袖提名一个"值得大额财政资助"的项目。他们选择了"探索全球所有物种的数目"。很快，这个项目就启动了。他

① 　Sharkey, M. J. 2001. The All Taxa Biological Inventory of the Great Smoky Mountains National Park. *Florida Entomologist* 84: 556–564.
② 　据估计，其中只有一万个物种被命名了。在2000年的时候，其中的76000种无脊椎动物仅有4280种是已知的。一些未知物种是在别处被命名并记录的，但在公园内部没有记载。剩下的对于科学界来说则是全新的物种。

们联系了特里·欧文、E.O.威尔逊、古斯塔沃·丰塞卡（Gustavo Fonseca）和其他生物多样性领域的专家。不久，他们便在计划书上签了名。同年，来自硅谷慈善家的一百万美元到账，旨在"在25年即一代人的时间里探索世界所有物种"的全物种基金会正式成立。欧文之前认为仍有数百万物种未被命名。仅仅从验证他的预言的角度来说，他也必须给这些物种命名，至少是要发现它们。于是，他被推上了领导的位置。全世界的新闻媒体都报道了此事。

全物种基金会的计划可能是科学史上最为奇怪、最令人震惊的计划。詹曾之前曾经领导过瓜纳卡斯特全物种生物多样性编目项目，这个项目几乎不可能完成；大烟山的项目则比瓜纳卡斯特的要现实得多，但仍是空前复杂。欧文和他的团队目光更长远，因而开始了这样一场"战役"。就像欧文说的那样，这个宏大的全物种项目会让人类基因组计划都黯然失色。整个项目预计会花费十到三十亿美元，而这个项目也将培养九万名分类学家来给物种命名——数量是现有分类学家的九倍。

然而，这个项目最终胎死腹中。全物种基金会和全物种生物多样性编目的命运很相似。在很短的时间里，数十名科学家加入了这个项目。他们做的事情就像《陆上行舟》里描述的那样，扛着船，翻山越岭，想要聆听全世界生命共同演奏的交响曲，想要聆听各个地方的物种彼此呼唤的声音，并用我们对它们的命名给它们回应。他们拾起了前人丢掉的纤绳，竭尽全力地想要把船拉到山上。然而，毫无预兆地，90年代末科技经济的泡沫破碎了，这个项目的经费也没有了着落。2002年12月1日，项目办公室正式关闭，只留下一些全职员工还在继续鉴别着物种。

　　只有大烟山的项目还在进行，尽管进展十分缓慢，毫无完成的迹象。皮克林最初估计整个项目大约要花15年，也就是说现在还剩5年的时间，但就目前进展而言，距离项目完成依然遥遥无期。[①]可在大烟山工作的生物学家（我也是其中之一）依然重返山中，依然每天都跋山涉水，依然努力去鉴别并命名着物种，而这仅仅是一个国家公园中包含的物种。而这座国家公园也仅仅在一个国家的领土内，横跨两个州（北卡罗来纳州和田纳西州）而已。林奈想要命名所有物种，而我们只是想弄清楚我们的后院有什么。在某种程度上，这也算是对欧文估算的验证，也是对我们无知程度的考量。我们仍然不清楚欧文的估算有多精确或错得有多离谱，只能依靠继续命名剩下的物种来一探究竟。

　　从某种意义上说，没能弄清楚我们身边的物种是件挺尴尬的事。到目前为止，主要的阻力来自资金方面。如果我们有足够的经费，我们就可以培养分类学家，和他们一起收集并命名物种。战争的收益总是小于投入——我们就是这种感觉。如果我们想要像詹曾、欧文和其他人那样给我们身边被忽略的物种[②]命名，我们应该是可以做到的，但结果往往得不偿失。然而，我们最终还会遇到比经费还要让人头疼的问题。即使我们完成了全世界的全物种生物多样性编目项目，我们依然不知道全球到底有多少物种。其中一个原

①　据估计，完成这个项目可能要花掉100位全职工作的分类学家22年半的时间。反观如今，仅有几十位分类学家，而且仅仅是在他们有空的时候对此进行探索，那完成这个项目的时间……嗯……是得有一会儿了。
②　或者是在我们内脏中的物种。我们体内和体表的大部分物种从未被人研究过。我们都知道大肠杆菌（E. coli）的存在，但是我们对那些在我们嘴里、内脏中以及皮肤裂缝中的上百种物种仍一无所知，就像我们对深海几乎一无所知一样。

因是，物种数目是在不断变化的。目前，物种的灭绝是物种数目快速变化的最主要原因。鸟类是目前研究得最为清楚的生物，可就鸟类而言，在过去几千年间已经有超过两千种鸟类因人类活动灭绝。即使以后物种灭绝的速度可能会放缓，但物种的数目依旧会继续变化。一方面是因为自然的灭绝，一方面是因为新物种的诞生。当我们忙于给它们分类时，它们则忙于生存和分化。

我们无法弄清物种数目的第二个原因则更具决定性。不同物种之间的界限取决于我们怎样看待它们。2002年4月17日，也就是全物种基金会的计划失败的半年前，一群科学家给基金会的科学顾问团写了一封信。这封信开头是这样写的："这封信来自于几位衷心希望全物种计划成功的演化生物学家。"①随后，他们赞扬了全物种基金会的宏伟目标，指出"所有演化生物学家以及很多外行人"②都对"物种问题"很熟悉。从这句话开始，这封信听上去就不像是赞扬了。

物种问题是个老生常谈的问题了。回溯到林奈乃至更早的时代，人们就这个问题已经出版了几十本书，发表了几千篇文章，甚至在酒吧间，人们都在激烈地争论这一问题。如何界定不同物种的界限，什么样是同种、什么样不是同种确实是一个问题。生物个体之间的界限本来就很模糊，物种之间的界限更是如此。从历史的角度来看，大多数物种都基于形态学命名，也就是基于它们的样子命名。从某种意义上说，这是最现实的方法。基于所谓的形态学物种概念，两个看上去不同的物种各自命名。然而，物种之间可能会有

---

① 参见2002年4月17日罗格斯大学遗传学系教授乔迪·海伊（Jody Hey）以及其他13位科学家给全物种基金会首席执行官瑞安·费伦（Ryan Phelan）以及执行委员会的一封信。

② 也就是对顾问团说："你们应该也已经发现了。"

难以察觉的细微区别，比如释放的化学物质不同，而两个看上去截然不同的物种之间又可能可以自由地繁殖。区分物种的方法可能会有很多，但由于物种区分具有主观性，没有什么方法是绝对正确的，只是一些比另一些更实用而已。因而，很多辩论看上去是很学术的——有时确实是这样——然而有时，分歧的产生是因为选择了不同的物种区分方法。根据不同的物种概念，即使是研究得十分清楚的生物，其物种数目也会随物种概念的不同而产生相应的变化。[①]地球上猴子的物种数在几年前增加了一倍，这并不是因为新物种的发现，而是因为科学家们采用了一个新的物种概念。很多原先归为一个的物种被拆分成了几个，因而每种猴子的数目也相应地变少了。

这封信的作者则选择了另一个物种概念，即系统发生物种概念。这个物种概念更加侧重演化方面的区别，而不是形态学差异。基于这种方法，我们完全不必再关心物种的命名，只需关注演化单位。他们认为，"如果发现和描述新物种的过程是按照系统发育学的方法进行的，例如，基于和之前描述过的物种的系统发育学关系来描述新物种，那此后，我们只需要对演化史并不清楚的部分进行研究就好了"。

在那时，这封信就像是压死骆驼的最后一根稻草。全物种基金会不久之后便彻底失败了，而且还没来得及给哪怕一个新物种命名。但从那以后，事情开始发生变化了，使得这封信看上去不再像

---

① 这些物种概念的名词读上去就像是用其他语言写成的一首尴尬的诗："无性繁殖物种（Agamospecies），生物学物种（Biological），支序物种（Cladistic），内聚物种（Cohesion），复合物种（Composite），血缘和谐物种（Genealogical），亨氏物种（Hennigan），节点间物种（Internodal），生态学物种（Ecological），演化显著单元（Evolutionary Significance），无维物种（Non-dimensional），识别物种（Recognition），生殖竞争物种（Reproductive Competition），分类学物种（Taxonomic），系统发生物种（Phylogenetic）"等等。几乎每个物种概念都有其拥护者，而这种情况似乎仍将持续下去。

是来自一群演化生物学家的嘲讽。

这次的故事依然和丹·詹曾有关。他在研究身边的蛾子和蝴蝶时，注意到有一种蛾子或者蝴蝶的毛虫会有规律性的区别。在一种宿主植物上的毛虫可能是一种花纹，而另一种宿主植物上的毛虫可能是另一种花纹，但这两种毛虫羽化之后的蛾子或者蝴蝶却无法看出区别。詹曾怀疑这样的蛾子或者蝴蝶是几种同形种。所谓同形种，也就是指不同物种之间的差别细微到难以发现或者无法用肉眼看到。有可能是这些蛾子间的区别被他忽略了，也许是它们释放的化学物质有细微区别，也许是它们之间存在着一些只有蛾子才能发现的区别（以方便它们与同种蛾子交配）。詹曾关于同形种的问题是一个老问题了，但他在安大略省圭尔夫的一个会议上听说的解决方案却十分新颖。

按照詹曾的说法，"圭尔夫的那个疯子，保罗·赫伯特（Paul Hebert）"组织了一次会议。这次会议是2003年3月在冷泉港召开的探索性研讨会，用以为大规模DNA条形码项目筹集经费。DNA条形码技术是一种通过来自样本的小段线粒体DNA快速鉴别物种及其大致演化地位的方法。这种方法在当时有很多争议——当然，现在还是——而那次会议也充满了争议。詹曾说："会议变成了一场保罗·赫伯特和系统发育学家之间的争辩。"[1] 系统发育学家质疑仅通过一小段线粒体DNA鉴别物种的方法是否可靠，并直言这个方法不会奏效。詹曾觉得这次会议并未像他希望的那样进展。"会议失败了。"他从口袋里掏出梳子，扔到屋子另一头，然后说他想要开展DNA条形码项目，并直言，"他想要只用一分钱，无论在何时何地都可以进行条形码鉴别"。詹曾的话让那些邀请他的人震惊不已。

_____

[1] 包括了一些起草了给全物种基金会的那封信的系统发育学家。

　　这次会议对于詹曾来说是个全新的开始。会后，他向赫伯特询问这个方法是否真的奏效。赫伯特给出了肯定的回答。于是，詹曾给了他一些有疑问的蛾子。这些蛾子对应的毛虫形态不同，但蛾子本身看不出什么区别。詹曾，或者至少说他的蛾子成了这套方法的"小白鼠"。①詹曾的第一批标本中有双斑蓝闪弄蝶（*Astraptes fulgerator*），一种在新热带很常见的弄蝶。这种蝴蝶对应很多种以不同的树木为宿主的毛虫，超乎人们想象。赫伯特对其进行分析后发现，从遗传学角度来说，其中至少有十个不同的物种。这个蝴蝶谱系一直在演化并不断分化，而成虫在形态学上却没有什么显著区别。这些蝴蝶看上去都是一样的。不过，一旦其中一种被鉴别出来，这些物种之间的关系也就明朗了。不同的物种以不同的植物为食，而它们各自的生物学研究也得以进一步发展。②

　　于是，突然间欧文对于全球物种数目的估算似乎显得过于保守了。如果根据形态学标准鉴别的每种蝴蝶、蛾子或者甲虫，实际上是多个物种，那么欧文标本中的物种数则可能是他认为的两到三倍。谁知道到底是怎么回事呢！至今为止，随着詹曾对他在瓜纳卡斯特收集的蛾子进行条形码鉴别，物种的总数已经增加了10%，"尤其是小型生物物种数增加得很多"。③詹曾预计寄生虫的物种数会因

---

①　我去采访詹曾的时候，他正在将准备做DNA条形码鉴别的蛾子钉在标本盒中并进行展翅。詹曾从这些蛾子身上折下一条腿，并将这些蛾子腿送给保罗·赫伯特进行鉴定。对于詹曾来说，很多蛾子都无法基于形态学进行鉴别，因而他对赫伯特的方法抱有很大希望。

②　Hebert, P. D. N., E. H. Penton, J. M. Burns, D. H. Janzen, and W. Hallwachs. 2004. Ten Species in One: DNA Barcoding Reveals Cryptic Species in the Neotropical Skipper Butterfly *Astraptes fulgerator*. *Proceedings of the National Academy of Sciences*. 101: 14812–14817.

③　Hajibabaei, M., D. H. Janzen, J. M. Burns, W. Hallwachs, and P. D. Hebert. 2006. DNA Barcodes Distinguish Species of Tropical Lepidoptera. *Proceedings of the National Academy of Sciences*. 103: 968–971.

此增加一倍，寄生蝇"也将细分为更多的物种"。当然，该死的甲虫也是如此。詹曾从条形码鉴别项目得到的结论是，他的后院，甚至他墙上的物种远远超出他的想象。探索所有物种的项目或许应该暂停一下，全物种生物多样性编目项目似乎比以前更难完成了。当然，这并不是詹曾的反应。

詹曾现在又在谈论全物种生物多样性编目项目，但和之前的有所不同。他想要制作手持型DNA条形码鉴别器，并降低鉴别的成本。他想要以很低的价格将机器卖给世界上的每一个人，让他们能够在一秒钟内鉴别身边的所有物种。剪一点后院的植物，然后放到机器里，你就能在屏幕上看到它的名字，以及它所有已知的信息。这似乎是遥不可及的，但詹曾一如既往，仍然孜孜不断地尝试着。他已经对瓜纳卡斯特的近八万种标本进行了条形码鉴别。保罗·赫伯特则鉴别了近五十万种，其中包括来自大烟山国家公园全物种生物多样性编目项目中的很多标本。詹曾和赫伯特目前正试图筹集1亿5000万美元，作为把该项目推广到全世界的启动资金。

时间会告诉我们詹曾和赫伯特的项目进展如何。现在对于这种方法仍有批评，而且要做出只需花一分钱就能进行物种鉴别的手持式DNA条形码鉴别仪，还有很长的路要走。未被命名的物种似乎依然无穷无尽。寻找这些未命名物种的项目或者失败了，或者就像大烟山那样规模较小。研究生物多样性的人往往会说，我们已经可以把人类送上月球，但我们仍不知道我们的后院有什么。① 现在的情况依然如此，但詹曾已经回到了他的建造工厂，准备完成和莱特兄弟一样的工作。不过，他现在在建造的更像是一艘宇宙飞船，而不是

① 尽管我们将人类送上月球的意义暂时未知。

原始的双翼飞机。他的目标就像"我们要登上月球"这样的口号一样宏伟，至少是要完成对后院中所有生物的命名，让好奇的孩子从后院随便捡起的每个物种都能有它们自己的名字。

　　同时，詹曾仍然在他木屋周围的森林中游弋着。他捡起树叶上的毛虫，并将它们养大，看它们变成蛾子、蝴蝶，或者更为常见的，变成寄生虫。此外，他也继续寻找着新的物种。他也许能在有生之年至少将瓜纳卡斯特的蛾子和蝴蝶研究清楚，也有可能做不到。我和他谈话的时候，他正致力于在瓜纳卡斯特保护区旁再购买一片森林，用以扩大保护区，对当地生态进行进一步保护。他连看都没看就买下了这片森林。他的想法是：如果这片森林退化了，他会将它们恢复；如果没有，他则会继续保护它们。他买下这片森林后，便开始探索这片全新的森林。这花掉了他二十万美元——算上通货膨胀，大概和他从瑞典皇家科学院获得的克拉福德奖奖金差不多。这片森林离他的屋子，那个他度过了大半生的地方只有30公里。当他第一次走进这片森林时，他觉得自己无法鉴别里面的任何东西。詹曾是目前在世的最有经验的热带博物学家之一，但在这片森林里，他仿佛迷失在了这片没有名字的世界中。按他的说法，这"很令人惊讶"。在这里有数千种他不了解的物种。他孩提时代就对明尼苏达周边的物种如数家珍，但在这里，在他的新家附近，他穷尽一生也无法了解这里的所有物种。如果那时有人让他命名这里的所有物种，他一定会哑口无言。他，以及他内心住着的那个充满探索精神的少年时代的他，都被这浩瀚的自然吓坏了。

6 寻找骑着蚂蚁的甲虫

我怀疑，宇宙可能不只是比我们想象的更加神奇，而且比我们能想象到的一切都要神奇。

——J.B.S.霍尔丹，《可能的世界随笔集》，1927年

全世界大概有两百万已被命名的物种，即便是这些物种，我们也没有一个完整的清单。在这些已命名的物种中，90%可能只是在收集到和命名时被研究了一次。除了一些物理结构、形态学上的描述以及我们加之于它们的命名之外，我们对这些物种几乎一无所知。即使是上班路上在路面的石头下很容易发现的欧洲蠼螋①（当然它是由林奈命名的），我们也对它知之甚少。直到去年②，人们才发现这

---

① 一种昆虫纲革翅目的昆虫，分布于整个欧洲，非常常见。——译者
② 即2008年。——译者

种欧洲蠼螋有一个备用的阴茎，以便在原本的阴茎受到损伤时能够正常交配。我不知道这点知识有多重要，但这可能是就发生在我们后院却被我们忽视了一生的事。现在我们知道了。

我们可以通过很多方式去衡量一个发现的价值，当然，没有人会认为关于欧洲蠼螋阴茎的发现很重要。我们通常认为，大的发现比完整的发现更有价值，即宽度比深度更加重要；但在生物学世界中，被我们所忽视的恰恰是很多细节。列文虎克的同辈人因为没有意识到显微镜的意义而忽略了一些细节。他们看到了显微镜下的生命，但没有意识到它们的复杂之处。是斯瓦默丹在解剖田螺的时候留意到了那些细节，当然这些解剖工作也让他自己陷入了深深的挣扎。也正是这些细节，让欧文每晚临睡前都要用他床头的显微镜观察甲虫。也正是这些细节，让我对未知愈发谦卑，让我在哥斯达黎加的云雾林中趴在地上几天时间，等待着一种几十年间没有人见过的蚂蚁。

我被昆虫吸引也有一定特殊的原因。我是因为特里·欧文、丹·詹曾和其他像他们这样的人而坚持研究昆虫的。除了他们的影响，还有一部分原因则和他们一样——如果说热带的生命是一座座城市，每当我望向城里模糊不清的小巷时，我就愈发觉得这些小巷是深不见底的。随着那些全物种多样性编目计划的尘埃落定，我们回到了每天从一点一滴研究这个世界的生活中，我们将独自或以小团队的形式，一个一个地去寻找这些物种。为了让大家对这样的过程有一个初步了解，我可以给大家讲讲任何生物学家在野外寻找稀有物种或是研究得比较少的物种时都会遇到的故事。像我们这样的生物学家有好几千人，我们每个人都有自己的故事。但我认为，很少有故事能在细节上比我在丛林深处寻找骑着蚂蚁的甲虫的故事更有代表性。也正是在那样的丛林里，欧文在树冠喷洒杀虫剂收集甲虫，詹曾则坐在椅子上看着蛾子围绕灯光起舞。

当我在西密歇根卡拉马祖学院读本科时，我想成为一名经济学家。从家里搬到学校的时候，我从没意识到，我就此告别了那几个水族箱里面的数百条蛇、鱼和水生昆虫等动物，也从没想过要再去寻找之前在当地的湖中追踪过的乌龟，那时的我会通过辨认乌龟壳的图案来追踪它。在那时，这些童年的点点滴滴似乎无法承担起大学以及今后的生活。我的父亲是个银行家，因而经济学显然是个适合我的方向，而且那时的我认为，研究生物学并不是个很好的谋生手段。我也从未对医生或者牙医之类的职业有过任何兴趣。随着第一学期的结束，事情变得清晰起来。经济学让我昏昏欲睡，而窗外的树木却仿佛在召唤着我回到野外。我面前的经济学家西装革履，他演讲的声音随着他讲述的供需图的升降趋势而起起伏伏。他的鞋子擦得锃亮，在他环视在神游的我们时，他的领带仿佛是在鞠躬。

第二学期时，我开始主攻生物学。那时我已经见过了以研究生物为生的（并鼓励我们也以此为生的）真正的生物学家。他们有自己的水族馆。他们给鸟类而不是乌龟做标记，以便下次遇到的时候能够辨认出来。他们的办公室堆满了文章、沾满泥的靴子以及一小罐一小罐的骨头、卵和昆虫的器官。在这个公墓旁新楼的角落里都是我们自己人。他们不穿西装，甚至有时连鞋子都不穿。

生物系的人对我很友善，他们也时常鼓励我。我决定在空闲时开始独立用蜘蛛做实验。他们还给了我几个之前提到的那种水族箱。我并不很清楚自己在做什么，但我在一间空闲的实验室里有了自己的地方，甚至有了实验室的钥匙。我有了属于自己的空间，在那里我可以犯各种错误。那时，我设计了一个实验，想要观察蜘蛛如何选择织网的地方。但之后我遇到了一个姑娘，蜘蛛就因为我的对它的疏忽死掉了。即使犯了这样的错误，我还是留在了实验室中，并转而进行其他实验。顺便一提，那个姑娘，现在是我的妻子。大一期末的时候，他们鼓励我去做暑期实习。于是，我在那时还是古老版本的互联网上搜索并提交了申请，我想要研究猴子。我已经忘了当时我申请的是哪里，只记得当时被拒绝了。因而我提交了第二份申请：去西南和当时还在堪萨斯大学读研究生的詹姆斯·达诺夫-伯格（James Danoff-Burg）一起研究生活在蚁群中的甲虫。那时，我意识到生物学家不仅是真实存在的，他们研究的东西还远比我想象的复杂。我上完了我最后一堂经济学课，然后远远地扔掉了我的领带。[1]

正是我大学期间的第一次暑期实习让我走上了研究蚂蚁和群居昆虫的道路。和很多生物学家一样，我选择研究这个方向，某种程度上是因为这是我最开始研究的课题。那时，我要研究的蚂蚁和甲虫有很多亟待回答的问题，而这些问题的答案又会带来更多的问题。若是我那时得到了研究猴子的机会，我现在可能就在研究猴子了。我得到了研究蚂蚁的机会，所以我就像特里·欧文研究步甲一样研究着蚂蚁。即使同样是蚂蚁，我也有自己的喜好。我对蚂蚁和其他动物之间一种模糊不清的互动方式很感兴趣。我第一次实习期

---

[1]　毫无疑问，这条领带是我去上大学时父亲给我的。

间研究的甲虫生活在蚁群中，它们由蚂蚁照料，以蚂蚁的食物为食，闻起来也和蚂蚁没有什么区别。这些甲虫诱使蚂蚁照顾它们。甲虫的这些错综复杂的"把戏"正是我们一直试图解释的问题。首先，这些甲虫是如何让蚂蚁允许它们在蚁群中生活的呢？这些也食肉的蚂蚁为何不会吃掉这些甲虫呢？我很喜欢这样的问题。和蚂蚁一起生活的有不止一个物种，和蚂蚁维持这种模糊不清关系的物种比鸟类的所有物种数加起来还要多。昆虫的生活方式还有好几百种，有的甚至比和蚂蚁一起生活还要奇特。但不论它们的生活方式有多奇特，采用每种生活方式的昆虫种类数还是比鸟类更多，甚至比脊椎动物还要多。也正是这种数量上的优势，使得昆虫学家以及寄生物学家觉得自己并不是像公众认为的那样属于少数派。我所研究的蚂蚁和甲虫之间的关系是怪异而鲜为人知的，但也可能远比人类之间的关系古老。

甲虫和蚂蚁之间的关系，或者更宽泛地说，蚂蚁和生活在蚁群中的其他物种之间的关系早在几个世纪前就已经为人们所注意了。共有数万个物种——包括甲虫、衣鱼、螨虫和其他无脊椎动物，外加微生物以及偶尔跟随蚁群生活的蛇——只和蚂蚁一起生活。然而，直到最近人们才发现这种关系的多样和复杂之处。卡尔·雷滕迈尔（Carl Rettenmeyer）是做出这一重大发现的人。他那时还只是个孩子，但是这一现象给他的印象非常深刻，甚至成为他毕生的研究方向，也成为他最深刻的快乐源泉。

卡尔·雷滕迈尔是T. C. 施耐尔拉（T. C. Schneirla）的学生。施耐尔拉为研究战争和战争的智慧投入了很多精力。在20世纪

40年代到50年代，也有很多人做着类似的研究，但没有人将这些和行军蚁的研究联系到一起。施耐尔拉认为通过研究行军蚁群，我们可能不只会了解蚂蚁的行为方式，还能将其借鉴到人类作战。他向军方证明了这项研究的必要性，因而军方资助了他这个项目超过二十年。当美军攻入柏林时，他正在一棵被蛀空的树上寻找蚁后，时不时会有蚂蚁攻击他。

　　不论施耐尔拉的研究最终是否对战争有所帮助——大家都对此有所怀疑——他的确推进了行军蚁的研究。他的研究奠定了行军蚁研究的基础，他的学生们则跟随着他的脚步，进一步推进他的研究，延续着他的传奇。施耐尔拉去世时，他的学生们为他写的讣告很动人。他们提到了他的坚强、他的严格、他的幽默感以及他对他们的期望。他们似乎省略了施耐尔拉每次旅行中偷偷将毒蛇装进行李箱带回美国的故事，也省略了他智斗一只想要吃掉他的美洲狮的故事，还省略了——至少是省略了一部分——作为一个训练有素的心理学家，他却整天像追踪一只熊一样在巴拿马巴罗科罗拉多岛追踪行军蚁的故事。那时的条件比起现在更为艰苦，至少现在有了空调房和啤酒贩卖机。和他一起在丛林中，将手伸进行军蚁巢穴并记笔记的人，就是年轻的卡尔·雷滕迈尔。

　　雷滕迈尔第一次和施耐尔拉一起进行田野调查是在1953年，那时，他还是一名本科生。他和他的老师一起披荆斩棘，跋山涉水，在深夜观察着行军蚁。他的任务就是帮助他的老师破解行军蚁的秘密。虽然是施耐尔拉的助手，但雷滕迈尔有了一些和他的导师不同的发现。当老师施耐尔拉在观察行军蚁时，雷滕迈尔注意到了在蚂蚁身上爬行的、一些更小的动物。那时的他还不知道这些更小的生物是什么。他眯着眼，注视着这些在黑暗的下层植被中从他身边爬过的蚂蚁，然后看到了骑在蚂蚁身上的动物。

卡尔眯起了眼睛，不只是因为他在观察微小的动物，也因为他怀疑这是他自己的幻觉。在丛林中独自观察蚂蚁的时候，我们很容易开始胡思乱想——想着地球的奥秘和宇宙的边缘。可能看到蚂蚁爬过的时候，我们都容易浮想联翩，觉得蚂蚁身上骑着的小小的生物，如同骑士一般。

他再次仔细观察了它们，然后发现了更多骑着蚂蚁的动物。于是，他花掉了许多天，几年，甚至几十年，并发现了几百种骑着蚂蚁的动物，跟随着蚂蚁的动物，或者说，和蚂蚁一起生活的动物。这些动物都是蚂蚁的"客人"。人们又用去了很多年的时间，才开始对这些动物在做什么有了模糊的了解。

卡尔给那些蚂蚁和它们的"客人"拍了照片，这些照片后来刊登在《生活杂志》的一篇文章中。从某种意义上说，他觉得可能没有人会相信他看到的一切，他需要留下一些证据。行军蚁群落就像是一种文明，但在这座移动的"城市"中似乎还隐藏着一条生命之河，这条生命之河在卡尔之前一直为人们所忽略了。他后来又发现了几千个物种。卡尔的导师施耐尔拉认为研究行军蚁可以在军事上得到借鉴，但研究这些生物又会教给我们什么呢？《格列佛游记》中格列佛在小人国的故事似乎表明，该书作者斯威夫特可能早在卡尔之前就已经意识到这些生物教给卡尔的一切。斯威夫特觉得跳蚤体内会有更小的跳蚤。他意识到生命可能比大多数人想象的要小得多，但实际情况比他认为的还要复杂。斯瓦默丹通过解剖昆虫发现昆虫体内并不是一团糨糊，解开了斯威夫特的谜题；卡尔则发现最小的动物，螨虫和跳蚤，跳虫和最小的甲虫，它们体内亦是如此，进一步推翻了之前的错误论断。

　　我在康涅狄格大学读研究生的时候，有个我不认识的、年长的人，他在从大厅下来的地方有间办公室。他偶尔会出现，我和我的同学都觉得他是个荣休教师，一个很容易被遗忘的人。后来我才知道，他的身体很不好，他的手曾经因为意外被锯子割伤过，他经历过各种痛苦。而他的办公室，从某种意义上说则是个隐秘的世界，里面有各种标本，尽管我不知道那些是什么标本。我从他办公室门口走过的时候都会瞥见里面的罐子和抽屉。可是，这个人本身看上去——呃，说出来可能不太礼貌——脾气暴躁，而且笨手笨脚的，对很多事的关心远远超过对我是谁的关心。我会对他说"嗨"，但我们之间的问候就仅限于此了（毕竟这是新英格兰）。直到有一天，他邀请我到他的办公室去。

　　我们简单聊了几分钟我正在研究的问题，他似乎知道我是研究蚂蚁的。我们还没聊完，他就回去工作了。虽然是他邀请我来的，但他似乎很忙，根本没有时间和我谈话。但慢慢地我发现，他竟然是一个我们以为已经去世了很多年的人。事实上，他也提到很多人都有同样的误解："我遇到别人时，他们会说，哎呀卡尔，我还以为你已经死了呢！"站在我面前的就是卡尔·雷滕迈尔，著名的行军蚁追踪人，在热带追寻未知的人。我俩周围则满是橱柜、箱子和抽屉，这里面都是他五十年间在野外收集的标本。

　　他问我是不是对行军蚁感兴趣，我说是。"那对和它们一起生活的甲虫呢？""也一样。"然后，在我还没来得及说我有关蚂蚁和甲虫的研究经历时，他又说："那螨虫呢？你对螨虫了解得多吗？我这里有很多螨虫——一抽屉一抽屉的。所有了解螨虫的人都死了，所有人。[①]我这儿的小瓶子里有很多螨虫新物种，但没有人来给它们命名，也没有人来研究它们。这真是个损失！很遗憾你也不了解螨虫。啊……就这样吧。"说完这句话，我知道我要走了。

我以为，这会是我最后一次被邀请到卡尔的办公室，因为我没能通过"螨虫测试"。然而，几天之后卡尔又把我叫了过去。在几年因病中止田野调查之后，他的身体好多了。他问我能不能和他一起去，去寻找一个很多年没有人见过的物种。我同意了，但我忘了问他到底是什么物种。

作为一个研究生，我没有时间进行这样一次没有目的的旅行，但两年前我曾拒绝过一次类似的邀请，遗憾地没有登上"阿尔文号"潜艇进行考察（之后我还会提到这艘潜艇），因而我不想错过这次机会。当卡尔问我能否随队前往哥斯达黎加云雾林时，我欣然应允，立刻收拾行装准备出发。我将和他的团队一起去寻找一种神秘的行军蚁。如果找到这种行军蚁，我们就可以顺着它的线索找到一些螨虫和一种罕见的甲虫。有任务总比漫无目的要好些，虽说这个任务也是模糊不清的。

我到卡尔家参加了一次报告会，见到了队伍中的其他人，包括卡尔和他的妻子玛丽安（Marian），摄影家、收集者、博物学家，雷滕迈尔团队中的老兵查伦（Charlene）和亚当·富勒（Adam Fuller）夫妇，和同行的研究生大卫·路博塔齐（David

---

① 那时有两位螨虫生物学家于近期去世。乔治·艾奇伍特（George Eichwort），在牙买加于一场车祸中去世，享年44岁。另一位螨虫生物学家唐·约翰斯顿（Don Johnston），俄亥俄州立大学螨虫学项目的领导人，也去世了，享年59岁。

Lubertazzi）。卡尔给我们看了我们要找的蚂蚁，以及和那种蚂蚁一起生活的甲虫，还有和它们一起生活的螨虫。随着飞机南下，我们远离了严冬，来到了热带丛林，里面近乎无穷的物种在迎接我们。丹·詹曾从明尼苏达到哥斯达黎加，抱着的是给所有生物命名的想法，而我们只是想找到一种生物。我们需要做的，就是那些参与全物种多样性编目项目、想要绘制完整的生命地图的科学家，要重复几千万次的工作。

　　亨利·贝茨、阿尔弗雷德·拉塞尔·华莱士和托马斯·贝尔特描写过行军蚁的巢穴，林奈的信徒和其他从欧洲来到热带的人也都描写过。行军蚁，尤其是地面上的行军蚁非常显眼，数量也很多，很容易发现。一些较早发现或是较为常见的蚂蚁种群研究得较为清楚，但人们对大多数种群仍停留在想象的层面上。这种传说中的行军蚁会吃掉路上的一切——小孩、貘，甚至是整个村子。它们就是我们想象中的骇人听闻且冷酷无情的机器。

　　在卡尔·史蒂芬森（Carl Stephenson）的短篇小说《人蚁之战》中，一位巴西官员这样形容行军蚁："它们可不是你能对付得了的，它们是一种超自然的存在，仿佛上帝一样！它们有十英里长，两英里宽，全是蚂蚁！"[1]这句话一部分是正确的，也就是说它们是一种超自然的存在，是一种来自自然的力量。这种自然之力并不是指它们非常危险，而是指它们在热带丛林的所作所为。对于森林来说，它们就是一种一直存在的力量，就像让水从山上流下的重力一样。

---

[1]　Stephenson, C. 1938. Leiningen Versus the Ants. *Esquire*. December.

在瑞典的针叶林中，也就是林奈驻扎、旅行并形成对世界的看法的地方，那里的驯鹿以地衣及其他稀疏的植物，也就是生产者为食，狼和熊则以驯鹿为食。如果我们要绘制一张针叶林物种间的能量流向图，那么这条路线会涵盖大部分物种间的能量走向。很多南下去热带工作的生物学家，詹曾、欧文、雷滕迈尔和我自己，我们家乡的食物链亦是如此。我们家乡的土地情况稍显简单，物种相对较少，它们的生活方式我们也比较熟悉。

热带有数不清的植物，每一种都有以之为食的昆虫相对应。每种植物都有特别的毒素，而每种食草动物都对这些特定的毒素免疫。这里并不十分适合什么植物都吃的"通才"生存，而脊椎动物恰恰是这种"通才"。如果我们要绘制一张热带的能量流向图，那么能量是从植物流向甲虫，再从甲虫流向蚂蚁（有时则会回到骑着蚂蚁的甲虫身上）。鹿、猴子和其他大型动物则在这种能量流向之外。

在热带地区，我们通常认为的大型捕食者，如猫科动物、犬科动物、大型蛇类，只能靠猎食稀少的食草动物生存。蚂蚁则不需要这样，它们在树叶间就可以找到甲虫、象鼻虫、螳螂、蜗牛和昆虫粪便。它们每找到一点食物，就会把食物带回巢穴。在热带地区，蚂蚁是重要的捕食者、食腐者，甚至是食草者。

当特里·欧文看着甲虫从树冠上掉落到他的被单上时，他也发现了掉落下来的蚂蚁。每看到一只甲虫，他都会同时看到几百只蚂蚁。从树上掉下来的动物中，有40%都是蚂蚁。在马来西亚，奈杰尔·斯托克（Nigel Stork）做了和欧文相似的工作。他也向树冠喷洒杀虫剂，收集了树上的昆虫，但同时他还收集了地面上的昆虫。马来西亚树上的蚂蚁也很多，和哥斯达黎加一样，占昆虫总数的

40%。当然，在地面上、土壤中和落叶层中也是一样。

在热带丛林中，蚂蚁的食物大多由工蚁一点点运回巢穴，供幼蚁和蚁后食用。有些蚂蚁是食草动物，但大多数蚂蚁以其他动物为食。肉食蚂蚁中体型最大的就是行军蚁。一些行军蚁以多种动物为食，但大多行军蚁则比较"挑食"。它们只吃幼虫，比如其他蚂蚁的幼虫，甚至可能只是某种蚂蚁（例如切叶蚂蚁）的幼虫。它们倾巢而出，靠嗅觉寻找食物。不管食物藏在哪里，它们总是能够找到。只有美洲虎才有这样的效率和敏锐。据估计，一片年均大小的热带森林每天都会被行军蚁"洗劫"一次。而随着每次"洗劫"，地面上的生命都会被清洗一次，只等着下一次"洗劫"的到来。

尽管行军蚁大多群居，数量庞大，但仍有一些种类的行军蚁极为罕见。我们要找的行军蚁——萨氏内瓦蚁（*Neivamyrmex sumichrasti*），是由法国博物学家弗朗索瓦·萨米克拉斯特（François Sumichrast）在19世纪60年代于墨西哥首次发现的。这种蚂蚁后来以萨米克拉斯特的名字命名，他这样形容这种蚂蚁："我这次为了找到它的巢穴做出的努力……都是徒劳的。而且，在这些蚂蚁经常出没的地方，我也没法从当地人那里获得任何信息。"[①]他是在墨西哥发现并收集的萨氏内瓦蚁，但这个物种广泛分布在墨西哥和中美洲的高原上。萨米克拉斯特关于这个物种的粗略描写是当时仅存的记载，直到1963年，卡尔·雷滕迈尔和他的学生罗杰·D. 阿克勒（Roger D. Akre）在哥斯达黎加蒙特韦尔德的圣埃伦娜重新发现了它们的踪迹。雷滕迈尔用了很长时间研究这种蚂蚁，也对和蚂蚁一起生活的那些奇怪的追随者产生了浓厚的兴趣。在接下来的几年里，他经

---

① 　Norton, E. 1868. Notes on Mexican Ants. *The American Naturalist* 2: 57–72.

常考虑回到哥斯达黎加，对这种蚂蚁和它们的追随者进行更全面的研究。几乎是在初次邂逅的四十年后，他终于迎来了机会。

我们需要找到这种罕见的蚂蚁，但这种蚂蚁并不是我们的最终目标。让卡尔最感兴趣的还是那些寄生的"客人"。我们现在知道，一群行军蚁可能会被几十种甲虫、螨虫、亮黄色千足虫，很多种衣鱼以及苍蝇寄生。再加上鸟类可能会追随行军蚁，等待捕食受到行军蚁惊吓、从叶片间飞出的动物，蝴蝶会跟着鸟类以便食用它们粪便，甚至还有苍蝇，它们会在蚁群旁边盘旋，准备伺机在闯入的蟑螂体内产卵。我们几乎可以拿到一本移动的动物图鉴。

我们要找的一个"客人"便是一种仅仅在之前提到的科学考察中发现过的甲虫——这种甲虫叫作壮内瓦蚁隐翅甲（*Ecitosius robustus*），拉丁名的大意就是"强壮的行军蚁甲虫"。壮内瓦蚁隐翅甲是一种神奇的甲虫。所有的寄生生物都要想办法避免被宿主吃掉。大多数和行军蚁一起生活的甲虫通过演化为两种形态来避免被吃掉：一种是扁平的马蹄状形态，当蚂蚁攻击它们时，它们可以趴下来更好地保护自己；另一种则很像蚂蚁的形态，这种形态可以帮助它们更好地伪装。很多寄生生物的气味都和宿主十分相似——这是因为行军蚁大多是盲的，依靠气味来伪装已经足以保护自己。

但这种"强壮的行军蚁甲虫"比这些生物走得还要更远一步。很多寄生生物只是表面上看上去和宿主行军蚁有些相像，但壮内瓦蚁隐翅甲从外观上看几乎和行军蚁一模一样。这种甲虫的腰看上去和蚂蚁一样，触须和蚂蚁一样很短，身体也和蚂蚁一样有浅窝。即使是在显微镜下，这两个物种也很难区分。如果我们找到了这种蚂蚁和这种甲虫，那我们肯定会发现新的螨虫、衣鱼，以及落叶层里其他奇特的生物。不过，首先我们得找到这种蚂蚁。

到达蒙特韦尔德云雾林保护区的生物科考站后几天，我们便发现了一种行军蚁的两个种群，并将一些蚂蚁装在烧瓶里带回给雷滕迈尔。他举起装蚂蚁的烧瓶，放到鼻子下面闻了闻，说："嗯，闻上去像布氏游蚁（*Eciton burchellii*）。"每种行军蚁都有自己特有的气味，一些闻起来像水果，一些像麝香。布氏游蚁闻起来像是橘子和人类体味的混合——一旦闻过几次便终生难忘。布氏游蚁是一种不太常见的行军蚁，以会组成几米宽的蚁群扫荡其他动物的巢穴而闻名，真的会将其他动物的巢穴一扫而光。蟑螂、蟋蟀、千足虫和其他很多节肢动物都深受其害。

每当我们遇到布氏游蚁或其他行军蚁的觅食队列时，我们都会跟踪着这个队列，直到找到它们的"巢穴"——一种由它们的身体搭建而成的临时建筑。昆虫学家借用军事术语，称之为"露营地"（bivouacs）。每只工蚁都勾住旁边工蚁的脚，像叠罗汉①一样紧紧贴在一起，直到形成一座蚂蚁大厦。蚁后则和她的"随从"一起待在中间。这些工蚁会维持这个姿势几个小时，甚至是几天来保护它们的蚁后，也就是保护它们的基因能够留传下去。

找到一个种群的"露营地"之后，我们会坐在那里观察进出的每个生物，给蚂蚁录像，并寻找寄生生物的队列。在我们观察的时候，蟑螂、蠼螋、等足目动物和其他小型节肢动物会从蚂蚁行进的洪流中逃脱。但即便逃过了蚂蚁的猎杀，它们往往也会被其他生物捉住。一些小型的苍蝇在逃跑的昆虫体内产卵，鸟类则抓住了大部

---

① 作者在此用的是"Barrel of Monkeys"，即一种1965年推出的美国玩具，基本规则为将玩具猴子通过胳膊用类似叠罗汉的方式堆叠在一起。此处即译为叠罗汉。——译者

分没有被苍蝇产卵的昆虫。干枯的树叶随着这些活动裂开。如果有人把你的眼睛蒙住带你穿过森林，你仍然能闻到布氏游蚁的那股甜味和麝香味混合的味道，听到鸟儿拍打翅膀、蚂蚁用脚轻触树叶的声响，以及几千只小苍蝇的嗡嗡声。

　　行军蚁种群的活动分为不同的阶段，各阶段的区别十分鲜明。在几周的时间里，它们只是从"露营地"出来寻找食物，然后随着某种内部警报的敲响，整个种群开始在夜间移动。如果我们有足够耐心或者足够幸运，或者二者兼有，我们可能会见到正在迁移的蚁群。可以说，正在移动的是一整个生态系统。其中较暗的部分，也就是"露营地"会自行解散，然后在预定路线上重新组装好。这样的活动周而复始，只是为了沿预定路线继续前进。蚂蚁们最先离开，然后是各种各样的寄生生物。一些甲虫和大部分螨虫都在蚂蚁身上或者身下搭便车。如果我们仔细观察的话，我们可能会看到一只甲虫自己爬起来，抓住一只路过的蚂蚁，然后像牛仔一样翻到蚂蚁背上。其他的寄生生物则自己行走，依靠触须追随着蚂蚁路过时留下的化学物质。在50或100码[①]远的地方，工蚁们重新形成一个"露营地"，然后整个蚁群很快进入。寄生生物则会在蚁群之后慢慢进入"露营地"。

　　1963年，雷滕迈尔第一次在哥斯达黎加看到萨氏内瓦蚁，那时，他是在"奶酪工厂后面"发现这些蚂蚁的。令人惊奇的是，他所说的奶酪工厂现在还在同样的地方。遗憾的是，我们不知道记载中的海拔是指这种生物生活的最高海拔还是最低海拔，或者也可能是介于二者之间。我们甚至不知道现在萨氏内瓦蚁是否依然存在。在几天

————————

① 1码约为91.44厘米。——译者

失败的探索之后，我们开始担心这种蚂蚁已经灭绝了。哥斯达黎加低地森林的退化——现在还要加上气候变暖——已经让这个国家的云雾林变得更加干燥，原有的气候带基本上都朝山上移动了。很多生活在中海拔地区的物种都迁移到了海拔更高的地区，那里的森林更潮湿一些。很多生活在高海拔地区的物种则被限制在山顶越来越小的一块区域内，或者像金蟾蜍那样灭绝了。而就我们所知，萨氏内瓦蚁是一种生活在高海拔地区的物种。

一天下午，戴夫·路博塔齐[1]跌跌撞撞地走进了厨房，汗流浃背，面带笑容。他递给雷滕迈尔一个烧瓶说："这闻上去像什么？"雷滕迈尔闻了闻说："萨氏内瓦蚁！快回到那座山上。"戴夫和我抓了点吃的，然后顺着原路跑回了森林。空烧瓶在我们的口袋和背包中叮当作响。

通常，我们可以坐在行军蚁留下的痕迹旁边，等着寄生生物排队走过。我之所以说通常，是因为和萨氏内瓦蚁一起生活的甲虫和萨氏内瓦蚁十分相像，在野外几乎不可能将二者区分出来。我们必须收集我们看到的所有"蚂蚁"，并寄希望于其中有一部分是甲虫。当戴夫第一次看到蚂蚁时，他已经用红白相间的绳子将它们走过的痕迹标记出来了。现在，我和戴夫的工作就是在绳子下面尽可能多地收集"蚂蚁"。慢慢地，我们的烧瓶都装满了蚂蚁。望着山下的林间科考站，我们想象着里面卡尔和玛丽安·雷滕迈尔的笑容。

不幸的是，我们每走一步便会压到一些蚂蚁，或是破坏它们留下的化学标迹物。几小时之后，蚂蚁都不见了，我们也不知道它们

———————
[1]　即前文提到的大卫·路博塔齐。——译者

去了哪里。我们没能很好地追踪它们，没能找到它们的巢穴。于是我们又回到了原点，除了现在有了几个装着萨氏内瓦蚁的烧瓶，没有任何关于蚁群或是巢穴的线索。我们在第二天以及接下来的几天每天都回到这里，但再也没有见到过蚂蚁。

同时，卡尔和玛丽安在科考站忙着给我们收集的蚂蚁拍照并录像。在几小时的时间里，他们看着蚂蚁在圆形的水族箱里爬来爬去，并给它们照相。卡尔发现了一只甲虫，于是拍了更多的照片，想要留下它的影像。之后，他将它们取出水族箱，放到酒精里，然后用显微镜观察。至少，我们收集的"蚂蚁"里面有一只是甲虫——它不是壮内瓦蚁隐翅甲，虽然并没有那么像蚂蚁，但也是一种很有意思的拟态，同时也是个新物种。我们向神明祈求好运，希望我们正在寻找的甲虫能够出现在烧瓶里或者是卡尔的照片中。之后，我们继续着我们的探索。

在旅程还剩下几天的时候，我们已经收集和拍摄了很多资料，甚至包括一群行军蚁爬过一条正在休息的蟒蛇的场景，不过我们只在那次发现过萨氏内瓦蚁的踪迹。亚当和查伦去寻找新的种群时，我和戴夫则回到了我们之前发现它们踪迹的地方，期盼着能由此找到它们的蚁后或是"露营地"。我们在山坡上爬上爬下，咒骂着，彼此喃喃低语。我们盯着地面，不放过任何移动的东西。

几小时后，我放弃了，但戴夫还在坚持。我坐在树根上吃着果冻和果冻三明治——这种奇怪的食物大概是厨师误解的结果。在我面前的地面上，我发现了一些很像萨氏内瓦蚁的小黑蚂蚁。仔细观察之后，我发现它们确实是萨氏内瓦蚁！我向戴夫大喊，我们又发现它们了！随后，我们边挖边收集，并用无线电通知卡尔我们找到蚂蚁的"露营地"了。随后的一个小时，我们六个一直在商讨下一步的安排。一番激辩之后，我们决定由我和戴夫观察蚁群，直到晚上它们停止行进，确保它们不会迁移。第二天早上，大家一起检查整个蚁群。这可能将会是第一个被发现的萨氏内瓦蚁"露营地"。

于是，在那天晚上，我和戴夫带着更多的果冻和果冻三明治回到了山上，坐在几乎伸手不见五指的黑夜里观察着蚁群。那晚的月亮很美，我们望着满天繁星，想象着我们挖出巢穴时能在里面发现多少寄生生物。我们看着蚂蚁从洞口进进出出，想象着里面的几百万只蚂蚁聚集在一起，紧紧抓住彼此，保卫着它们那只肥硕的，也是唯一的蚁后。几小时后，蚁群停止了移动。它们也要过夜了。我们在昏暗的月光中下山，然后上床睡觉。

卡尔和玛丽安在研究行军蚁的数年间发现的并不是什么"重大的生命新世界"，也不是微生物或者其他崭新的生命域，他们发现的只是几个物种之间的亲密关系——行军蚁和其他物种的关系。他们先是发现了这些物种，然后慢慢地发现了这些物种之间复杂的关系，就像朝阳先照亮树叶和鸟儿，然后照亮它们之间的空隙和林间的地面一样。

我们主要关注的是肉眼可见的寄生生物——甲虫、千足虫、螨虫和其他类似的生物。这些物种身上也有更小的寄生生物。最近的研究表明，一种甲虫身上会有数十甚至数百种酵母寄生，螨虫身上也会有细菌寄生。任何行军蚁，或者说任何属的任何种，都是一个微型的生命世界。我们越是仔细观察，越能发现更多的细节。这就是卡尔所发现的。他的成果往往不会发表在知名度较高的期刊或者主流报纸中。但卡尔，和其他几千位深入研究过自己感兴趣的物种的生物学家一样，发现了一种林奈没有发现的多样性——物种之间的分层现象。每层物种都比它的下一层物种更小，在达到我们的视觉或是显微技术的极限之前，我们总是能够通过仔细观察而发现更多的物种。

欧文在估算热带节肢动物物种数的时候，忽略了地面上大量的物种。他只是在计算之后对此进行了简单的补充。如果在一万五千种左右的蚂蚁中，每种都对应几种寄生生物（也可能是更多），那最后要补充的数目也会变得更多。此外，在沙子和土壤间活动的其他物种又是什么样的情况呢？

在一次讲座中，我看到卡尔抓起一把土壤问道："你认为我能在这些土壤中找到多少物种？"答案也很简单，只需要将这些土壤放在容器中，然后在容器上方挂上一个发热的灯泡，这样，里面的生物就会跑出来。如果一切准备停当的话，这些生物就会落在收集瓶中。这样的抽样调查让我们惊喜地发现，原来我们身边有这么多物种。

卡尔那个问题的答案是：一把土壤中大约会有几十甚至几百个物种，甚至是在物种数远小于热带的曼哈顿、伦敦或是悉尼的土壤中，也是如此。卡尔会说，这是蚂蚁知道的秘密。这是它们的食物来源，它们的美味，它们知道，在沙粒之间存在着各种各样可供它们取食的物种。一只弹尾虫，一只螨虫，或是一个研究尚不充分、暂且无法归类的物种，都是幼虫或是肥硕的蚁后的美味。这是个视角的问题。列文虎克通过蜻蜓的眼睛观察人类世界，看到了完全不同的东西。我们没法从自己的角度观察土壤中的生物，而从蚂蚁的角度来看，土壤中的生活虽然算不上十分轻松，但依然很美好。

第二天早上，我们的队伍带着铲子、筐、书包和相机回到了山上。我们找到了之前蚁群所在的地方，但那里空空如也。我拨动了一下土壤，什么都没有。我把铁锹插到泥土中，仍然没有。亚当推开了一棵倒下的树，看了看下面。有一只蜈蚣爬过，有一只蜂鸟在啁啾，但我们仍然没有发现一只蚂蚁。可能是蚁群已经离开了，也有可能我们之前看到的并不是蚁群。为了确认这件事，我们又推开了一棵倒下的树，并在周围挖了挖。

我们疯狂地搜索了整座山，但我们没能再找到任何蚂蚁。我们再也没见过萨氏内瓦蚁蚁后和壮内瓦蚁隐翅甲，我们的瓶子和照片中也没有壮内瓦蚁隐翅甲。我们发现了其他甲虫，但它们没有壮内瓦蚁隐翅甲那样奇特。蚁后带着她的小部队离开了，而我们只能等到下次旅程才有可能见到它们。在我们离开丛林，登上回到康涅狄格的航班时，萨氏内瓦蚁则把它们的猎物带到了地下，回到了满是未知生物的蚁群。

在我们第一次去哥斯达黎加考察之后，也有报道称有人发现了萨氏内瓦蚁。在同一区域工作的其他科学家也报告说曾看到蚁群在一周的时间内频繁出现，但随后便突然消失了。我没有时间再回去查看，卡尔也一直坚持说他不会再回去了。他说他的健康问题使他无法再次成行。他觉得在他去世之前都不会有人发现另一种和萨氏内瓦蚁一起生活的甲虫。即使这个预测是错误的，很显然，卡尔也活不到完成标本分类的那一天了。他已经78岁了，可是他还有几万瓶标本需要鉴别，而且，里面还有需要从头到脚反复检查、可能会在上面发现螨虫或者甲虫的蚂蚁。这些尚未完成的分类工作也成了卡尔的一大慰藉。他和玛丽安花了好几年给这些标本分类，而他们之间也形成了一种生活"仪式"：玛丽安把早餐拿到卡尔跟前，卡尔则用显微镜观察标本。他通过他的显微镜看到的世界，比宇航员向窗外看到的还要多。在过去几年里，卡尔和玛丽安一瓶一瓶地观察了1600种行军蚁种群，发现了45000种螨虫。

在这45000种螨虫中，他们只研究了3%。在这3%中，卡尔和玛丽安以及合作者又发现了3个新的科以及近150个新物种。这些物种也加入了与行军蚁共生的奇特螨虫的行列。有一种螨虫只在一种行军蚁的脚上生活，就像蚂蚁的第二只脚一样，在蚂蚁想要用力抓握的时候替它们发力。另一种螨虫只生活在一种行军蚁的眼睛上，还有一种螨虫在掠夺钳蚁（*Labidus predaetor*）这种行军蚁的头部下方寄生，也有一种螨虫寄生在行军蚁的后腿上。每种新发现都显得更加隐秘，更加特殊，更加难以置信。谁知道另外43000种未被研究的螨虫又隐藏着怎样的秘密呢？

卡尔和玛丽安发现的螨虫中只有几种被命名了，其中的大多数螨虫还有待新一代的螨虫分类学家为它们命名。到现在为止，对这些螨虫感兴趣的年轻螨虫生物学家还没有出现。在卡尔和玛丽安发现的螨虫中，有一种被命名为卡尔·雷滕迈尔囊螨（*Rettenmeyerius carli*），它只在行军蚁工蚁的下颚底部生活。如果还有来世的话，我想卡尔一定想要化身成一只寄生在蚂蚁下颚的螨虫，这样他就能跟着蚂蚁到它们所到的地方，从它们的角度观察世界。他会看到它们看到的东西，像螨虫一样从生到死。

在最近的群居昆虫会议上，卡尔展示了一段由我协助拍摄的影片。那是一部关于蚂蚁及其寄生生物的影片，但除此之外，它还是一部关于两个人的影片。卡尔和玛丽安对这群只有寥寥数人关注的生物进行了极其深入的研究。他们曾经乘坐小飞机数次前往丛林，他们曾为成百上千的蚂蚁进行了分类，他们曾有无数个夜晚趴在热带丛林中，等待着蚁后的经过。他们花了很多年时间，研究这些位于世界偏远角落的地下通道。

　　他们的工作还需要很长的时间才能完成。卡尔依然想要回去寻找寄生在萨氏内瓦蚁身上的甲虫和螨虫，但这个目标显得有些一厢情愿。他本可以去寻找几百种行军蚁身上的甲虫、螨虫或者其他东西。我希望他能够再次踏上旅程。我和戴夫·路博塔齐说，如果卡尔愿意的话，我们可以把他绑到木板上，然后把他抬到蚁群周围，这样他就可以进行工作了。卡尔抬头看了看戴夫，微微一笑问：“你们能一直抬着我吗？”

　　卡尔尚未完成的工作可能要被搁置很长时间了。他是世界上仅有的两位还在活跃地（只是相对来说）研究蚂蚁寄生生物的科学家之一。[①]他也是唯一研究螨虫的人。卡尔用他的方法研究了数万个物种。除非还有其他人愿意为这些物种的研究奉献一生，否则它们也只能在那里等待，就像那些被欧文估算在内但我们还没有发现的物种一样。首先我们要发现它们，然后再开展研究。然而，我们的工作似乎还未开始。

---

① 　卡尔·雷滕迈尔于2009年去世，享年78岁。——译者

第三部分
生命之树的根

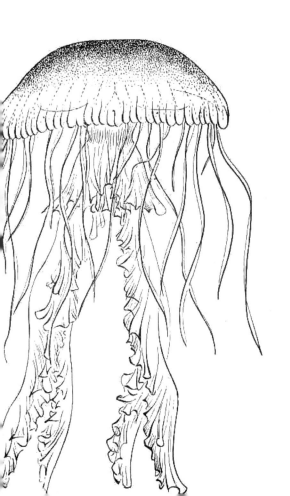

7 解密细胞的起源

唯一真正有价值的是直觉。

——爱因斯坦（Einstein）

当我读本科的时候，有两种理论经常被当作嘲弄的对象，用以表明科学理论到底能有多么不着边际。其一是大陆漂移理论，其二则是细胞起源的共生学说。

——威廉·卡伯森（William Culberson），杜克大学植物学教授[1]

1912年夏天，三个男孩在离他们家不远处的法国比利牛斯山脉中发现了一个洞穴。他们在课余时间经常进行探险，因而他们选择

---

[1]　引自McDermott, J. 1991. Lynn Margulis: Vindicated Heretic. In *From Gaia to Selfish Genes: Selected Writings in the Life Sciences*, edited by C. Barlow 47–56. Cambridge: MIT Press。

进入这个山洞一探究竟。进入山洞之后，迎接他们的是一座峭壁，爬上去之后则是一处宽阔的通道。在通道中有一个类似烟囱的出口。这个出口十分狭窄，如果他们是自己一个人来的话，一定会知难而退。这个烟囱一样的狭缝在更深处比他们想象的还要狭窄，正常人的反应往往都是转身离开，但他们选择了继续前进。这个狭缝挤压着他们的肩膀和胸口，有的时候他们都很难呼吸。他们一直向前爬着，直到钟乳石拦住了他们的去路。这次，他们也本应知难而返，但他们是男生，而且他们已经看到了对面别有洞天，于是他们打碎了一根石柱继续前进。就像人类学家劳伦斯·罗宾斯（Lawrence Robbins）写的那样，接下来"他们坠入了一片未知之中，进入了一座上次被人类发现还是在冰河时期的洞穴"。[①]

这条狭缝连接着一个巨大的山洞。三个男孩满身大汗，对自己能够毫发无伤地进来兴高采烈。不过，兴奋之余，他们很快就变得鸦雀无声。他们看不清周围的东西，但借着些许微光他们发现了穴熊的爪痕、大型动物的骨头，以及他们后来才知道有超过10000年历史的脚印。随后，在山洞的更深处，他们见到了可以说是他们此次最大的发现——四个站立的黏土野牛，每个都像一只小狗那么大，有超过15000年的历史，正对着他们，好像随时都会冲过来一样。他们呆立在那里，许久无言。最后他们原路返回，并将他们的发现公之于众。[②]

我们想象中的科学也是这样。我们爬过一个山洞，进入一片崭新的世界，在那里大笑、哭泣，然后会有记者赶上来报道。现任职

[①] Robbins, L. H. 1990. *Stones, Bones and Ancient Cities. Great Discoveries in Archaeology and the Search for Human Origins*. New York: St. Martin's Press.

[②] 探索这个洞穴的三个男孩中的两个——贝格昂（Bégouën）兄弟，后来又做出了另一项可能同样令人兴奋的发现。

于马萨诸塞大学阿默斯特分校的生物学家林恩·马古利斯（Lynn Margulis）①认为她的发现就像是一个满是古代艺术品的山洞。那些细胞中的奥秘就好比山洞上的壁画。她发现了它们，也读懂了它们，从洞中返回，并向世人宣告了她的发现。然而，事情的发展偏离了剧本。没有人相信她。

她已经七十多岁了，有时会在夏日的傍晚到她在马萨诸塞州阿默斯特的办公室旁的水潭中游一会儿泳。②尽管那里的具体位置是个秘密，但它不可能离阿默斯特很远。有人猜测那是广阔天空下的一个小水潭，周围满是池塘特有的生物，交杂着鸟鸣声和汽车轰鸣声。如果有人想把林恩·马古利斯的一生画成壁画，他又会画什么呢？是这个我们在城市边缘遇上的疯女人，还是从洞穴中凯旋的科学家？直到不久之前，还没人能够确定。

林恩·马古利斯出生在芝加哥南区的一个工人阶级社区。她曾"在连在一起的屋顶和车库的太平梯上嬉戏玩闹"。③从早年起，她便从一个与众不同的、更加纯粹的角度看待问题。作为姐妹四人中的老大，她养成了坚强而有责任心的性格。那时她出落得很美丽，也很聪明——有朋友和照片为证。1952年，她14岁的时候，她进入了芝加哥大学学习。在那里，她遇到了科学，还有那个在埃克哈特大厅楼梯间的男孩卡尔·萨根。④后来，他成了她的第一任丈夫。

① 林恩·马古利斯于2011年逝世，享年73岁。——译者
② 引自di Properzio, J. 2004. Lynn Margulis: Full Speed Ahead. *University of Chicago Magazine*. February 1。
③ 引自Anonymous. 1997. Scientists at Play—Childhood Behavior of Scientists and Science Enthusiasts. *Discover*, December。
④ 后面我们还会讲到他的故事。

在短短几年间，她开始从事科学研究并建立起自己的家庭。从那以后，事情进展得很快。她从芝加哥大学毕业，进入威斯康星大学攻读硕士。她在那里开始了自己的研究，与此同时，她怀孕了。后来，她在课上都在睡觉，因为那时她在抚养她的第一个儿子，也在孕育崭新的想法。她是一个在仍然属于"男人的领域"进行研究的女人。如果说这些是阻碍她成功的壁垒，那它们的确存在。但根据她自己的讲述，她已经掌握了她所需要的、有关科学的一切，特别是"除了自己的观察，不要相信任何东西"[1]，不管是阅读被忽略的老旧外文书，还是观察细胞。

在硕士学习过程中，马古利斯第一次用显微镜观察了变形虫。在观察过程中，她被变形虫微小的器官（严格说是细胞器）迷住了。就像斯瓦默丹观察昆虫那样，她观察变形虫，发现了一些重要的细节。这边是线粒体，细胞的动力工厂。而在许多细胞器之间的则是细胞的大脑——细胞核。液泡则是细胞的垃圾场。细胞的表面有摆动的鞭毛，它们是细胞摆动着的四肢。在显微镜下，她自己发现了最简单的生命结构，也是我们人类的组成部分。

那时，林恩·马古利斯还没有发现任何东西。她眼中的细胞仿佛那三个男孩面前的山洞，她看到里面还有一道长长的狭缝，狭缝的另一端似乎别有洞天。细胞的器官已经被研究了几百年，这些结构的形状和功能，在马古利斯开始她的研究时也已经被认为是研究清楚了的。[2]但它们的起源却很少有人研究[3]，也即，它们是怎样从更

① 2008年3月18日和林恩·马古利斯的谈话。

② 当然也有很多令人惊讶的例外。

③ 马古利斯并不知道，那时挪威微生物学家约斯泰因·格索（Jostein Goksoyr）正在研究和她后来提出的类似的理论。

简单的结构演化而来的。

在细胞生物学研究早期，模糊的观念比事实更多。其中一个模糊的观念便是细胞质内可能会有细胞核以外的DNA。所谓细胞质，就是一种胶冻状流体，里面漂浮着各种细胞器。当马古利斯还在威斯康星大学读硕士时，她和她的一个教授汉斯·里斯（Hans Ris）就已经讨论过细胞质中存在DNA的线索。没有人知道细胞质中为什么会有DNA，也没人能够确认细胞质中是否存在DNA，但细胞核外可能存在DNA这一问题显得十分诱人，就像山洞中可能存在的那条隐秘狭缝一样。马古利斯和里斯尚没有发现细胞质中的DNA，但他们已经开始好奇细胞质中为何会存在DNA了。

马古利斯和里斯的讨论十分有意思，而这也使得她想要在伯克利加州大学将细胞质DNA作为她的博士论文课题。将可能并不存在的东西作为博士课题往往并不能让人满意，比如关于大脚怪的研究就缺乏经费支持。她的导师并不认可她的想法，但她依然坚持着，而她的坚持也在不久之后得到了回报，至少她是这么认为的。

一年之后，1961年，马古利斯发现，在一种她认为应归属于眼虫属（*Euglena*，一种绿色原生生物）生物的叶绿体中存在DNA。她于同年在国际原生生物学家协会的会议上公布了自己的结果。这些还很初步的结果却被列入会议上的"突破性成果"。眼虫属生物的相关结果只是细胞故事的一个小小的开端，从此以后，马古利斯开始打破挡住她去路的钟乳石，试着为研究带来进一步突破。

马古利斯对眼虫属生物的研究说明细胞质中的叶绿体可能存在DNA，但证据并不确凿。之后，在1963年，即马古利斯展开博士课题研究三年之后，里斯和W. S. 普劳特（W. S. Plaut，她在威斯康星的前一任导师）在衣藻的叶绿体中发现了DNA。[1]在他们发表的文章的一幅图片中，被染色的DNA在较暗的细胞背景中呈现为三个白色的圆点。就像所有在黑色背景下的圆形一样，这三片DNA很像恒星和行星。细胞核DNA是中间的一个大白点，而在两边则仿佛是在围绕着它运行的小白点，也就是叶绿体所含有的DNA。

在那时，对于DNA为何会特异性地存在于叶绿体中，或是更宽泛地说，细胞核外为何会存在DNA这个问题并没有公认的解释。但里斯和普劳特注意到，叶绿体中的DNA和一些细菌的DNA有一点相似。之后，里斯和普劳特还注意到叶绿体和细菌一些宏观层面的相似之处，更确切地说，是与蓝绿藻的相似之处。叶绿体和蓝绿藻类似，由双层膜环绕，有一层内膜和一层外膜，就像细胞外面的两堵墙一样。二者都有类似的光合作用器官，用以将光转化为食物。此外，二者也都含有核糖体。随后，问题变成了：二者的相似性是否仅是巧合？如果不是巧合，那又是什么原因呢？

里斯和普劳特觉得，这些相似之处可能不是巧合。也许，就像一位被边缘化的俄国生物学家（我们之后还会再提到他）六十年前提出的那样，叶绿体是被整合到另一个细胞中的蓝绿藻，并以共生的形式生存，这也正是马古利斯在国际原生生物学家协会的会议上提出的一种可能。[2]植物细胞和其他绿色真核细胞（例如眼虫藻和衣藻）是由两个物种整合而来的。里斯和普劳特在文章结尾总结了叶绿体和"独立生物体"（free living organisms）的共同点，并提出

---

①   Ris, H., and W. Plaut. 1962. Ultrastructure of DNA-Containing Areas in the Chloroplast of *Chlamydomonas*. *The Journal of Cell Biology* 18: 383–391.

②   根据2008年3月18日马古利斯的说法，她和里斯那时都把E. B. 威尔逊（E. B. Wilson）的《细胞的发育和遗传》一书"读了几十遍"。在这本书中，威尔逊阐释了细胞器共生起源的早期想法，当然，这种想法并没有被人们认同。

"内共生学说值得被重新慎重考虑，它很可能是复杂的细胞系统起源过程中的一个演化步骤"。[1]

在1963年，当令人兴奋的发现近在咫尺时，马古利斯和她的丈夫卡尔·萨根以及儿子搬到了萨根新的工作地点马萨诸塞州。她还没有完成她的博士研究，而导师又十分严苛，"几乎没人能从他手下毕业"。[2]两年后她才拿到了博士学位，在此期间，她靠在布兰迪斯大学做兼职来养家。[3]不久之后，她和萨根离婚了，她做着一份短期工作，两个孩子主要由她来抚养。这样的环境并不利于她研究新的理论，但马古利斯却对自己的工作十分着迷。她急切地想要继续内共生学说的研究。不久，她据此提出了整个生命历史的新视角。"内共生"（endosymbiosis）这个名词指的是共生生物的其中一种生活在另一种的体内，形成一种共生关系。那时，她还不知道这个词，但"内共生"却影响了她一生。

在那时，生命世界被划分为四个界，其中三个界所包含的物种是真核生物，即动物界、植物界和原生生物界。真核细胞有细胞核和位于细胞膜内的细胞器（微小的器官）。植物和一些原生生物与其他真核生物不同，拥有一种特有的细胞器——叶绿体，用以吸收光能。第四界，也是唯一的由原核生物构成的界是细菌界。细菌没有细胞核，缺少很多被膜结构包被的细胞器，例如线粒体和叶绿体，也

---

① 1963年，斯德哥尔摩大学的西尔万·纳斯（Sylvan Nass）和玛吉特·纳斯（Margit Nass）发现了线粒体中的DNA，并提出与内共生学说很相似的线粒体演化方式，称其为细菌共生体。

② 引自di Properzio, J. 2004. Lynn Margulis: Full Speed Ahead. *University of Chicago Magazine*. February 1。

③ 课题为"眼虫藻细胞质中罕见的胸腺嘧啶整合方式"。

缺少真正的鞭毛和纤毛。总的来说，细菌是更简单的细胞，也是更简单的生物。人们认为细菌是很原始的，可能和最初的细胞类似。

若将这四个界的生物串连在一起共同讲一个演化故事，则需要先解释一下这四个界的异同。如果我们假定细菌是原始的祖先，那我们需要弄清楚第一个真核细胞是如何拥有细胞核、线粒体、鞭毛和纤毛的。对于植物来说，还有一个问题则是叶绿体的起源问题。并没有什么明显的过渡生命体，化石记录中也没有留下什么。对于很多人来说，问题是很棘手的。

马古利斯正试图构建一个理论，她不只要解释叶绿体中存在DNA的原因，还要弄清四界生物之间的基本关系。她的毕业论文研究的是眼虫叶绿体的独立性，而这个研究为她提出适用面更广的理论做好了铺垫。这个理论基于列文虎克式的简单观察和前人的研究，尤其是有类似想法但被人忽视的科学家的著作。她在布兰迪斯工作时，她的想法开始逐渐成形。这些想法让她得出了在她看来是必然的结论。她开始觉得，不仅仅植物细胞中的叶绿体是细菌，所有真核细胞中的线粒体也是细菌，甚至连鞭毛和纤毛（以及后来提出的在细胞分裂过程中牵拉染色体的中心体）都是更古老的细菌。马古利斯提出，真核细胞的所有这些部分都是通过共生形成的，一个细胞吞噬另一个细胞，其中一个在另一个内部，两个细胞借助彼此的能力共同生活。①

马古利斯将真核生命的演化史看作是内共生关系逐步形成的过程。我们的生命——所有动物和植物的生命，都是这样融合而来，

---

① 马古利斯将这种起源方式称为共生起源，其中"起源"指的是通过两种或者更多已有物种融合形成新的物种。

是几个物种的嵌合。就像马古利斯之后说的那样，"所有比细菌大的生物都是超个体"，是一种、两种或更多早期细胞的融合体。这是一个革命性的理论。她认为，我们人类的细胞内生活着很多生物，没有了它们，我们将会死去，没有了它们，我们将不复存在。她开始觉得，人类和其他动物不是动物，也不是细菌，而是介于二者之间的生物。

对于研究生或者是刚刚毕业不久的学生来说，激励他们提出看似十分荒谬的理论的，往往是声誉、知名度和争议。这些诱因也让他们不再惧怕很多阻碍。例如对于年轻科学家来说，提出革命性的理论往往与务实相冲突。现实往往会提醒我们，一个带着孩子、工作并不稳定的年轻科学家，他（她）所提出的革命性理论往往要么是错误的，要么即使是正确的，也不容易被人们接受，再或者容易引起同行的排斥，无法拿到终身教职，只能靠当服务生维持生计。

基于这些怪诞不经的现实，我们不得不佩服提出疯狂理论的年轻科学家，即使他们的理论是错误的。科学家们在年轻时提出的理论即使是错误的，往往也是美丽的。林恩·马古利斯的理论也是很美丽的，而且也可能是正确的，因而她勇敢地向前推进了。她在1967年发表了有关后来被称为"连续内共生学说"（Serial Endosymbiosis Theory，SET）的第一篇文章。这篇文章以"有丝分裂细胞的起源"为题[1]，是一个后来发展为适用面更广的理论的精简版。随后，她又发表了一篇以"原植体植物的演化准则：一个全新的看法"为题的、更为详细的文章。[2]在这篇文章中，她更详细地阐述了自己的

① Sagan, L. 1967. On the Origin of Mitosing Cells. *Journal of Theoretical Biology* 14: 255–274.
② Margulis, L. 1968. Evolutionary Criteria in Thallophytes: A Radical Alternative. *Science* 161: 1020–1022.

理论。对于很多人来说，"全新的"并不是马古利斯的理论，而是马古利斯她自己。

1969年，林恩和卡尔·萨根离婚，又和X射线晶体学家托马斯·W. 马古利斯（Thomas W. Margulis）再婚了。她仍然在布兰迪斯大学做兼职。在怀女儿詹妮弗（Jennifer）的时候，她在家里待了很长一段时间。按照她的说法，这段在家的日子让她有了很多时间可以不被打扰地思考。这些思考让她扩展了关于线粒体和叶绿体的理论，并最终让她对生命的起源也有了新的认识。马古利斯观察得越多，就越觉得世界似乎像是在逐步解构，变成一个个小部分，而每一部分都有自己独立的历史。她和腹中的女儿是独立的个体，但以共生的形式存在。她们每个人的身体本身都是一个共同体，甚至是一个群落，里面生活着以不同食物为食、有着不同生活史的各种生物，这些生物为了各自不同的目标在一起生活了很多年。在她怀孕期间，她发现生命的本质似乎是共生。两百年来，男性生物学家强调了演化中的斗争、竞争和战争，而林恩·马古利斯则提出了截然不同的观点。

这些观点在她心间流淌着。她写了一本书，紧接着又是一本。成百上千页的书稿，里面饱含着新颖的想法。在她刚进入大学时，她想成为一名科幻作家。而现在，她自己在书写着生命的故事，这个故事是那么新颖，很多人都当它是一部科幻小说。她为了赶在出版商的截止日期前完成，她写得很快。她自己出了这本书的设计费。最终，她将手稿缩短到了可以接受的范围，并将书稿送到了纽约一位学术出版商那里。这位出版商是她在夜里写作时结识的。她拿到了一份合同，可没有预付款。之后，她变得时而兴奋，时而焦虑。每天，最终的胜利者往往都是焦虑，于是她便会再写一些，然后再次意识到自己是正确的——她是史上第一个认清生命历史的人。

出版商几个月都没给她回信，不过，最终还是有了回音——一封拒信。信里并没有任何解释，也没有签名。林恩后来才知道，原来，其他科学家猛烈批评了她的书稿，最终出版商取消了这个出版计划，而且最开始并没有打算通知她。她在1967年发表的关于连续内共生学说的第一篇论文原本要进行第20次印刷，也被出版商取消了。那时，她意识到自己将要面对一场艰苦的斗争，但她并不知道这场斗争还要持续多久。

林恩的女儿出生了。她自己的"共生"也变得更为复杂。她的两个儿子也越来越大了。这并不是产生疯狂的新想法的时候，相反，这时，她应该去研究稳定的课题，产出可发表的成果并获得大笔经费。这时，她应该向刚刚聘用她的波士顿大学的新任系主任证明，她配得上这份工作。但这不是林恩·马古利斯的行事之道。

她比以前更加努力地修改手稿，修正她的想法，一夜又一夜重新思考、重新写作。她原本有足够的时间去冲淡她的理论带来的影响，然而，她不愿这样做，她变得更加大胆了。

林恩·马古利斯得出了结论，真核细胞的主要器官（线粒体、叶绿体、鞭毛、纤毛和中心粒）都起源于被其他细胞吞噬的古老细菌。就像之前提到的那样，那时人们已经发现了线粒体和叶绿体中存在自己的DNA（人类的大部分DNA都在细胞核中）。其他生物学家也已发现线粒体和叶绿体看上去"像是"细菌。马古利斯觉得这些相似之处很有意思。纤毛和鞭毛起源的证据则比较初步，仅停留在形态相似上。纤毛、鞭毛和中心粒都是由一系列叫作微管的纤维有向排列形成的，其排列方式和一种叫作螺旋体的细菌内部的纤维很相像。最后，类似的微生物共生关系在其他地方很常见，例如在昆虫细胞、变形虫和绿纤毛虫中都可见到。对于马古利斯来说，这个理论就是这样简单，生命史上最重要的事件就是一系列的融合。但这和传统的达尔文的故事并不一样。达尔文的故事是竞争，以及缓慢发生且不断积累的变化带来的演化。

她认为生命起源的故事是从低氧时代开始的。在低氧时代，最早的光合细菌产生氧气。一段时间后，其他细菌开始演化，可以利用氧气进行呼吸。一个已经演化出细胞核但不能利用氧气进行呼吸，也就是没有线粒体的细胞，吞噬了一个可以用氧呼吸的细胞。[①]两个物种一起生活比单独生活效率更高，因而这样的关系得以维系下去。而这种新的组合物种，它们中的一个个体又吞噬了一个光合细菌，也就是蓝细菌，从而不仅能够进行呼吸作用，还可以进行光合作用。从此之后，这种生物便继续演化，最终变成了植物。在演化的过程中，一些其他的细菌，例如螺旋状的螺旋体，也被细胞吞噬，形成了真核细胞的纤毛、鞭毛，甚至是中心粒[②]。中心粒能够自我复制，和螺旋体有一些相似之处，马古利斯据此推断出它也是一种共生体。正是中心粒的出现让细胞核能够行使它的功能，也让细胞有了分裂和移动的能力。

---

① 马古利斯现在怀疑这种宿主细胞是一种类似现在的热源体属生物（*Thermoplasma*，一种嗜热嗜酸的远古微生物）的细胞，线粒体则来源于一种变形菌，即一种常见的、利用氧气进行呼吸的水生细菌。

② 动物细胞和某些低等植物细胞中有中心体，它是细胞的内部骨架——微管的组织中心。在每个中心体中间都有一对中心粒，用于组成中心体并控制鞭毛和纤毛的组装。有人认为，中心粒可以自我复制。

这些是生命演化过程中的重要事件，其余的都是锦上添花。在这个过程中，宿主体内的细菌开始失去一些不必要的功能，宿主亦是如此。细菌开始利用宿主细胞将食物的能量转化为可用的能量。不久，没有了寄生的细菌，宿主便不能存活；而脱离了宿主，寄生的细菌也不能存活。在这些最初的演化之后，每种原生生物、植物和动物，更广泛地说是每种现存的真核生物逐渐出现。马古利斯将这种融合看作是生命史上一系列决定性的瞬间。

马古利斯为了完善连续内共生学说收集了大量的证据。但就像其他的重大发现一样，其他科学家已经通过更少的证据得出了相似的结论。他们用更少的事实，做出了更大胆的推测。这些科学家的故事仿佛是马古利斯接下来要面对的事情的缩影。故事里他们的前途都有些黯淡。

在19世纪末，已经有假说认为地衣是由多种生物组成的，而不是一种生物。有学者认为，地衣是藻类和真菌的共生体——现在我们知道确实是这样。这个理论很有争议，但也很令人兴奋。如果地衣真的是几种共生物种的集合，那这种现象可能在自然界中十分常见。不久之后，就有几位疯狂的科学家提出了这个理论——世界上从不缺少疯狂的科学家。

俄罗斯科学家康斯坦丁·S. 梅列日科夫斯基（Konstantin S. Merezhkovsky）在1909年提出，植物细胞中的浅绿色叶绿体是从寄生在植物祖先中的细菌演化而来的。[①]对梅列日科夫斯基来说，如果地衣是由多种生物组成，那树木为什么不是呢？梅列日科夫斯基认

① 他也创造了"共生起源"这一术语，马古利斯就是用这个词来描述通过共生产生的新物种的。

为，森林呈现出绿色与植物自身无关，而是每片叶子里面的蓝细菌使得叶片呈现出绿色，就像很多客人手拿蜡烛站在窗边会照亮整座房子一样。这些蓝细菌正是点亮生命的火炬，它们在植物细胞中搭便车的同时，也为植物提供糖分作为回报。他觉得我们应该把这一切归功于植物细胞内的细菌。梅列日科夫斯基的想法虽然只是他其他想法的一个注脚，但它却催生了里斯和马古利斯对叶绿体的思考。

在俄罗斯，梅列日科夫斯基的想法并没有多少人赞同。[①]但在其他地方，也有人提出过类似的理论，比如伊万·沃林（Ivan Wallin）。沃林于1883年出生在美国俄亥俄州斯坦顿，父母都是瑞典人。他后来成为科罗拉多大学博尔德分校的教授，在那里教授解剖学。本着教育的名义，他会站在尸体前对学生们提问。如果学生回答错误，他会敲打他们的胸作为惩罚——当然，是学生的，不是尸体的。学生们不管是否回答正确，是否被敲打过，都会帮助他建造他那座离博尔德不远的木屋。在木屋里，沃林会喝酒，和学生们玩扑克赌钱。沃林通常在教室后面的棚子或是在学生们帮他建造的木屋里进行他的研究。正是这些简陋的设备让他发现线粒体自身可以像细菌一样生活，至少他觉得是这样。他宣称他可以在细胞外培养线粒体，起初，马古利斯也这么宣布过。

沃林和梅列日科夫斯基的观点和日后马古利斯提出的十分相似。这些观点并不严谨，但沃林和梅列日科夫斯基都生活在更早的时代，那时，我们对细胞的理解也并不完善。没有人相信沃林。猛烈的批评使得他最终在40岁的时候就放弃了科研。在距此千里

---

① 　其他一些俄罗斯科学家也提出了其他类型的共生。鲍里斯·米凯洛维奇·科佐-波利扬斯基（Boris Michailovich Kozo-Polyansky，1890—1957）提出细胞的移动能力也是共生的结果。安德烈·谢尔盖耶维奇·法门斯汀（Andrei Sergeivich Faminstyn，1835—1918）尝试过离体培养叶绿体。

之外的地方，梅列日科夫斯基也最终被遗忘了。鉴于沃林、梅列日科夫斯基和后来的马古利斯的遭遇，纽约植物园的两位科学家理查德·克莱因（Richard Klein）和阿瑟·克朗奎斯特（Arthur Cronquist）将叶绿体的共生这个理论称作"一个很长时间里反复出现的"、不受欢迎的想法。[①]很明显，他们也希望马古利斯能够放弃这个想法。

　　相反，马古利斯掌握了有关细胞功能和DNA结构的新近发现，在沃林和梅列日科夫斯基的基础上进一步深化了理论。如果她是正确的，她将是一个宏大理论的奠基人，并由此被人们接纳。她所做的就像伽利略将哥白尼革命介绍给世人一样。伽利略几乎被送上了断头台，马古利斯则低下头，勇敢面对。按照她在采访中的说法，她"无所畏惧"。[②]

　　林恩提出的、发生在生命产生之初的细胞融合，有点像早期大陆。早期大陆是一块融合在一起的超大陆，在她的理论体系里则是一个超生物。她注意到，在板块构造学说中，里面的动态变化也有些似曾相识。在20世纪50年代，在安东·基希纳（Anton Kirchner）提出大陆漂移理论500年后，阿尔弗雷德·魏格纳（Alfred Wegener）重新整理了他的假说。相比于他的前辈，他有更多的证据。他将发现煤炭的地方看作曾经是森林的地方，将它们对应起来。他将大洋两岸的物种联系起来。他将摩洛哥的岩石同康涅狄格类似的岩石联系起来。他看到了大陆的形状，想象这些长久

①　引自Sapp, J. 1994. *Evolution by Association: A History of Symbiosis*. New York: Oxford University Press。

②　引自di Properzio, J. 2004. Lynn Margulis: Full Speed Ahead. *University of Chicago Magazine*. February 1。

以来被认为是一个整体的大陆一度处于分离状态，就像我们细胞的组分曾经独自生活一样。

在20世纪70年代末，也就是马古利斯在波士顿大学当上助理教授的那年，并不是所有科学家都认同板块构造学说。大陆的形状的确支持这个理论，但将它们挤压到一起或是分开的力量却是未知的。当深海断裂带发现之后，这个过程至少变得清晰了一点。大陆好像是在岩浆传送带上移动。它们被挤压到一起的时候，山脉形成，地壳熔化。而它们分开的时候，断裂处也随着岩石分开而变得炎热起来。在魏格纳的拥护者提出更加机械的地壳运动理论后，他的理论才开始被科学界接受。而魏格纳本人则在生日当天冻死在格陵兰，那时，他的理论仍在被同行嘲笑。

与之类似，早前也有科学家提出过线粒体和叶绿体内共生的观点。马古利斯认为，她已经详细地阐述了内共生的演化机制，但如果想让更多科学家认可，她需要进一步说明内共生发生的详细过程。她需要很久以前两个细胞融合成一个的证据，就像人们承认板块构造学说需要岩浆碰撞的证据一样。她想继续详细阐述她的观点，但即使这样，也远远不够。她需要的是更加确切的证据，因为她的理论比大陆漂移更有革命性。她提出，我们的身体其实是由多种生物组成的，深刻到了涉及人类的同一性（identity）问题。人类自古以来就并非"同一"的。

关于马古利斯的理论的新书最终在1971年出版了。[①]出版后，这本书受到了无理的批评，甚至有人给她寄了恐吓信。一位还算支持

---

① Margulis, L. J. 1970. *Origin of Eukaryotic Cells: Evidence and Research Implications for a Theory of the Origin and Evolution of Microbial, Plant and Animal Cells on the Precambrian Earth.* New Haven: Yale University Press.

她的评论家这样写道："读者会觉得这本书杂乱无章，观点尖锐，挑战权威，很有挑战性。但是，人们很难忽视它。"她的想法过于大胆，涉及面也过于广泛。支持她的人很少，但她坚持着自己的信念。演化本该是简单而稳定的，而她的假说很复杂，有些另类，而且根本无法验证。对她的批评主要集中在她的观点上，一次又一次的学术论坛都在批评她的观点。但她就像她的书一样，不会再被忽视。

慢慢地，她也有了一批追随者，虽然人数不多，观点也并不统一，但足以支持她坚持下去。甚至，早在1970年，当时在斯坦福大学任教的彼得·雷文①就在一篇综述文章中提到她的连续内共生学说已经被广泛接受，只是人们过高地估计了批评这一理论的人数。不过，纵然马古利斯有了这些支持者，但论战仍在继续，马古利斯也一样在斗争。她依然坚持着自己的理论。演化理论的奠基人——理查德·道金斯（Richard Dawkins）并不认同她这种坚持的态度。"她不会改变她的想法的"，甚至接下来，他暗示反对她的证据是压倒性的。道金斯这样说也是为了显示他是愿意倾听的人。也有一些人觉得她的坚持是必要的，尤其是在你明明正确却遭到其他人反对的时候，这种坚持尤为重要。

科学家应该懂得倾听。他们应该一直在思考或是反复思考他们的观点。他们应该懂得如何面对批评。但无论一个人是对是错，他都会被人批评。林恩·马古利斯在她错误的时候应该听取别人的意见，但这并不意味着她在正确的时候要屈服。在她之前支持内共生学说的科学家都屈从于潮流了，而她，绝不会。

---

① 这个彼得·雷文，现在是密苏里植物园的主任，也就是前面提到的，支持特里·欧文估算每英亩热带丛林物种数目的那个彼得·雷文。

8　嫁接生命之树

当一个真正的天才出现时，你可以通过以下特征认出他来：所有的傻瓜联合起来对抗他。

——乔纳森·斯威夫特（Jonathan Swift）

一天，在伊利诺伊，卡尔·沃斯（Carl Woese）决定去研究身边的生物之间的联系，比如鸟、树木、昆虫、人类，以及最小也是最重要的微生物，它们之间的关联。他并不相信自己能够完成这样的工作，也不对他人的支持抱任何希望。在那时，完成这样的工作几乎是不可能的。就像R．Y．斯塔尼尔（R．Y．Stanier）在1970年说的那样，人们对于演化史的推测"并没有什么不好，就像吃花生一样，除非成了一种执念，它才会显现出不好的一面"。①然而人们对演化的"推测"大多是毫无根据的，而且并不是十分理智。但我们很快就会知道，沃斯的推测并不是这样。

卡尔·沃斯并不想推测。相反，他想发明一种能够观察到演化史的方法，他希望这种方法可以如同一台显微镜，透过它就能看清物种之间的关系。他希望这种新方法不仅能够让他更加深入地研究生命的历史，还能让他发现前人未曾发现的东西，不只是为了验证马古利斯的理论，也是为了从更加宏观的角度研究演化。马克·吐温曾经说过，有新想法的人在其想法实现之前都会被认为是个怪人。其言外之意不外乎，有新想法但想法一直没有实现的人会永远被当作怪人。

卡尔·沃斯从小就对科学很认真。对于他来说，除了科学，"没有其他认识世界的方法"。沃斯从小就觉得"有两个世界存在，一个是自然的世界，一个是人类的世界。前者巨大、奇妙、神秘，又令人恐惧、令人激动、令人心驰神往，而且总是在变化，又有着内在的一致性——是检验真理永恒的试金石。人类的世界则与之相反：不稳定、武断、充满矛盾、异化、不值得信任，几乎是不真实的"。②正因为如此，沃斯才投身于科学研究，在那里他可以找到他理想中的平静生活。③他选择了微生物学。当然，他也可以选择天文学或是物理学，对于他来说，重要的是找寻真相的过程。

像林奈、列文虎克和很多其他科学家一样，卡尔·沃斯在刚开

---

① Stanier, R. Y. 1970. Some Aspects of the Biology of Cells and Their Possible Evolutionary Significance. In *H. Organization and Control in Prokaryotic Cells. Twentieth Symposium of the Society for General Microbiology*, edited by Charles, P. and B. C. Knight, 1–38. New York: Cambridge University Press.

② 从很多方面来说，卡尔·沃斯一生的悲哀之处就是科学的实践发生在人类的世界。

③ 引自2008年对卡尔·沃斯的采访。*Current Biology*，15：R111−112.

始研究的时候处于领域的边缘地位。他本科就读于阿默斯特大学，学习物理学；博士期间就读于耶鲁大学，学习生物物理学，研究细胞的物理学，研究各种各样的微观机制。之后，他曾在通用电气和巴斯德研究所工作过。1964年，他成为了伊利诺伊大学的教授。在伊利诺伊，他研究核糖体RNA。当时，沃森和克里克已经解析出了DNA的结构，但沃斯对"翻译"这个过程更感兴趣，所谓"翻译"，即通过核糖体中一种特殊的RNA合成蛋白质并行使其功能的过程。在那时，沃斯意识到，随着DNA密码的破译，"已经到了应该考虑细胞和它的大分子组分的演化的时候了"[①]，也到了应该深入考虑生命演化过程的时候了。也因为考虑到这些问题，沃斯的研究方向有所转移，而这样的转移决定了他之后四十年的人生。

若是想要绘制一棵包括微生物在内的生命演化树，我们必须研究生命的一种变化较为缓慢的特征，并比较这种特征在一些古老物种间的区别。核糖体的组成成分，即组成你的核糖体、我的核糖体、每个人的核糖体的成分，对于沃斯来说似乎是一个很合适的研究对象。核糖体是由蛋白质和一种特殊的RNA——核糖体RNA（rRNA）组成的。这种特殊的RNA是问题的关键。在核糖体中，核糖体RNA和信使RNA相互作用并根据信使RNA翻译合成蛋白质。在每个细胞中，核糖体RNA几乎都起着相同的作用。就像所有轮子都是圆的而且效果都还不错一样，核糖体RNA只行使一种功能，用以维持生命体的运转。核糖体RNA辅助信使RNA合成蛋白质的翻译过程，而沃斯则希望能够将核糖体RNA中记录的生命历史"翻译"出来。

① Woese, C. R. (unpublished). *The Birth of the Archaea, a Personal Retrospective.*

核糖体RNA是生命的基石。改变一点的话，生命大厦便开始嘎吱作响，摇摇欲坠；改变很多的话，生命大厦便会轰然倒塌。因而和很多基因不同的是，核糖体RNA的基因不论在几百万甚至几十亿年的历史中，还是在不同的物种间都不会改变太多。就像古代欧洲书籍的复制是靠僧侣抄写的一样，DNA复制是由细胞中的很多微小的化合物"僧侣"完成的，而编码核糖体RNA的DNA必须被近乎完美地复制，核糖体RNA本身亦是如此。因此，不同生物间核糖体RNA的区别也是很小的。你的核糖体RNA和我的很像，而我的和松鼠的很像，松鼠的又和树木的很像。细胞中的"僧侣"在复制核糖体RNA的基因时也会犯错误，只是这样的错误很少，因而这样的错误积累得也很慢。

通过研究几种生物的物理结构（例如RNA结构）从而研究其演化的过程，沃斯的这种想法并不是非常新颖。其他的生物学家也这样研究过蛋白。两种蛋白在演化史上分化得越早，它们的区别便越大。这样的研究都基于林奈用动植物的外部特征来进行分类的工作。两个物种性器官的区别越大，两个物种分化的年代就越久远。通过比较异同点，我们很显然能够拼画出生命的演化树——或者像大多数科学家想象的那样，至少拼画出演化树的一部分。

大多数科学家在想象演化树的时候，往往考虑的是较大的物种——老虎或者是虎皮百合。沃斯则认为，微生物也能被归入演化树上，并找到合适的位置。他想要"把关于演化的讨论从动植物层面上转移到分子层面，这才是20世纪应该讨论的问题"。[①]他认为通

---

① Friend, T. 2007. *The Third Domain. The Untold Story of Archaea and the Future of Biotechnology.* Washington, DC: Joseph Henry Press.

过核糖体RNA或许可以完成这个目标，至少在核糖体RNA上，他看到了很大的可能性。沃斯认为，核糖体RNA的区别意味着在演化时间上的区别。两个物种核糖体RNA的区别越大，它们分化的时间就越早。假如让两个僧侣在两个昏暗的房间里抄写文章，并让他们根据之前抄写的版本抄写新的文章，那么随着时间的积累，他们在抄写时的错误会累积起来，两个人的抄本也会随之愈发不同。如果我们知道两个人抄写的时候犯的错误，那么通过比较他们的最终抄本、也即最新抄本的区别，我们就可以推断出他们独自抄写了多久。

沃斯想要知道的是不同的生物从何时起开始分化，不同的世系在他们的"房间"里各自抄写了多久。他也想知道，最初的"文本"是什么样的——通过追溯远古的生物，发现生命的最初形态。他开始比较不同物种的核糖体RNA的区别，建立微生物演化树。刚开始的时候，沃斯十分乐观，认为这个方法的问题只存在于技术层面：在低磷酸盐、低放射性的培养基中培养各种微生物，调整培养的方法以满足不同生物的需求，确定需要哪些帮助等等。这些技术上的挑战的确是难题。他的这个课题将会用到一个之前没有人用过的方法，之后数年间也没有人用过这个方法。而这个崭新的方法也将开启一个崭新的领域。如果他是正确的，那么他的方法将像显微镜或者望远镜一样，让一直以来无法看到的东西变得清晰可见。但更有可能他是错误的。

从一开始，沃斯的工作就和别人有一些不同。首先，核糖体RNA分析比已有的蛋白质分析更花时间，而且需要一些只有他自己掌握的技术。其次，没有人知道他这么做的原因，连他的同事和系主任也都不知道。①而且，他想要研究的问题——微生物，乃至更多生命的演化树，在他的同事看来是无法回答的。研究微生物的同事也想知道他到底要做什么。在他们看来，他需要把精力集中到一些能够产出成果的工作上。他对此有些烦恼，甚至有些执念。他渐渐失去了礼节性出席日常会议的动力。生物学家可以将视线集中到世界的很小一部分上，集中到让他觉得其他所有事情都与他无关的程度。在他们看来，在喝咖啡时谈笑是荒谬的，日常打招呼更是浪费时间。系里的会议、指导学生，甚至是倒垃圾，都是那些不做研究的人才做的事。这种对研究的痴迷是生物学家，或者说是科学家喜爱的，也是他们惧怕的。执念如此的科学家如果是正确的，将无可辩驳地受到大家的拥戴。我们可以想象一下，后人可能会说，要是他当时把时间浪费在经常梳头上，他的贡献会比现在少多少。但如果他所痴迷的东西最终没有什么新发现，那么他很快就会被人们遗忘，或者开始酗酒，或者变得神经质，甚至陷入疯狂，或者以上皆有可能。

沃斯孜孜不倦，没有什么词语能够形容他的勤奋。核糖体RNA和所有RNA一样，是几种核苷酸的排列组合：腺嘌呤、鸟嘌呤、胞嘧啶和尿嘧啶。②沃斯每次必须解析出核糖体RNA小片段的序列。他需要通过一些方法，让核糖体RNA序列最终转化为相纸上的小黑

① 沃尔夫（Wolfe）后来说沃斯"最重要的想法是认识到核糖体RNA是一种理想的分子，可以用来从远古时期追踪演化的过程"。引自Wolfe, R. S. 2006. The Archaea: A Personal Overview of the Formative Years. *Prokaryotes* 3: 3–9。

② 它也是DNA的基本组分，只是在DNA中尿嘧啶被胸腺嘧啶取代。我们和微生物之间的区别几乎完全是由这些核苷酸的排列区别决定的。在DNA中，每三个核苷酸编码一种特定的氨基酸，如果我们找到一段DNA的起始端，我们就可以解读出这段DNA编码的氨基酸。

点。他会在每个鸟嘌呤处将核糖体RNA切成小段，然后又在另一种核苷酸处把这些小段切成更小的片段。这样的方法很系统，但也略显单调。切好后，沃斯会为这些片段的分布情况拍照，就像密码破译那样，一个字母一个字母地把序列拼回去①，将这些核苷酸拼成原本的序列。在实验室中，随着核糖体RNA被拆分成了碎片，每天都有种找到新发现的感觉。这些核糖体RNA碎片的照片很漂亮，就像抽象画一样，每张都不尽相同，而且每张都代表了演化树的一部分。然而，其中的单调乏味也是显而易见的，就像用望远镜阅读一部放在月球上的莎士比亚著作一样。文本的美，或者说是生命这本大书的美丽，都会因为操作过程的复杂而消失殆尽。

沃斯的实验室和办公室里堆满了用来对比的RNA照片。很快，他的书架上也堆满了柯达的黄色盒子，这些盒子都被用来放胶卷了。灯箱也不知道被从哪里搬进来了，每个灯箱上永远都有胶卷。很快，他的椅子也都被占领了，紧接着是桌子，然后是地板。这样的日子持续了几周、几个月甚至是几年，但他仍然没有任何答案，没有任何突破，没有关于生命之树的任何线索。他回家待了一段时间，他对自己说："沃斯，你今天又一次摧毁了你的想法。"②他每天都在胶片前凝视着这些图案沉思。在10年的辛苦工作之后，他仅仅整理了60种细菌的信息，成百上千种细菌中的60种。③他已经47岁了。他还没有用他的实验结果发表过论文。他没有告诉过别人他在做什么，也没有把他的研究方法教给他人。他是世界上唯一能够解

---

① RNA序列由腺嘌呤（A）、鸟嘌呤（G）、胞嘧啶（C）和尿嘧啶（U）四种碱基构成。此处"字母"即指代四种碱基。——译者
② 引自卡尔·沃斯2008年1月的邮件讨论。
③ 现在估算的微生物物种数已经达到了几百万种。

码核糖体RNA的人，他希望通过这种手段来解开生命的秘密。就像列文虎克和他的显微镜一样，他孤军奋战。

就在那时，沃斯的一个同事向他抛出了橄榄枝，尽管他们两个人那时都觉得这并不重要。他的同事拉尔夫·沃尔夫（Ralph Wolfe）想要和沃斯在另一个课题上展开合作。沃尔夫对沃斯的看法和大家不太一样，沃尔夫觉得沃斯的研究取得了一定的进展，如果他们二人在某类特定的生物上展开合作，进展会更快。在他们二人中，沃尔夫更为有名，他觉得自己的角色更加类似导师。沃尔夫问沃斯能否为他正在研究的一系列产甲烷菌"跑核糖体RNA"（即对核糖体RNA进行RNA分析）。这一系列"细菌"是在下水道的污泥以及类似的环境中发现的。沃斯在几年前和沃尔夫探讨过想去研究一些这种产甲烷菌。[1]那时，沃尔夫没有办法在实验室中培养它们，也无法获得沃斯实验所需数量的细菌。[2]但在1976年初，沃尔夫已经能够在装有压缩二氧化碳的瓶子里"培养一千克产甲烷菌"。[3]沃尔夫告诉沃斯，这些产甲烷菌是因为它们特有的酶和化学机制（甲烷是它们代谢的副产物）被归为一类的，而且似乎和其他细菌有很大区别。[4]没有人知道它们和哪类细菌有亲缘关系。一种可能是这些产甲烷菌并没有什么亲缘关系，只是简单地因为在一起生活演化出了

---

[1] Woese, C. R. (unpublished). *The Birth of the Archaea, a Personal Retrospective.*

[2] 沃尔夫的学生比尔·巴赫（Bill Bach）以及沃斯的博士后乔治·福克斯（George Fox）是实验室中培养产甲烷菌并纯化其核糖体RNA的人。沃斯的工作仅仅是也一直是从纯化出的核糖体RNA中解读出生命的故事。

[3] 来自一个嗜热菌爱好者卡尔·斯泰特尔（Karl Stetter），引自Friend, T. 2007. *The Third Domain. The Untold Story of Archaea and the Future of Biotechnology.* Washington, DC: Joseph Henry Press。

[4] 沃尔夫和他的学生麦克布莱德（McBride）是最先发现一种产甲烷菌中特殊的酶的人。他们给它起了一个简单的名字："M"。

趋同的特质来适应它们特殊的生活方式。（当时他们的第一批样品中有很多是生活在污水中的微生物。第一批被测序的物种之一是反刍甲烷杆菌［*Methanobacterium ruminatum*］，其命名来源于它们的生存环境，也就是牛胆。）另一种可能则是它们是一个特殊的演化群体。沃尔夫的邀请对沃斯来说是一个完美的挑战。

沃尔夫把标本交给了沃斯，那是一种学名为噬热自养甲烷杆菌（*Methanobacterium thermoautotrophicum*）的样品。那时，沃斯已经用一个接一个的物种构建出了生命之树，他的生命之树主要基于几十种微生物。很少有人见过他的成果，可能根本没有人见过。在他办公室的黄色柯达盒子里，装着用只有他清楚的方式排列的生命之树。沃斯打开了唱机，播放一张老爵士唱片，然后对自己的发现赞叹不已。他已经很接近发现早期生命的历史了。他开始分析沃尔夫的样品，还是一个字母一个字母地分析。他关掉屋子里的灯，在直立的灯箱上观察着底片。他看着那些核苷酸的印记，脸被透过底片的光照亮。他整理着那些底片，整理好之后开始翻译RNA序列。他几乎立即发现了让他大吃一惊的东西。

在初步比对之后，他发现这些RNA的"特征和他之前见过的任何细菌完全不同"。这些样品的核苷酸排列的特征和他在所有细菌中发现的都不一样。他进一步分析，一个碱基一个碱基地解析RNA序列，结果仍然十分惊人。他发现有些RNA序列具有细菌的特征，但其他序列则来源不明。这些RNA似乎一半来自细菌，一半来自真核生物。就像沃斯后来在采访中说的那样："这时人们会停下来，思考他们做错了什么，并开始思考这些结果意味着什么。"他有了一个想法，但在公之于众之前，他又从头重复了一次实验，接着又重复了第二次、第三次，更多次，结果都是相同的。[①]

沃斯认为，那些样品既不是细菌，又不是真核生物，[②]它们可能是一些完全不同的东西，一类全新的生命。沃斯在这么多年的研究之后终于有了一些新发现。沃斯是一个不轻易喜形于色的人，但如果他在办公室里发出欢乐的呐喊，或者是因为核糖体RNA跳起了爵士舞，那一定是在那段时间里。沃斯匆忙地找到了他的博士后乔治·福克斯，去和他分享"生物学之外的经验"。福克斯对此表示怀疑，于是沃斯跑到沃尔夫那里告诉他，"这些产甲烷菌并不是细菌"。沃尔夫则告诉沃斯它们就是细菌："它们当然是细菌，它们看上去很像细菌……你先冷静一下，先从你的想法中跳出来。"[③]

下一步则是研究其他的产甲烷菌，以及其他在形态学上与产甲烷菌相似的物种。在那年年底，沃斯领导的团队已经解析出其他五种产甲烷菌的RNA序列。他们研究得越多，结果就越来越清晰：产甲烷菌就是十分特殊的。"第二种产甲烷菌也被分析完毕，其特点和第一种很接近"，毫无疑问他们发现了一类新的生命，沃斯后来说道。很久以来，这种生命都和其他的生命不同，不管是真核生物，还是原核生物。对于沃斯来说，发现这些产甲烷菌和其他生命的关系似乎是个大发现。沃斯后来这样描绘那个瞬间："达尔文很久以前就说过，'总有一天，每个界的生物都会有真正的谱系

---

① 引自卡尔·沃斯2008年1月的邮件讨论。

② 沃斯那时觉得它们也不是来自火星或者其他星球的生命，因为它们和真核生物以及细菌都有些共同点。它们只是缺少能够将它们和其他类别的物种区分出来的明显特征。

③ Morell, V. 1997. Microbiology's Scarred Revolutionary. *Science* 276: 699–702.

树。'也许这一天已经到了！"

沃斯立刻就把他的新发现写成了两篇文章。一篇是和沃尔夫以及他的实验室合写的，主要关于这类新发现的微生物。[①]另一篇则是和沃斯的博士后乔治·福克斯合写的，这篇文章后来引发了更多的争议。[②]人们第一次看到第二篇文章中的结果是在报纸上。那时，沃斯已经49岁了。几十年间他一直默默无闻，但那样的日子结束了。新闻媒体看到了沃斯和福克斯准备发表在《美国科学院院刊》上的文章的样稿，他们觉得文章的结果很诱人。于是，1977年11月2日《纽约时报》发布了这样的头版头条："科学家发现了一种比高等生物更加古老的生命。"这篇文章的前几行就总结了他们论文的惊人观点——科学家描绘了"一个界的新生物，这种生物由分解二氧化碳、产生甲烷的厌氧古老细胞构成"。起初，沃斯对这个发现引起的广泛注意很兴奋，但后来，他的情绪慢慢改变了。

沃斯发现了一个全新的生命域，至少他是这么认为的。这些细胞中的"僧侣"尽管尽可能忠实地抄录着古老的文本，但它们仍然和其他细胞有很大的区别。沃斯他们的文章里认为，生命可以分为三大类，一类是细菌，一类是动植物等所有的真核生物，第三类则是古生菌[③]，也就是沃斯、沃尔夫和他们的实验室刚刚发现的生物，这些生物基本上都还在他们办公室的标本罐里。突然之间，除了

---

① 这篇更短也更为谨慎的文章仅仅得出了产甲烷菌似乎在演化上和其他大部分细菌不同的结论。接着作者阐述了产甲烷菌（不久之后便被称为古生菌）不同于其他细菌的原因，其中包括产甲烷菌中存在辅酶M，但缺乏细胞色素，细胞壁中也没有肽聚糖。

② Woese, C. R., and G. E. Fox 1977. Phylogenetic Structure of the Prokaryotic Domain: The Primary Kingdoms. *Proceedings of the National Academy of Sciences* 74: 5088–5090.

③ 起初被称作古细菌（archaebacteria），后来它们的名字被沃斯改为古生菌（archea），用以表明古生菌和细菌的共同之处并不比和真核细胞的共同之处更多。

动植物和细菌，又有一类新的生物等待着马古利斯去解释它们的起源。

在沃斯的体系中，不仅人类只是一个很小的分支，哺乳动物、昆虫和所有其他动物都只是一个小小的分支。从演化的角度来说，微生物占据绝大多数——其他生物都只是小小的分支，是演化上的奇迹。而这也是沃斯终其一生都在捍卫的观点。与此同时，这也改变了他的看法：只有更加大胆地根据实验结果提出观点，他才能看得更远。

沃斯不认为个性是科学的一部分，也不认为科学家本身是科学史的重要组成部分。于是，我们几乎无从知晓他在办公室埋头工作的那些年里，他到底在想什么。可是，从我们的角度来看，我们会觉得他的这些想法很重要。

沃斯和沃尔夫的发现见报的那天，沃斯非常兴奋。他觉得他引领的革命已经开始了。他在快餐店问了一个女子，问她知不知道他是谁。她看着他，想了一会儿，想不出答案。他提起了他的发现，想给她一些提示。随后，她似乎想到了什么，说道："是啊，你是鲍勃的爸爸！"[1]他当然是，但他曾经认真地想过，不是异想天开，也不是开玩笑，他觉得他的发现会让他家喻户晓，连快餐店收银的女子都会知道他是谁。然而，他错了。

从很多方面来说，那一天并不属于沃斯。接下来迎接他的是大家的愤怒和纷至沓来的恐吓信，还有些人预测，他的观点终将被学界遗忘。不只是沃斯，还有在这个事件中无辜的沃尔夫都受到了攻

---

[1] Morell, V. 1997. Microbiology's Scarred Revolutionary. *Science* 276: 699–702.

击。沃尔夫回忆道："诺贝尔奖得主萨尔瓦多·卢里亚（Salvador Luria）打电话和我说，'拉尔夫，这样下去你会毁掉你的事业的。你必须和这些无稽之谈划清界限！'"[①]这些话让沃尔夫想要"钻到什么东西下面藏起来"。[②]然而，他并没有与沃斯划清界限，尽管他休假了一段时间，但除他之外，其他人都把关系撇得一干二净。

对沃斯的批评从来都不是非常公开的，都是一些"走廊中的谈话"。沃斯"很希望对他的批评能够发表于正式出版物中，但一次也没有"。于是，沃斯继续着他的研究，也知道很多同事都在默默怀疑他。沃斯觉得"这个问题会在科学上得到解决"。

他们的发现有很多可以质疑的地方。对于沃斯提出的问题——最古老的生命之间的关系，人们一贯认为是不可能有答案的，因为这些生命过于古老。如果说列文虎克是抬头看到了上帝的裙底，那沃斯所做的事情更为大胆，更为无礼。他想要通过比较核糖体RNA的方法完成他的研究。这个方法是前无古人的，没有人熟悉这个方法，也没有人对这个方法有信心。简单来说，沃斯想要用一个不太可能实现的未知方法回答一个无法回答的问题。即使是了解他的方法的人，也觉得这个方法是不够的。沃斯提出了生命的一个全新的域，并重塑了生命之树，把人类，把所有的动植物都看作是围绕微生物运行的卫星。他好像是在深夜用木炭在"科学洞穴"的岩壁上画了一棵树。树的基部是一种微生物，可能是一种类似古生菌的微生物。从这种微生物分出了三个大的世系：古生菌、细菌和真核生物。在真核生物这一支，也是生命之树上最年轻的一支，包含了所

① Wolfe, R. S. 2006. The Archaea: A Personal Overview of the Formative Years. *Prokaryotes* 3: 3–9.

② Ibid.

有的真菌、植物、原生生物和动物。而脊椎动物又是动物分支上一根嫩枝上的嫩芽——它实在太小了，都不值得画出来，也无法融入宏大的演化故事中。这个故事几乎完全属于微生物。

他回到了科研工作中，继续研究古生菌研究了三十年。他之前做出了一个独创性的论断，尽管争议重重，他仍然相信自己是正确的。他回到了灯箱前，继续一个序列一个序列地分析着。他又分析了一些其他类型的微生物，也和越来越多的科学家一起研究古生菌的其他特征。它们有不一样的脂质（脂肪），不一样的代谢。人们觉得他异想天开，但这些怀疑并没有影响到他，他只是埋头研究着。从列文虎克起，生物就被分为了宏观和微观两类。宏观生物是更重要的，是故事的主角，微生物仅仅是背景。沃斯则想让这些背景成为主角。

沃斯和列文虎克很像。他能够看到他人看不到的东西，这是因为他独特的方法。他和列文虎克一样很自信，但他是不是和列文虎克一样也是正确的，还有待验证。

想要证明那些宏大的推测，这样的过程往往是缓慢的，也必须依靠全新的实验结果才能逐渐推进。这个过程一定会伴随着一篇又一篇的文章，直到某个未知的时刻，曾经的异端才会为人们所接受。哥白尼在死后，也有人说是在临死前才发表了指出地球和其他行星围绕太阳运动的论文，而他的观点经历了几代人的时间才被人们完全接受。一些人马上就认同了他，伽利略因为坚持这个观点而受到了审判，而布鲁诺则因为宣扬这个观点而被处以火刑。但很快大家便都接受了头顶的太阳是静止的、地球是运动的观点。现在如果我们打开大学的生物学导论读本，我们很可能会在"生命世界分为三个域"的说法旁边看到卡尔·沃斯的名字。我们现在已经接受了这种分类方式。早上，疲惫的教授们会在大学生物学导论的课程上讲述这些知识，匆忙地一带而过，而台下昏昏欲睡的学生们也并不关心他们相对古生菌的演化地位。相反，他们更关心晚上该做什么，坐在前面的那个长发女孩是谁，以及为什么教授在连续的三个讲座中都穿着同样的衬衫。但我们不必对此感到困惑。沃斯的结果是正确的，也具有革命性。这只是因为我们迅速适应了曾经发生过的革命。地球围绕太阳运动的观点从现在看来已经并不起眼了。

如果换作他人在沃斯的位置，那他很可能就放弃了自己的观点。没有人支持沃斯，而且他还受到了很多人的排挤。如果他放弃了，我们可能依然会认为古生菌只不过是一种奇怪的细菌。幸运的是，沃斯并没有放弃，也没有退让。新的发现推动着他，让他继续为他那宏大的理论补充新的细节。而这也是我们能从历史中学到的一课：如果你提出了一个令人震惊的正确理论，不管发生什么，你都要坚持到它被世人接受的时候。你必须坚持下去，哪怕是你最好的朋友都在质疑你。（当然，这只在你是正确的时候才奏效。）沃斯知道他是正确的，最终人们都会同意他的观点。但如果他是错误的，他也可能会坚持下去，即使自己在被边缘化的道路上越走越远。

在大多数时候，沃斯对于过去的回忆都是苦涩的。现在，每当他提出新的理论，他都会变得比预想的更加强硬。在他开始了解不同类型的生物之间的关系后，他会很自信地说，动植物的演化史并不重要，其演化年代较晚，意义也不大。而这也让他面对着一个远比弄清犀牛和老鼠的关系，乃至古生菌和细菌的关系更难的问题，他想要详细了解几十亿年前第一批单细胞演化的细节。也正是对细胞起源的研究让沃斯的理论和林恩·马古利斯的理论得以交汇。这种交汇就像大部分科学家的会面一样——有点尴尬，并不直接，而且带有一点点被动攻击性。

对强有力的科学论断的第一反应应该是质疑。但那时，沃斯将生物分为三个域的想法已经得到了广泛支持。这确实是个强有力的论断，简单地说，古生菌确实是与众不同的。

看到古生菌和细菌的区别也需要一些想象力。假设一个古生菌细胞就是一座房子。和细菌一样，古生菌的形态也分杆形、螺旋形、叶形，甚至矩形。和细菌一样，古生菌也有细胞壁。细菌和古生菌也有同样的细胞结构：细胞质、核糖体之类的结构。这些"房子"总体看上去差不多，有着相似的墙壁、同样的房间和一个开阔的中心区域。再说二者的区别。二者最大的区别是房子的建筑材料，即砖、泥和树枝。古生菌和细菌中的脂肪是不同的，另外，糖和蛋白质也有所不同。一些古生菌的组分比起细菌更加接近真核生物，但其中更多的组分是独有的。可以说，这些房子的规格类似，但使用的建筑材料不同。在大多数情况下，古生菌的组分让它们更加顽强，能够更加适应高温、严寒和其他极端环境。几乎在所有存在生命的极端环境中都能找到古生菌的身影，而且为数不少。而在更加适宜生存的环境中，古生菌却较为稀少。似乎正是古生菌和其他细胞的区别让它们更加顽强，也更不活跃，不足以让它们在温和的环境中和其他物种竞争，它们的反应速度和细菌比起来就像乌龟和兔子一样。古生菌和细菌的区别似乎并没有多大，但已经远远大于人类细胞和草履虫细胞的差异。草履虫和人类身体中的几十亿个细胞非常相像。我们身体的各种功能，我们的手臂和器官、自我意识和运动能力，不过是这些细胞以新的方式排列在一起的结果。

沃斯以发现古生菌并注意到它们和其他生物的区别而闻名，但他也为重构生命之树做出了很大贡献。他为林恩·马古利斯的连续内共生学说，即通过共生形成新的生物，提供了一些最强力的支持。沃斯通过研究古生菌、细菌和真核生物的核糖体RNA重塑了生命之树。而且，由于核糖体RNA是生命的基础，它不只存在于我们的细胞和线粒体中，而且还存在于地球上其他所有生物体内，因而核糖体RNA可以为我们研究最早的生命形式提供最深层次的信息。如果马古利斯提出的"线粒体曾经是独立生活的自由微生物"的观点是正确的，那与我们细胞核中的核糖体RNA相比，线粒体中的核糖体RNA应该与其他微生物的更加接近。事实正是如此，而这也为马古利斯的理论提供了几乎无懈可击的证据。线粒体，乃至叶绿体，都可以很容易纳入沃斯的生命之树中，就和它们还是在地面上独立生活的微生物时一样。

虽然中心粒、纤毛和鞭毛的起源尚待验证，但马古利斯仍然坚持着她的观点，等待着新证据的出现，并继续着自己的研究。几乎所有人都在质疑她关于中心粒、鞭毛和纤毛起源的理论，但她仍然坚持着。很难相信，一位生物学家，即使是像马古利斯这样的生物学家，在其刚刚博士毕业的时候写的文章会是完全正确的。其中的一些细节可能是错误的，但里面的很多理论都已被证实，只剩下有关中心粒的理论还有待证明。此外，之前也没有人相信她，但历史

似乎总会证明她是正确的。除去有关中心粒起源的理论，有一件事
是可以确定的：我们的细胞起源于两种不同的古老世系，这一想法
并不是无稽之谈。这是一个重大的发现，它从根本上改变了我们对
细胞工作机制的认识。林恩·马古利斯拆分了我们的细胞，而卡
尔·沃斯则将所有的生命都分离开来。没有人再会把它们混为一
谈了。

9 海底的共生细胞

> 上帝创造世界已经过了这么多年，我们很难再发现有价值的未知大陆。
>
> ——西班牙皇家委员会，《拒绝哥伦布向西航行的提议》

人类从不缺乏创造力，至少西方的科学家是这样，他们在研究海洋的过程中极具创造力。对于早期的探险家和科学家来说，海洋的深处居住着美人鱼和食尸鬼。在1823年版的《大英百科全书》中，"海洋"这一词条是这样写的："超过了一定深度的海洋是不可探知的。"我们可以随便想象深海中有什么，毕竟这是无法验证的。海底的世界是我们看不见的、没有研究过的，充满了神秘的气息和无尽的可能性。

1841年，26岁的生态学家爱德华·福布斯（Edward Forbes）

开始了对爱琴海海底进行采样的探险。那时的福布斯小有名气，人们觉得他会活得很绚丽却会英年早逝。他的这次探险也是人类第一次对深海进行认真的、系统的研究。福布斯登上了英国皇家海军"灯塔号"，从船上将用绳索控制的帆布袋放到不同深度的海底，来收集样品。在1840年，人们仍然认为海洋深处是"不可探知"的，所以人们也不知道福布斯会发现什么。福布斯用了一生的时间来准备这次探险。从孩提时代，他便开始收集他在大自然中可以收集到的任何东西。他会"花上几个小时整理各种各样的东西，为它们分类，绘画，包括矿石、化石、贝壳、干燥的海草、篱笆上的花和死去的蝴蝶"。[1]他12岁时就已经在家里建立了一座自然博物馆。[2]等到"灯塔号"起航的时候，他早已准备就绪。

在拖捞网被拉上来后，他第一次真正看到了海底有什么。海底对他来说好像是"一系列的区域……每个区域都有自己独特的'居民'"。[3]随着采样的深度增加，海底的"居民"开始变得不同，也开始变得稀少。他现有的设备只能采集到230英寻[4]的深度，但在那个深度已经几乎没有生命存在了。他收集到的仅仅是冰冷、致密、毫无生气的东西。

福布斯在深海并没能发现很多生命，于是他开始怀疑他的采样设备是否有效（确实不是很有效）。他也怀疑爱琴海可能并不是一

---

① Anderson, T. R., and T. Rice. 2006. Deserts on the Sea Floor: Edward Forbes and His Azoic Hypothesis for a Lifeless Deep Ocean. *Endeavor* 30: 131–137.

② 福布斯没能从大学毕业，部分是因为他在收集上花掉了大量时间，耽误了学业。

③ Forbes, E. 1844. On the Light Thrown on Geology by Submarine Researches; Being the Substance of a Communication Made to the Royal Institution of Great Britain, Friday Evening, the 23rd February 1844. *Edinburgh New Philosophical Journal* 36: 319–327.

④ 230英寻约为420.624米。——译者

个物种丰富的海域（确实不是）。他可能怀疑了很多，然而最后，他依然提出了生命分布的新定律。基于他在230英寻的深海没能发现生命存在的"事实"，他断定不管是在爱琴海，还是在其他地方，海面300英寻之下将不会有生命存在。[1][2]

深海中不存在生命仅仅是一个简单的预测。这让美人鱼和海怪的传说不复存在，不过，那时的科学界也已经不再相信这个传说了。海洋深处不存在生命的观点是很直观的，而这种直观的观点一旦正式宣布，即使是错误的，也会很快被科学界乃至全社会接受。人们对这些观点深信不疑，因为它们似乎显而易见。就好比尽管有很多压倒性的反例，但我们仍很容易相信，如果外面很冷，我们出去就会患上感冒。我们也很容易相信，海洋深处是一片死寂。在一代人的时间里，曾经满是恶魔的海底在科学家的脑海中变成了寒冷、没有生命的深渊。就像挥动魔棒一般简单，福布斯将深海变成了不毛之地。[3]

当然，起初的时候也有质疑的声音。时常会有一些奇怪的东西浮出水面，或者被渔网和挖泥船拖上来，但这样的发现大部分都被

---

[1]　300英寻的深度大约为550米深，也就是1800英尺深。光线只能照到海面以下900英尺，光合作用也只能存在于这个范围。海水的温度在到达90～300英尺深的跃温层之前不断下降，在跃温层以下的海水温度似乎恒定为3℃。

[2]　Forbes, E. 1844 Report on the Mollusca and Radiata of the Aegean Sea, and on Their Distribution, Considered as Bearing on Geology. *Report of the British Association for the Advancement of Science for* 1843. 129–193.

[3]　福布斯犯了两方面的错误。第一，爱琴海是最贫瘠、物种多样性最少的海域之一，因而福布斯的推测是建立在并不具有代表性的样本基础上的。第二，也可能是更重要的，福布斯选择的采样方式过于粗放，因而错过了大部分生活在300英寻以下深度的生物。关于福布斯及其对人们看待深海生命的方式的影响，详见Anderson, T. R., and T. Rice. 2006. Deserts on the Sea Floor: Edward Forbes and His Azoic Hypothesis for a Lifeless Deep Ocean. *Endeavor* 30: 131–137.

忽略了。在海平面300英寻之下发现生物似乎很容易就被解释为例外，或是这些样本的取得方法有这样那样的问题，至少福布斯的信徒是这样认为的。"我们能看到的就是世界的全部"这个想法可能会让我们安心，不然该如何解释我们为何会如此轻易地接受了"世界上再没有什么等待发现的新事物"这个想法呢？

　　并不是所有人都相信深海是一片死寂。一些人认为，这样广阔的环境中不可能没有生命存在。[①]很快，质疑者开始探寻深海的生物，这个地球上最大的栖息地中的生命。再没有比推翻被科学界认为是公理的说法更有意思的工作了。一位苏格兰的博物学家查尔斯·威维尔-汤姆森（Charles Wyville-Thompson）致力于解决这个难题。毕竟这看上去是可以完美解决的。海平面300英寻以下或者有生命存在，或者空无一物。他在离欧洲海岸不远的海面上组织了一系列针对不同深度海底的打捞采样活动，先是在英国皇家海军"闪电号"上，后来是在英国皇家海军"箭猪号"上。他们在650英寻深的海下都发现了生命。但即使是这样，也并不是所有人都相信他的说法，或许，福布斯只是弄错了"无生带"的深度。[②]于是，威维尔-汤姆森想要从更多的海域，从海面下更深的地方取得样本。

　　随后，威维尔-汤姆森和领导了"闪电号"和"箭猪号"上的采样活动的、伦敦大学的威廉·本杰明·卡朋特（William Benjamin

---

① 福布斯的错误在此之前就已经被别人发现了。1818年，约翰·罗斯（John Ross）船长和他的船员们在加拿大东北部沿海的巴芬湾进行了采样。罗斯和船员们在深达600英寻的海下收集到了奇怪的蠕虫、海星等其他生物。然而，人们并不相信罗斯和他的船员们的说法，某种程度上是因为，除了海星和蠕虫，罗斯还提到了一座拦住了他的去路、实际上并不存在的山脉。

② 每当证明福布斯无生带理论是错误的发现出现时，当时的科学家总是会有各种各样的回应。比起承认福布斯的理论是完全错误的，随着海平面以下越来越深处的样本被发现，将无生带的位置一点点向更深处移动显得容易很多。

Carpenter）以及其他四位科学家踏上了新的征途。他们拿到的样品已经证明了福布斯是错误的。很快，威维尔-汤姆森开始相信深海"是博物学家的应允之地，是唯一还有着无尽的、令人无比好奇的新奇事物等待着我们去发现的地方"。[①]威维尔-汤姆森和卡朋特想要证明福布斯的无生带假说是错误的，但更多地，他们仅仅是对发现的过程感到兴奋。每次撒下拖捞网的过程总是伴随着发现全新生命的可能性，因而他们当然也想在海下更深处探索。

威维尔-汤姆森和卡朋特想进行一次彻底的搜查。在1873年冬天，卡朋特和威维尔-汤姆森登上了科考船——英国皇家海军"挑战者号"离开了英格兰海岸。"挑战者号"是有史以来最适合在海上进行生物学研究的科考船。船上装着特殊的绞车、足够从佛罗里达拉到北卡罗来纳的绳子、二百个船员，以及数量多到难以想象的罐子、烧瓶和分拣箱。"要不成就一番大事，要不回家"是他们的座右铭。可以想象，在这次伟大的探险中，他们可能会在海底找不到任何东西。当他们登船出发时，岸上很多人心目中的深海就和现在我们心目中的太空差不多：黑暗、毫无生机，而且到达那里的人也是十分孤独的。福布斯的一些聪明的信徒则在祈祷"挑战者号"的探险会失败。

"挑战者号"在1876年5月21日，也就是他们离港出发三年之后回到了斯皮特海德，满载着生命：2270个罐子、1749个瓶子、1860个玻璃试管，里面装着会发光的鱼、珊瑚、螃蟹、蠕虫和许多其他

---

① Carpenter, J., and J. G. Jeffreys. 1870–1871. Report on Deep-Sea Researches Carried on during the Months of July, August, and September 1870, in H. M. Surveying-Ship 'Porcupine'. *Proceedings of the Royal Society of London* 19: 145–221.

生物。①②他们环游了世界，在全世界的海域里都采了样。深海并不是一片荒芜。总而言之，这次考察收集到了几千个物种，其中多达4700个物种都是新物种。里面有盲鱼，眼睛为柄状的鱼，带着发光黏液的鱼，长着功能未知的器官的鱼，等等。而里面的无脊椎动物则"多到令人尴尬"，各种各样、千奇百怪的生物让人们觉得简直是苏斯博士（Dr. Seuss）③创造的角色，而不是真实的生物。里面有像纸一样薄的海螺，也就是一种新的涡螺（*Guivillea*），还有漂亮的沃氏拟日月贝（*Pecten Watoni*），等等等等。④几乎每次打捞他们都会发现新物种，很显然，他们在旅程结束时也没能搜集到他们能发现的所有物种。如果我们把生命所在的地方看作是生命维度的边界，"挑战者号"的这次远征无疑拓展了生命的维度。他们搜集到的最深的样本来自深达2500英寻也就是15000英尺深的地方，并不是福布斯预测的300英寻。

威维尔-汤姆森、卡朋特和他的同事们似乎很好地证明了深海中存在着生命，与此同时，他们还发现了地球上最大的生物栖息地，一片在几年前还被认为不存在生命的地方。因为海洋的面积很大，他们的工作极大地拓展了生物圈（也就是地球上有生命的地方）的范围。⑤但卡朋特，以及其他人也很容易犯福布斯那样的错误。他

---

① 这还不包括他们之前从百慕大、哈利法克斯、开普敦、悉尼和日本等地送回来的大量样品。

② 1884. The Exploring Voyage of the Challenger Source. *Science* 3: 576–580.

③ 希奥多·苏斯·盖索（Theodor Seuss Geisel），较常使用苏斯博士（Dr. Seuss）为笔名。是美国著名的作家及漫画家，以儿童绘本最出名。——译者

④ 1885. Work of the Challenger Expedition.—II. From a Zoological Stand-Point Source: *Science* 6: 54–56.

⑤ 生命存在于海洋的每个角落这个结论是很重要的。如果海洋中遍布生命，那么生物圈的99%都将是海水。

在关于"挑战者号"远征的书的结尾写道："有充足的理由相信深海有两个生物带。一个靠近海面，另一个靠近海底，而中间一片较大的区域则几乎完全不存在较大的动物。"他认为海洋的大部分区域，即中间地带是一片死寂。他并没有否认海洋生物学中的无生带，他只是将它们从海底移到了中间。

除了认为海洋中间是无生带，卡朋特还做了其他的预测。其中之一是解释他和"挑战者号"上的科学家在海底发现的生物是如何在没有光进行光合作用的条件下生存下来的。卡朋特认为，海底的生物是靠捕食从上面有光的地方沉下来的尸体活下来的。海洋摄影师将这种沉下去的尸体称为"海洋雪"。①他觉得他捕捞到的生物是海底的清洁工，是海洋的送葬者，严酷、无色而又奇形怪状。深海的生命可能比福布斯想象的更为多样，但可以肯定的是，这种多样性也是光合作用的结果。和无生带假说一样，这个想法也被证明是过于主观，而且是错误的。

在"挑战者号"完成远征后的很长时间内，认为海底几乎没有生命的观点依然存在。没有人再说那里是无生带，但人们往往认为那里是一片沙漠，是生物学上的空白，而且环境很恶劣——并不是没有生机，但也不算富饶。在20世纪60年代，在"挑战者号"回港将近一百年后，一系列文章接二连三地发表，这些文章提出，12000英尺（2000英寻）以下海底的生命远比我们想象得丰富。但这些文章并没有立即引起人们的重视。当地质学家使用潜艇探测海底时，

① 据估计，海洋雪的"降雪量"每年可达1000米，远大于雪、冰雹和雨水的总和。大部分有机物都在地表水中被消耗并循环，但也有一些沉到了很多英里深的海下。

他们仍然认为自己会发现一片荒漠。他们觉得如果在深海有大发现的话，也只是地质学方面的发现。

在20世纪60年代以及70年代初，板块构造学说最终得到了人们的承认。而伴随着这种认可，人们也需要更清楚地知道海底是什么样的。海底是理解板块移动的重要部分。板块构造学说是有争议的，而这些争议也很令人兴奋。仍有一些科学家质疑板块漂移是否真的存在，大部分教科书也只是说板块构造学说是几种理论中的一种。有质疑者指出该理论对海底水温的预测存在模糊之处。早在1965年，就有模型预测正在分离的板块间的洋中脊处会有海底热泉或者是喷口，但这些始终没有被发现。如果人们能够找到它们，那对于这一理论无疑会有重大意义。

就在这种情况下，1977年2月，在加拉帕戈斯群岛北部340公里的地方，（至少在水平距离上）离达尔文研究地雀不远的地方，一场科考活动就此展开。科考队在巴拿马运河集合，并为此做好了准备。其中有地质学家和地球物理学家，但（显然）没有生物学家。[①]他们登上了两艘科考船，"诺尔号"和"露露号"，并为前方可能会遇到的一切困难做足了准备。船上还装备有"阿尔文号"潜水艇，还有一个无人机ANGUS，用于在海底进行拍照。二者都会被充分利用。福布斯用布袋在250英寻深的海域打捞，而这支科考队将乘坐潜水艇深入一英里（880英寻）以下的深海中。

---

① 船上有30位科学家，但1977年的这次科考主要负责人是杰瑞·范·安德尔（Jerry van Andel）、鲍勃·巴拉德（Bob Ballard）、杰克·科利斯（Jack Corliss）、杰克·戴蒙德（Jack Dymond）、约翰·埃德蒙（John Edmond）、路易斯·戈登（Louis Gordon）、迪克·冯·赫尔岑（Dick Von Herzen）和大卫·威廉姆斯（David Williams）。

他们的任务是在海底正在分离的板块间的洋中脊处寻找喷口，他们迫切希望找到这些只存在于理论中和轶闻中的热泉，而且先前的观测结果表明它们可能真的存在。这是一个十分昂贵的任务，而且有很多问题等待着他们去寻找答案。不过也有一些吉兆。1976年，在一次使用无人潜艇的科考中，一些科学家已经在这一海域监测到了异常的热量并观察到了"喷口状的结构"。[①]但还是没人知道他们会发现什么。海底无边无际，而且几乎每一寸都没有人研究过。在科考开始时，人们对月球表面的了解都比海底多。

他们从喷口可能出现的热点区域开始搜索。为了找到这些热点区域，他们将被称为"绳子上的笨蛋"的无人机ANGUS挂在"诺尔号"上，将其沉入9000英尺（1500英寻）深的水下。2月15日清晨，"诺尔号"在缓慢航行，科学家们则在等着ANGUS找到热点区域。如果喷口并不存在，这样的等待将会持续这次科考全程。但快到午夜的时候，他们在海下发现了一片温暖的海域。找到了？他们继续在那片海域游弋，直到ANGUS携带的胶卷全部用完，然后他们取回了ANGUS，通过胶卷查看ANGUS在那片温暖的海域看到了什么。他们把胶片冲洗出来后，发现了十分奇怪的东西——蚌壳。这些蚌壳的出现并不合逻辑。也许它们是从上面沉下来的？是不是上面有船员在吃蚌？

两位科学家，杰瑞·范·安德尔（Tjeery ["Jerry"] van Andel）和杰克·科利斯，和驾驶员杰克·唐纳利（Jack Donnelly）一起登上了"阿尔文号"潜艇，前往后来被称作"海滨

---

① 其中之一是凯西·克兰（Kathy Krane），她也参加了1977年的科考并绘制了寻找喷口的地图。

野宴"（Clambake）①的地方。所有人都对他们可能发现的东西感到十分兴奋。不到半小时，范·安德尔和科利斯就找到了喷口。那些喷口在温暖的海水中闪闪发光，比预期的更加令人惊讶。②洋流穿过沉积层和岩石层流入海底内部，在那里，洋流的温度逐渐升高，经由穿过沉积的热矿石的深海热液喷口涌出。这是多年以来，或者按一些人的说法，数十年来最重要的地质学发现之一。还有人会夸张地说："这是几个世纪以来最重要的发现。"不过，这些喷口并不是他们最重要的发现。

重要的发现接踵而至，"阿尔文号"的船员发现了之前照片上出现的蚌。蚌的数量很多，而且都是活的。科利斯在无线电中说这就像是"海滨野宴"一样。然后他又在无线电中说："深海不是应该像沙漠一样吗？……好吧，这下面全都是蚌。"当然，他发现的不只有蚌。

透过"阿尔文号"的舷窗，三个人看到了两英尺长的蛤蜊、螃蟹等等。在之后的几次潜水中，他们又看到了橘红色和红色的缘虫，很有意思。但在第一次潜水中，他们便已确认，在人们认为不存在生命的地方实际上是一片欣欣向荣。杰瑞·范·安德尔在向舷窗外看的时候，看到了一条鱼。这条鱼有着"大大的圆形玫瑰色脸，也许还有两只手，径直"朝着他所在的舷窗游来。他们"没办法甩掉它，驾驶'阿尔文号'转向并重新启航之后依然无法甩掉它"。它始终在舷窗那里，就像生命的灯塔一样。尽管科学家们都

---

① "Clambake"一词指以烤蚌为主的室外宴会，海滨野宴。——译者
② 在后来的一次科考中，另一种喷口——"黑烟囱"（black smokers）也被发现了。黑烟囱中的温度高达380 ℃，足以熔化"阿尔文号"上的温度计，也足以熔化"阿尔文号"本身。当然，这点他们在驶向"黑烟囱"时并不知道。

要亲自看上一眼才会"相信"，然而海底的生命已经现身了，很多问题也都有了答案。当然，仍有些问题悬而未决。尽管人们在喷口周围发现了生命，而且后来证实，那里每寸地方中的生命几乎比地球上其他任何地方的都多，但那里存在生命的原因仍然不得而知。几百年来，我们认为"动物以植物为食"是这个世界的法则，但这些喷口周围既没有绿色的树木，又没有类似的浮游植物。即使是海洋中十分常见的、沉下来的尸体也很难到达喷口所在的深度。人们的第一反应往往是说喷口附近的温度比周围海域更高，依靠从上层沉下来的东西生存的生物则在这个温暖的地方聚集。[①]

重大的生物学发现姗姗来迟，一定程度上是因为1977年的这次科考没有生物学家参与。还有一部分原因是，科考队确信他们探索的区域不会有生命存在，因而没有携带用于收集生物样本的设备。范·安德尔后来说，只有他和有生物学学位的厨师是当时从最开始就对喷口附近的生命感兴趣的人。范·安德尔在发现了喷口处的生命之后，"并没有对热泉本身产生任何兴趣"。他知道那里的生命才是更大的发现。后来，其他人也会明白这一点，但这取决于你相信谁的报告，而不是最初的观察结果。这支科考队在水下的时间有限，而且有很多东西要探索，因为他们都是地质学家和地质化学家，所以他们做了理所当然的事——他们带着极大的热情研究了那些热泉，这些热泉后来被命名为深海热液喷口。

当这些潜水活动结束时，他们只收集了喷口附近的几种生物样品，而这些样品几乎都是之前没人发现过的新物种。他们带回来的

---

① Lonsdale, P. 1977. Clustering of Suspension-feeding Macrobenthos near Abyssal Hydrothermal Vents at Oceanic Spreading Centers. *Deep-Sea Research* 24: 857–863.

是几个装满喷口附近海水的小瓶，里面有"前庭动物、蛤蜊和铠甲虾"。[1][2]当岸上的生物学家得知这一发现后，他们通过无线电要求"诺尔号"立即返回那片海域去收集更多生物，然而"诺尔号"并没有回去。很快，在两年后人们便再度组织科考队重返那片海域，届时便会有充足的时间收集各种生物。目前，是这群地质学家依靠笨拙的"阿尔文号"，发现了生命的新纪元。

越来越多的科考追随着他们的脚步。自从在深海喷口发现新生物后，每两周都会有一个来自喷口的新物种被命名。就像其他新事物一样，一旦找到了一个切入点，就会有很多东西需要去探索和记录。而其中最直接的问题就是喷口处的生命是如何生存的。如此密集的生命不可能只靠缓慢沉下的尸体生存——这些远远不够。而其他的生存方式还没有被立即发现。但是，当一瓶来自喷口的水在"诺尔号"上的实验室打开的时候，所有人都开始觉得恶心，赶紧跑去打开了窗户。这份样品闻上去像硫化氢，而这也是一个线索。

深海热液喷口的发现仅仅是一个开端，而喷口附近的生物依靠什么生存的问题依然悬而未决。探险家们仿佛发现了一座失落的生命金字塔，现在轮到生物学家在实验室里去寻找这些深海"城市"的"建筑工人"了。如果说喷口存在生命是很令人惊讶的，那这份惊讶很大程度上源于那里的条件通常被认为是不适合生存的——过冷、过热、压力过大或是资源过于贫乏。福布斯那"海底是一片死

---

[1]　他们立刻给岸上的生物学家发送信息，询问他们发现的新事物是什么，该收集些什么，以及更宽泛的，这些是有趣的东西吗？很显然，是的。

[2]　Fred Grassle, quoted in Kusek, K. M. 2007. Through the Porthole 30 Years Ago. *Oceanography* 20: 137–141.

寂"的预言显然是错的。现在，科学家们想要弄清楚海底存在生命的原因。这份工作很大程度上是由伍兹·霍尔海洋学研究所的两位微生物学家卡尔·维尔森（Carl Wirsen）和霍尔格·扬纳施（Holger Jannasch）完成的，正是他们二人使我们形成了对神秘的海底世界的认知。多年来，扬纳施和维尔森在很多项目上展开了合作。他们都认为微生物的世界远比我们认为的更加广大，更加有趣，也更加复杂。就像他们科研生涯中的很多重要时刻一样，他们在"阿尔文号"带着标本返航的时候，已经为之后的发现做好了准备。

"阿尔文号"母舰上的地质学家试图推测出深海喷口的生命究竟以什么为食，尽管他们几乎毫无生物学背景。他们发现即使离喷口仅仅几米远的地方都没有生命存在，这似乎暗示着，不管这些生命以什么为生，它们赖以为生的东西都来自喷口。有人开始推测这可能和硫有关，也有人坚持认为是那里温暖的环境孕育了生命。扬纳施刚刚和乔恩·塔特尔（Jon Tuttle）一起证明了微生物可以在系在海底的、含硫（硫代硫酸盐）的血清瓶中生长。[1]他们的结果表明，在深海里存在靠硫生存的微生物，但它们的丰度以及它们和深海喷口的关系仍未可知。[2]对于扬纳施和维尔森来说，深海喷口很可能就是他们假设中的那个地方——在那里，生产者利用地球的化学物质而不是太阳产生能量。在1977年3月，甚至在"诺尔号"抵港之前，扬纳施就已经在一次采访中提到，"阿尔文号"上的科学家发

---

[1]　Tuttle, J. H., and H. W. Jannasch. 1976. Microbial Utilization of Thiosulfate in the Deep Sea. *Limnology and Oceanography* 21: 697–700.

[2]　虽然是使用硫酸盐而不是硫化氢作为能量来源。

现的生命是一类靠硫化氢生活的新生命。[①]如果他是正确的，那我们关于生命能在地球和地球之外哪些环境中生存的基本假设可能都是错的。

为了验证他们的想法，扬纳施和维尔森需要来自喷口的样本。如果想让其他生物学家相信喷口处的生命不靠光合作用生存，他们还需要更多更有力的数据。[②]因为首次科考的目的并不是发现新生命，因而关于微生物群落的样本并不多，但这些样本已经初步证明了硫细菌的存在。1979年1月，他们组织了一次新的科考，而这次他们带了更多的瓶子，比上次多了几千个。

利用1979年科考带回的样本，扬纳施和维尔森观察了喷口中和喷口周围微生物的活动。他们做了很多的观察工作，试图为他们最初的推断寻找证据。喷口处的生命不是依靠太阳带来的能量生存，而是依靠喷口释放的化学物质生存。这些化学物质中包括硫化氢，而且随着研究的深入，还有很多其他化学物质被发现。这是人类发现的第一个几乎完全依靠地球自身能量生存的生态系统。[③]微生物以化学物质以及其他很多东西"为食"，并通过各种复杂的方式依靠这些物质生存。这是一个几乎不依靠太阳的世界，就算太阳不复存在，这个海底的世界可能仍能存在，或者至少存在一段时间。[④]它们可能已经存在了几亿甚至几十亿年。事实上，这些深海喷口的生

---

①　部分引自1977. Research Dives Probe the Galapagos Rift Source. *Science News* 111: 182–183。部分引自卡尔·维尔森2008年4月的邮件讨论。

②　来自卡尔·维尔森2008年4月的邮件讨论。

③　在19世纪末，微生物学家在沼泽等地就已经发现了化能自养生物，但这些微生物使用的硫化氢最终还是来自光合作用产生的有机物。

④　大部分微生物代谢硫化氢的过程需要氧气的参与。在地球上，氧气完全来自于初级生产者——植物和浮游植物。失去了海水中溶解的含量极低的氧气，很多深海微生物都无法生存。然而，"也并不是全部"微生物都无法生存。

命的历史可能比现在的光合作用系统的历史更为悠久。在光合作用出现之前，所有生命都依靠化学能生存——来自地球的能量。这些喷口从某种意义上说像是通向过去的窗口。不久之后，甚至有人提出，深海喷口可能是最早出现生命的地方。在几年的时间里，深海从月球般的不毛之地变成了孕育生命的摇篮。

随着深海喷口的第一个谜团，也就是"生产者是什么"被解开，新的谜团接踵而至。管虫，包括管虫属（*Riftia*）的各种生物，是大多数喷口中数量最多的生物。但当人们深入研究管虫时，人们发现它们没有口、肛门和消化道。无怪乎人们会觉得关于喷口周围生物群落的所有故事都是编造的，和深海热液喷口有关的一切都是这么离奇。随后，一个叫科琳·卡瓦诺（Colleen Cavanaugh）的研究生发现，这些管虫有一种叫作营养体（trophosome）的器官，在这些营养体中生活着微生物。营养体的环境很适合这些微生物繁殖，这些微生物则为管虫提供有机物作为回报——这些微生物用从硫化氢中获得的能量将二氧化碳转化为可利用的碳。在深海喷口群落的中心存在着这样一种共生关系，这种共生从某种程度上使得动物能在此处聚集，又为微生物提供了更好的生存环境——微生物似乎更加倾向于聚集在管虫所在的地方。

这些管虫和树木很相似，只是它们的能量来源不是太阳，而是地球及其产生的化学物质。叶绿体则被利用硫化氢产生能量的微生物取代。管虫用它们叶片般的长鳃收集它们周围的能量。它们的鳃中含有特殊的血红蛋白，这种血红蛋白既能运输硫化氢，又能运输氧气。硫化氢是微生物的能量来源，而微生物和管虫也都需要氧气。从某种意义上说，管虫就像是另一个宇宙的生命。曾经有人设想过，如果管虫及其共生的微生物一起取代树木成为地球上的主要生产者，那会发生什么？还有人意识到，不管是在营养体里，还是在其他地方，都是那些微生物在真正获取能量，它们就像细胞中的叶绿体一样。喷口处的大部分初级生产者，可能多达90%都是这些共生的微生物和它们的宿主。那些巨大的蚌和喷口处的其他生物也是这些微生物的宿主。①这里仿佛是林恩·马古利斯梦想中的世界——一个所有生命都依靠共生生存的地方。生机勃勃的管虫仿佛在炫耀般地舞动着血红的鳃，一切都是现实，一切都欣欣向荣。

本应该没有生命存在的深海喷口成了生命的温床，但当科学家进一步研究这一新的生命栖息地时，这里的生命似乎又一次变得不应该存在。深海喷口以及"黑烟囱"处的温度最高可达380 ℃，足以熔化潜艇和所有生命。鱼类可以耐受的最高温度是38 ℃，而植物可以耐受的最高温度是45 ℃，巴氏灭菌法则基于所有生命都会在80 ℃被杀死这一常识。但深海喷口周围的群落则有更多的秘密。那些生命的生存环境尽管不是喷口周围温度最高的地方，但那里的温度也远比预测的高。生活在喷口周围的微生物可能是世界上最耐热的生命之一了。它们能在高达121 ℃的地方生活，而它们那令人惊讶的耐受力似乎预示着还会有更多的新发现。如果生命可以耐受这样的温度，那它们还能耐受其他的极端条件吗？有这样强耐受力的生物很多是古生菌。卡尔·沃斯发现的这类分类地位还不很清楚的生命似乎存在于生命可能存在的每个地方。人们说卡尔·沃斯发现古生

---

① 在海洋的其他地方也发现了其他拥有营养体的管虫，它们不只存在于深海喷口。我们观察得越多，就越会发现生命千奇百怪而又无处不在。

菌就像是"让一片大陆从海里浮起"，但真正属于卡尔·沃斯和林恩·马古利斯的世界都坐落于海底。①

在深海发现的噬热古生菌极大地改变了沃斯的生活，这也使得他的故事变得更为复杂。基因测序（例如包括人类基因组测序）专家克莱格·文特尔（Craig Venter）和沃斯一起开始给一种深海古生菌——詹氏甲烷球菌（*Methanocaldococcus jannaschii*）测序。这种菌以霍尔格·扬纳施的名字命名②，而所谓测序，即解码构成其DNA的每个碱基。对于沃斯来说，这是个好消息。他希望这个项目可以帮助他发现古生菌和细菌以及真核生物的区别到底有多大。而且，这也是对沃斯多年工作的莫大肯定，尽管沃斯不再需要这种肯定了，但他仍对此十分高兴。

詹氏甲烷球菌的基因组测序完成之后，人们发现它的基因组和之前进行过测序的细菌完全不同，二者的区别甚至比沃斯预计的还要大。盛大的日子终于来临，这天，媒体将宣布最终的结果，而这也让人们想起了《纽约时报》那篇文章发表的那天。人们希望这将彻底证明沃斯是正确的，然而这份荣耀却被文特尔抢去了。沃斯的视频连接信号并不好，文特尔也告诉他不要讲太多话。于是，那一天变成了属于文特尔的一天。他宣布"第一次证实古生菌和其他生物大不相同"。而《纽约时报》的文章也仅仅简单提及沃斯是这篇文章的合作者。但与此同时，这些海底小生命的故事还远未结束。

———————————

① Günter Wächterschäuser, quoted in Morell, V. 1997. Microbiology's Scarred Revolutionary. *Science* 276: 699–702.

② 詹氏甲烷球菌是一个很可爱的物种。在卡尔·沃斯文章的显微照片中，它那如头发般长长的鞭毛，从细胞的一端倾泻而下。人们往往会注意到，这种古生菌和霍尔格·扬纳施有些微的相似：扬纳施在一些照片中有一头浓密的长发，总是随风飘扬着。我们可以想象得到扬纳施可能会对这种相似之处很高兴。

10　起源的故事

　　我家孩子预产期的前一天，我还一直在思考着生命诞生的不可思议，觉得生命诞生就像一座黏土雕像从另一座身上剥离下来一样。我看着妻子酣睡着。她的心脏每搏动一次，胎儿的心脏便会搏动两次，似乎自古以来一直如此。在旁边等待的时候，我轻抚着妻子。与此同时，大概也是在安慰我自己，我想到了一个更为宏大的故事，似乎是之前数百万次生命的诞生最终促成了我家孩子的诞生。我家孩子是长时间演化的结果，就像一只变形虫分裂出另一种变形虫那样，其演化过程可以追溯到我们栖息在树上的祖先，或者更远一些到类似狗的四足生物，到鱼类，到鳗鱼，甚至是到第一个细胞。她经历了从细菌到之后的鱼类，到早期哺乳动物，到猴子，最终在经历了一些艰难的演化环节之后成为人类，是这一系列演化过程的终点。明显我们就是这样。如果鱼也是这样呢……然后我意识到后面这句话我可能不小心大声说出来了，因为我的妻子看了我一眼，强调说我不该拿怀孕的女子和鱼作比较。

不久之后，我的妻子就临产了。我们开车火速赶往医院。我和岳母都需要镇定剂平复一下心情，然而并没有镇定剂给我们。在病房里，护士们拖着疲惫的身躯在一个个像细胞一样的房间中穿梭。电脑屏幕显示七号房的产妇生下了孩子，我听到护士们拖着沉重的步伐走进七号房，说着她们的建议。"你应该让婴儿平躺着睡觉，"她们告诉孩子的母亲，"在这里签名，证明你已经知道这些了。给她剪一下指甲。像这样用襁褓裹紧她。如果有什么需求，请立即叫我们。在这里签名。你哪儿疼吗？来，我告诉你怎么尿尿，怎么站起来，怎么走路，怎么给她喂奶。你们给她起名字了吗？我们需要写上她的名字……"

时间靠着一台一直没有人想着关掉的电视机记录。早上，在《奥普拉脱口秀》播出前的某个时刻，我们的孩子终于出生了——让我感到不可思议的是，她是活着的。我们那孕育了这么久的孩子在呼吸着空气。没有人想着去查看是男孩还是女孩，很长时间内似乎大家都屏住了呼吸，只剩下她在呼吸。

最后，我们的女儿被送到了妻子手上。送到她手上的好像是一群活着的，外形像婴儿一样的细胞，正是这群细胞组成了那个依靠夹在脐带上的金属夹和她分开的小生命。我的妻子，也可能是另一个人，给她取了"奥利维亚"（Olivia）的名字。大概孩子的出生让妻子冲昏了头脑，她觉得我们应该举办一个仪式，为孩子起名，在树边舞蹈，并向世人宣告。她还觉得孩子的父亲也应该做些什么，但我却不知所措，不是因为恐惧或是恶心——这些感觉也没什么用处，而是因为这个不可思议的过程让我产生了一种难以名状的感觉。我的妻子莫妮卡，刚刚从她的体内分离出了一个新的生命，变成了两个生命。

在接下来的几周里，我们两个都想了很多事情，一些很深刻，另一些则有些可笑。在某一时刻，大概是有人为了庆祝孩子的出生带了半打啤酒来我家，我开始想象生命的历史就像是很多连在一起的香肠，联结它们的纽带就是出生和胚胎——这个香肠的比喻可能并不合适，因而我怀疑那个人带来的啤酒可能不止半打。用一串珍珠来打比方可能显得更精致些，但现在想想，那时的我因为持续一周睡眠不足，能用的比喻几乎都枯竭了。斯瓦默丹觉得他能在田螺体内看到更小的田螺，而这也是历史为我们提供的看待生命的角度。通过这些胚胎，我们能看到所有生命的最初形态。从这个角度来看，不管是香肠或是珍珠的比喻，还是斯瓦默丹观察的田螺，这些有关生命起源的故事，将我之前从未忽略过的两人——林恩·马古利斯和卡尔·沃斯联系了起来。

生命的诞生及其复杂性，就像是林恩·马古利斯的"黄油和面包"，是她赖以为生的手段。她经常思考单细胞生物的诞生和起源，觉得它们的繁殖方式有时与我们了解和喜爱的方式差不多，尽管并不完全相同。细胞的分裂就像是我的妻子在分娩时和我女儿的分离，也像是林恩·马古利斯和她女儿的分离。遗传物质在分裂的时候被均分为两份。这样的过程已经持续了亿万年，大部分世系发展成了更多的单细胞生物，其中的一个世系变成了我们。

从更深的层次、更有趣的角度来说，在生命起源这个问题上，林恩·马古利斯和卡尔·沃斯就像是被生命诞生过程震惊到的助产士。在这里回顾分娩的过程是十分有必要的。婴儿产生的机制似乎十分简单。大家对这个过程都有点了解，但让我来为这个故事补充一些被忽视的细节吧。我们可能认为婴儿是由精子和卵子结合产生的，其遗传物质也是一半来自于精子，一半来自于卵子。从某些层面上说确实是这样，但从另一些层面上说并不尽然。我女儿的染色体，她的细胞核中的DNA，一半来自我，一半来自我的妻子。这些染色体聚集在一起，可能通过某些并不民主的方式选择表达一些基因。例如，我的女儿就表现为蓝色的眼睛，卷发，以及不知道是什么复杂的遗传机制带给她的固执。然而，这些染色体仅仅是故事的一部分。奥利维亚继承的细胞质，也就是她细胞中的"海洋"，完全来自我的妻子，细胞质中的线粒体也全部来自她。如果说线粒体和细胞质对我们会变成什么样很重要（至少看上去是这样），那相比于我，我们的女儿更加接近我的妻子。事实上，每个新生儿，或者说几乎所有新生的动物，比起父亲来都更加接近母亲。除了那些奇奇怪怪的例外——那些该死的昆虫。

林恩·马古利斯的连续内共生学说说明了一个问题，或者至少说是给我们提供了一种理解问题的方式，那就是，我们细胞中的线粒体仍然是一种独立的演化单位。线粒体仅仅由母亲遗传给孩子，带着很多属于它们自身的重要而古老的基因，但也丢掉了很多它们在细胞外生存所需的基因——很可能是几千种基因。在黑暗中生活了数百万年的穴居鱼逐渐失去了发育出眼睛所需的基因，线粒体也是如此，逐渐失去了很多基因，留下的仅仅是部分用于呼吸作用的基因①。我们的线粒体通过呼吸作用让我们得以生存下去。所有的线粒体都可以追溯到一个细胞被另一个细胞吞噬的瞬间，因而，所有的线粒体都残留有地球上第一个线粒体的印记。当然，这些残留就像是一把传了二十代的家传斧子。斧子的把手已经被更换了十次，斧头也已经被更换了五次，但这仍然是一把很古老的斧子。我女儿身体里的每个细胞从她出生的那一刻起也经历了一系列的分裂，包括线粒体的分裂，以及其他所有细胞组分的分裂。很难想象我妻子在怀孕时已经变成了两个不同的个体，同理，也很难想象我女儿，或者是我们每一个人体内某一天会存在两套基因，每套基因都有各自精巧的功能。我们的自我意识过于强大，因而很难接受这样的解构。总的来说，林恩·马古利斯的想法不管是在过去，还是在现在，都很难融入我们的日常生活。

我们细胞内部的不同组分已经给了我们关于人类演化故事的些许提示。现在，我们知道一种古老的古生菌吞噬了一种变形菌，但并没有将其降解，而是将其转变为线粒体。从那天起，两个世系的故事便纠缠在了一起。尽管我们的细胞核和线粒体讲述的是同一个故事，但是二者讲故事的方式却不尽相同。总的来说，它们的经历截然不同。

我们细胞核中的基因在每代人之间都会有一次混合，例如我妻子和我的基因就在我女儿的细胞核中完成了混合，但线粒体基因并没有这样的混合过程。每个精子都依靠线粒体提供能量，从而完成

---

① 让事情更加复杂的是，很多线粒体基因都被转移到细胞核中，使得二者的共生关系更加紧密。

受精，但精子的线粒体并没有进入卵细胞。如果我们从遗传的角度观察我们的女儿，我们可以从不同的角度看到不同的故事。我女儿的细胞核DNA来自我和我妻子DNA的混合，我们两人的DNA又是我们父母DNA的混合，而我们父母的DNA是我们父母的父母的DNA的混合。向前追溯五代人，我们就会发现我女儿的细胞核DNA至少综合了64个人的DNA，这些人和他们的故事遍布全世界每个不可思议的角落。如果追溯得足够远的话，最终可以追溯到人类起源时的那一小批人。但是如果追踪她的线粒体DNA，故事则会简单得多。她的线粒体DNA只会追溯到我的妻子，我妻子的母亲，我妻子的母亲的母亲等等。我们并不了解我妻子的外婆，但是奥利维亚的线粒体基因全部来自她。奥利维亚基因中包含的故事我们可能无从知晓，这些故事可能要追溯到北卡罗来纳，到密歇根，到内布拉斯加，甚至是我们只能靠猜测才能知道的地方。

我们每个人的故事都被深深地铭刻在线粒体中。这些故事可能会缺少一些战争或者爱情的细节，但通过这些故事，我们可以看到一出关于生命的好戏。我们可以从中得知，在非洲，人类的多样性最为丰富，至少从线粒体的角度分析是这样。离开非洲的仅仅是几个世系。其中一些去了欧洲，另一些去了亚洲，还有一些去了美洲。其他的世系则乘船，漂洋过海去了澳大利亚，去了太平洋上的岛屿，并继续远行。"人类的故事"是由我们的线粒体讲述的。这其实是一个微生物的演化故事，并没有被人类的日常生活埋没。

我们可以根据线粒体追溯到我们祖先居住在山洞的时代，那时我们只了解我们周围的动物，还会把它们的样子画到山洞的岩壁上。我们也可以根据线粒体追溯到更远的祖先，那时我们刚刚从树上下来，还没有形成语言，当被蛇吓到的时候只是指着它们，且没有对周边的物种加以细分。我们还可以追溯到我们还是猿猴的时代，追溯到我们还有着大大的眼睛，还是夜行动物的时代。我们甚至可以追溯到我们还是狗，还是鼠，还是两栖动物的时代。

林恩·马古利斯将人类解构为共生体，但我们也可以说，她的发现很大程度上要归功于卡尔·沃斯。以现在的技术重复沃斯多年的辛勤工作是简单而又省钱的。我们几乎可以在自己的地下室完成这样的工作。我们可以擦拭口腔内壁得到我们的细胞，将它们送出去进行测序。通过测序，我们可以得到我们的线粒体DNA甚至是核糖体RNA序列，并从中找到我们曾是人猿、松鼠、鱼类甚至是微生物的证据。一旦这些基因完成测序，我们可以将它们和其他生物的基因进行比对。你和我在生命之树上的位置可能离得很近，和所有脊椎动物一起挤在一个密集的树枝上。我们聚集在属于我们的树枝上，在演化的风中颤抖着，每个人都抱着自己的孩子。子子孙孙无穷匮，就像是枝条上的花蕾，年复一年地盛开着，花团锦簇，遮天蔽日。我们在这棵参天大树上是如此渺小，如此微不足道，讽刺的是，我们在日常生活中对其他生命的看法也是这样。在这棵生命之树上，沃斯和马古利斯的位置离我们也不远，可能仅仅是几英寸远。

沃斯和马古利斯一样，一直在工作，一直在大胆地前进着。余生，他计划通过核糖体RNA追寻生命的共同祖先，并确认最早吞噬线粒体的宿主就是古生菌。[①]

沃斯认为他已经能够清楚地看到生命早期的部分历史。对于他来说，他找到了马古利斯的理论（即线粒体和叶绿体通过共生演化

---

① 沃斯于2012年去世，享年84岁。——译者

而来）的一些证据，和他自己关于内共生起源学说（即宿主和被吞噬的微生物分别是什么）的一些证据。他看到了最初的吞噬，一个古生菌吞噬了另一个非古生菌的微生物，而这个被吞噬的微生物变成了线粒体。这个世系从此开始不断分化，并最终演化为地球上最主要的三个世系之一。林恩·马古利斯并不认同沃斯关于最初的宿主细胞的判断，她觉得我们可能不会知道最初的宿主细胞究竟是什么。从某种意义上说，这只是一个小小的争论，但很多人可能没有意识到，马古利斯、沃斯和其他人争论的恰恰是演化史上最重要的事件。我们都是由这次"消化不良"发育而来的。一个细胞吞噬了另一个细胞，但并没有将其完全降解。这样的过程一次又一次地出现。这种早期的"消化不良"造就了我们，我们的每个细胞可能包含了不止两个物种，可能还有更多，它们的基因在我们日常生活中不断复制，将它们各自的故事传递下去，只有马古利斯和沃斯这样的科学家，或者是宿主细胞本身才能解读出它们的故事。

马古利斯的连续内共生学说足以让她名垂青史，但线粒体起源于共生这一观点仅仅是她理论的一部分。她将共生更加泛化，将其推进到了理论崩溃的边缘，推进到了纯粹的猜测远多于事实的地步。在某种程度上，她这个更加宏大的想法不一定取决于内共生是否存在，而是取决于其是否符合我们对生命的理解。内共生学说，更确切地说，内共生起源学说，即新的世系是通过新的共生演化而来的观点现在已经被人们接受了。它已经从被边缘化的地位变成了我们对生命起源的标准看法。每本生物教科书都会用几段文字把它作为事实加以介绍，但在这些文字中，至少从马古利斯更为宽泛的观点来看，还是缺少了什么。

她将她的连续内共生学说看作演化过程中那些重大变化的原因。她认为这不只是人类细胞演化的方式，还是所有演化的核心方式。对于马古利斯来说，只有内共生起源学说才能解释新世系的起源，所有其他的理论，从达尔文、华莱士，到追随他们、正在疯狂竞争的科学家，他们的理论都是微不足道的。自然选择在不断地减少生命，而共生却在产生新的生命。

在我们的认知中，我们尚未接受"共生产生生命"这一观点。生物学家们接受了共生是线粒体和叶绿体的起源方式，然而并不承认共生的其他作用。马古利斯进入了美国国家科学院，并受到其他科学家的赞誉，但当她提出更加广泛的共生理论时，例如提出所有物种的分化都是由共生引起的，她依然被一些人嘲笑。很多人都觉得，她的疯狂想法已经足够多了。

共生和共生起源理论在演化中到底有多重要呢？我并不知道答案。我知道的是，如果马古利斯是正确的，我们将在修改教科书上花上更多时间，而不仅是给她再加上几个无用的头衔。科学界之所以反对她的观点，一部分原因是她的观点过于新颖，她这些极端的观点很可能是错误的。另外一部分原因则是，如果她那些极端的观点是正确的，那这将颠覆从林奈甚至更早的科学家以来建立的科学体系，将颠覆长久以来我们对自己的认知。

我们现在对于演化的主流观点依然是演化树，它的枝叶也变得更加繁盛和丰满。地衣让这个故事变得有些模糊，因为它们是藻类和真菌的混合体。它们的演化融合了两个物种独立的演化，使得整个故事变得盘根错节。在马古利斯关于世界的观点中，所有的演化树都可以追溯到这些交缠在一起的树根，而这些生命最深层次的历史，从某种意义上说既不可分割，又无法破解。

我们并没有准备好考虑这个关于我们的过去的故事，从某种意义上说，是因为我们没有办法清楚地追溯我们的每个世系。我们没办法像沃斯那样重构我们的生命之树的每个枝杈。在马古利斯看来，早期生命的故事是怎样的，取决于是从谁的角度讲述这个故事的，例如，是从线粒体还是从宿主细胞的角度讲述。但她也看到了更深层次的问题。越来越多的证据表明，这个故事比我们想象的更加复杂，基因交流不仅发生在细菌域和古生菌域内部，还频繁发生在域和域之间。微生物从周围环境中获得新的基因，获得来自于其他世系的基因。亟待解决的问题是，这样的交换频率是多少？这个频率是高到足够让我们无法看清生命的早期历史，还是仅仅让这段历史变得模糊，但仍然能够分辨出来？如果就像我们开始觉得的那样，很多基因都经过了交换，那不同的基因可能会有不同的演化树：每个基因都有自己关于生命早期历史的故事，每个故事从它的角度来看都是正确的。

共生和早期的基因交流使得我们对于个体的认知产生了怀疑。人类体内的共生使得人类不再是具有单一历史和单一身体的个体，而是多个个体的混合。我们可以轻松地想象出我们是由宿主细胞和起辅助作用的"细胞帮手"——或者说是奴隶，比如我们的线粒体——构成的。如果我们相信了马古利斯的故事，我们应该对线粒体心怀感恩，就像线粒体对我们一样。即使她的观点是错误的，我们也应该如此。没有了它们我们就不能生存。我们的每个组成部分都是独立的。我们之所以成为人类，之所以拥有独特的语言和想法，并不是来自于"真核细胞构成的我们"（eukaryotic self），而是来自于"由多种生命组合而成的我们"。同理，我怀孕的妻子从某种意义上说也是两个个体，每个个体的细胞都是由多种生命组合而成的。这并不是装腔作势的话，这是我们每个人都无法逃避的问题。

第四部分

其他的世界

11 放眼宇宙

一些天才被嘲笑并不意味着所有被嘲笑的人都是天才。

——卡尔·萨根

自从发现了我们人类的孤独之后，我们便有了想要在宇宙中发现其他生命的想法。公元前4世纪的古希腊哲学家美特若多若（Metrodorus）提出，"认为地球是浩瀚的宇宙中唯一适合生命生存的星球是很荒谬的，就像认为整片田地中的小米只有一粒种子会发芽一样"。[①]从很早开始，火星就是我们探索外星生命的目标，就像一颗可能会生根发芽并孕育果实的种子一样。它总是在夜空中闪耀，显得那样特殊。当我们开始用望远镜观察它的时候，它和我们

---

① 引自Drake, F., and D. Sobel 1992. *The Scientific Search for Extraterrestrial Intelligence*. New York: Delacorte Press。

的距离似乎更近了，而且看上去也和地球十分相像。

在火星上寻找生命的故事，主要是男孩和男人想要摆脱孤单的故事。在19世纪30年代末的某个时刻，乔凡尼·斯基亚帕雷利（Giovanni Schiaparelli）还是一个小孩子，他那与宇宙相伴、与火星相伴的一生开始了。有一天深夜，他在向父亲学习星座的知识，这时，几颗坠落的星辰划过了夜空。他问他的父亲那些坠落的星辰是什么。他的父亲不知道答案，没有人知道答案，而这也让他"对于一些宏大而又令人敬畏的事物有了一些朦胧而又困惑的感觉"。他的想象力已经被"空间和时间的广阔所唤醒"了。

30年后，斯基亚帕雷利证明，那些坠落的星辰是流星。在人类历史上，他第一次将流星和彗星的运行轨道联系在一起。事实上，斯基亚帕雷利之后还有许多发现。1877年，他在意大利布雷拉宫天文台使用望远镜观察一个双星系统，在休息时，他观察了火星。他本不想对火星进行长时间观测，但是火星吸引了他的注意。大自然的绚丽鼓舞了他研究的热情，一周后，他决定对火星表面进行有史以来最全面的研究。他拒绝了咖啡、酒精和"一切会干扰神经系统的东西"，专注于手头的工作。在这样的清醒中，他用了很多年的时间描绘了这颗行星表面的每一道沟壑，直到他随着年龄的增长再也看不清火星的表面。

1877年，斯基亚帕雷利42岁，从那年起，他开始观测火星。那时火星和地球的距离是最近的，只有3500万英里。[①]当火星处于近地点时，它的大小看上去是处于远地点位置时的三倍。在1877年观察

---

① 与此同时，阿萨夫·霍尔（Asaph Hall，美国天文学家）发现了火星的两颗卫星。火星的近地点位置约每隔15年出现一次。

火星时，斯基亚帕雷利看到了其他天文学家没有发现的许多特征。他为他看到的特征命名，为想象中的海洋和山脉、山谷和裂谷命名。从某种意义上说，斯基亚帕雷利就像是用望远镜的哥伦布。他并不是第一个发现新世界的人，但他是给这个新世界命名的人。

斯基亚帕雷利的望远镜并不能让他看清他描绘的所有东西，但就像列文虎克在观察微生物时做的那样，他利用自己的想象填补了一些空白。想要填补这些空白有时需要良好的视力和洞察力。起初，斯基亚帕雷利在描述他观察到的火星地貌时并没有进行推测，只是按照惯例将较低的地方标记为"海洋"，较高的地方标记为"陆地"。斯基亚帕雷利也标出了一些"通道"（canali），"通道"指的是那些连接了火星表面阴暗部，同样较暗的线条。"通道"这个词看起来似乎不需要翻译，但还是需要一些解释。

"通道"这个词从意大利语直译过来是"通道"（channel）的意思，指的是水流过留下的痕迹。但是，人们觉得这个词看上去很像英语里面的"运河"（canal），即人为开凿的河道。在这两种表达中，"火星上的运河"，意味着火星上有能够建造运河的生命，听上去无疑更加令人兴奋。在对于其他世界的观测结果尚不明朗时，我们往往会看到我们希望看到的东西。而从斯基亚帕雷利描绘的关于火星的图景中，我们可能会想象出上面存在生命。

一些科学家直接从斯基亚帕雷利的工作得到了启发。而对于其他科学家来说，有关火星地理形态的消息是间接得到的，比如从那些乐于为斯基亚帕雷利观察和绘制中的留白添加新的细节的作家那里。很多人在看到斯基亚帕雷利的火星地图时都听说了弗拉马利翁

（Flammarion）①的话，后者提出了关于火星表面存在运河的理论。弗拉马利翁认为，火星表面存在过能建造出那些运河的文明。他们的文明远比我们自己的更为先进。之后，他对《纽约时报》的一名记者说："他们不可能没有我们聪明。"②

斯基亚帕雷利画出了"运河"，弗拉马利翁解释了"运河"，这让很多人为之着迷。在这些人中，有一个叫作帕西瓦尔·罗威尔（Percival Lowell）的年轻人。1877年，在斯基亚帕雷利第一次对火星进行观测时，罗威尔正在日本以及亚洲其他地方工作。那时，他还不是一个科学家，而是一个受过良好教育的富有的外交官，以其对亚洲尤其是韩国的文化研究和摄影闻名。在亚洲待了一段时间后，他回到波士顿，组织出版他的书《神秘的日本》，讲述了他眼中日本的异域文化。

回到波士顿后，罗威尔阅读了卡米伊·弗拉马利翁（Camille Flammarion）的著作《火星和它适宜居住的环境》。在书中，弗拉马利翁展示了当时几乎所有的关于火星的"科学"观测结果，其中包括斯基亚帕雷利的观测结果，弗拉马利翁对这些结果的重要性进行了诠释。罗威尔被弗拉马利翁的书深深吸引了。他的脑海中刻下了那些有关火星的描述，那些太阳从火星的运河边升起的图画，和火星上存在文明的说法——这是一片比日本更加遥远、更具有异域风情的土地。

一本书足以改变一个人，而弗拉马利翁的书似乎触动了罗威尔的心弦。此前，他一直醉心于研究异域文化，并在研究和旅行中成

---

① 法国天文学家和优秀的科普作家。1882年创办《天文学》杂志，1887年组织法国天文学会，任第一任会长。——译者
② 《纽约时报》，1907年11月11日。

长着。现在，他又读到了其他行星可能存在文明的记载。他似乎被召唤了。他在书的空白处涂写着"赶快"的字样，并立即投入了工作。

下一次火星位于近地点要等到1894年。罗威尔必须尽快建造一个天文台。他从小就对天文学感兴趣，但现在他必须成为一个天文学专家。他对他的这个全新的兴趣显得十分疯狂，好在罗威尔十分富有，他的财力足以让这份疯狂走向成功。在1894年5月22日波士顿科学协会的讲话中，他宣布："这可能是对其他星球存在生命所需条件的一次普查。……我们有充分的理由相信，我们正处于解决这一问题的前夕。"自此以后，这项研究占据了他的余生。

罗威尔立即联系天文学家来帮他为两台望远镜选址。[①]天文学家为他选择了亚利桑那州弗拉格斯塔夫附近的区域，那里的能见度较高。罗威尔需要一个能见度较高的地方，这样他才能看到前人没有发现的东西。他已经确信火星上曾出现过智慧生命，而他要做的就是看到更多的细节。他要用望远镜观察火星，并像考古学家观察遗迹一样仔细。当然，值得一提的是，考古研究很难在几千万英里以外的地方开展。

科学研究的很大一部分就是观察，用新的方法进行观察。人类的感官演化成现在的样子并不是为了理解群星的奥秘，而是为了选择正确的果实、搜寻动物的尸体和感知远方的危险。我们认知的边界在不断扩展，但我们的身体却没有改变。我们的视力很差，视野十分有限。它们本来就是用于帮助我们生存的，而不是用于寻找远方世界的。我们用肉眼探索宇宙就像用锤子拧螺丝一样，如果用力

---

① 他联系的天文学家是威廉·皮克林（William Pickering）和安德鲁·道格拉斯（Andrew Douglass）。

看也能看到一些蛛丝马迹，但看的过程会有点狼狈。我们发现，可以利用我们的智慧来拓展我们的感官，就像让锤子变得更像螺丝刀一样。列文虎克通过他的显微镜发现了属于他的新世界，沃斯利用核糖体RNA发现了显微镜都发现不了的秘密。罗威尔希望他的望远镜能帮助他成为看到外星生命的第一人。科学史上的发现故事，如风般推动他不断前行。一台足够大、足够好的望远镜能够让他看到前人未曾见过的东西，看到一直存在但从未被发现的东西。罗威尔已经准备好发现火星人了。

在最适合观测火星的时候，即1894年5月到1895年4月，罗威尔每天，几乎每个小时都在观测、记录和绘图。他肯定想象过，他绘制的火星地图上面会有城市和聚落。既然他确信火星上曾居住着火星人，那我们不难想象他如此执念的原因，也不难想象他的执念有多深。从某种意义上说，如果一个人面临这样的局面而不为所动，那才不合常理。当哥伦布开始他的旅程时，他只是听说过一些关于地平线外的远方的传言。罗威尔则用他充满希望的笔触表明，他已经看到了等待着他的航船的新大陆。

在火星和地球近到足以仔细观察的第一天，罗威尔就用他的望远镜看到了火星上面的运河。他一次又一次地查看，日复一日，那些"运河"始终清晰可见。似乎这就是那些智慧生命活动过的痕迹，虽然这些运河的河道过于笔直，形状也过于完美。当他看到这些"运河"的时候，他也想不出其他的可能性了。

除了这些"运河"之外，火星表面似乎还有其他的生命活动迹象。罗威尔做了一些计算，计算结果表明，火星的气候比较适合生命生存，平均气温约为9 ℃。虽然火星上的海洋并不适合长时间停留，但也还算温和。他看到了可能起调节气温作用的云层，而且一次又一次地看到了那些运河。对于他以及容易激动的公众来说，这些似乎都是智慧生命曾在这颗干燥的星球上调节水资源分布的确凿证据。

罗威尔曾通过将日本和他本国的文化作比较来了解日本。现在，他也要通过对比人类来了解火星上的生命和文化。根据他之前旅行的经验，罗威尔和其他人一样，会在必要时进行一些推测。对于罗威尔来说，那些"运河"像是一个绝望的文明为了拯救他们缺水的庄稼做出的努力。火星人通过这些运河灌溉他们的作物。火星表面颜色在一年内发生的变化反映出上面作物的不同状态，从发芽到落叶。当火星上的阴影变暗的时候，火星人开始以之前储存的食物为食，等待着雨季的来临。从火星人这个物种身上，我们可以认识到我们内心最深处的渴望，不只是字面意义上的饥渴，还是那种与生俱来的对于摆脱孤单的渴望。对于罗威尔来说，那些运河状的线条"足以证伪所有认为这些痕迹是自然原因导致的理论"。通过这些运河状的线条，他想象出了火星人的整个世界。

罗威尔仅仅为他关于火星的新发现辩护了很短的时间。建造这些望远镜的匆忙和每天观察的乏味让他身心俱疲。他被诊断患有严重的神经衰弱，并停止工作长达四年之久。当他重返工作岗位时，他发现在这中断的四年间，他的工作受到了科学界的攻击和轻视。不过，大众对于他的工作还是相对支持的。人们相信了他。

在一段时间里，我们对火星生命的了解仅限于一场关于罗威尔用望远镜看到了什么的辩论。罗威尔画下了他看到的东西，但就像卡尔·萨根之后指出的那样，罗威尔是"坐在望远镜旁边的最差的绘图员之一"，他所绘制的东西没有任何说服力。这场辩论也不禁让人们想起了之前列文虎克和英国皇家学会的故事。罗威尔说他看到了运河，但其他人用相似的望远镜却什么都看不到，或者只看到一片模糊不清的东西。在19世纪80年代末，最初让罗威尔产生研究动力的斯基亚帕雷利认为那些运河是天然形成的，并不是生命活动的痕迹。是罗威尔的视力更好，还是这些线条是他想象出来的？

从某种意义上说，我们难免会觉得火星和地球很相像。哥白尼在否认地球在宇宙中的特殊性时含蓄地指出，宇宙中存在很多和地球类似的星球。如果地球不再特殊，那它一定很常见。罗威尔和他的前辈认为生命也同样如此。一旦地球上的生命不再特殊，那其他行星上的生命一定和我们差不多。那些生命可能会多一条胳膊或者少一条，多一只眼睛或者少一只，但他们也一定和我们一样，探索着外界，想知道自己是不是独一无二的文明。

在我们探索新世界、踏上太空之前，一切似乎都有可能。我们可以随意想象那些行星上栖息着什么生物，而且我们一直觉得那些生物和我们很相像。我们曾经想象海洋里住着美人鱼，也曾经想象新大陆上生活着巨人和巨猿。我们也会想象太空中的火星人居住在丛林和草原中，收割着一排排的庄稼。

很多年后，火星上存在人工开凿的运河的可能性才被完全排除。即使其他的天文学家一个接着一个地批评罗威尔的观测结果，但希望一直存在。不过，虽然大部分科学家已经不再相信火星上存在智慧生命，但公众却一直坚信。罗威尔在那些行星上寄托了他最伟大的梦想，同时还有最深刻的恐惧，就像土著人将同样的敬畏寄托在丛林中的神话和传说中一样。曾经有一段时间，没有人告诉那些生活在亚马逊聚落中的人们，地球没有其他的卫星，丛林中也没有巨大的猴子或者会说话的美洲虎。

罗威尔去世的时候，一些同行认为他就是一个笨蛋，但他寻找火星生命的热忱却影响了几代人。[①]在这些被罗威尔的精神激励的人中——可能不是被他发现的"运河"所鼓舞——有一个少年叫作卡尔。[②]卡尔从少年时代就对太空很感兴趣。他穿过校园时经常会想象宇宙中的生命。大学时候，他开始贪婪地学习关于太空和生物学的课程。他并不是班里最聪明的孩子，但他是最有激情、学习愿望最强烈的学生之一。在仰望星空时，他知道，每颗恒星都是一个遥远的"太阳"，他的内心充满愉悦。他觉得，即使火星上没有生命，也一定会有一颗遥远的恒星，在围绕它运动的行星上存在着生命。

当卡尔还是一个19岁的物理学专业学生时，他在芝加哥大学埃克哈特大厅的台阶上遇到了一个女孩。[③]她是林恩·亚历山大（Lynn Alexander），当时只有16岁。他们聊着天，散着步，并亲吻了对方。谁能说清是什么让他们彼此吸引呢？他们那时都还没有出名。至少在他们的青春时代，他们还都是普通的大学生。

对于林恩·亚历山大来说，卡尔"高大英俊，有一头浓密的棕黑色头发"，在学校里，他总是有各种令人着迷的想法——有关世界的令人兴奋的想法，不只是我们所处的世界，还有遥远的太空中

---

① 他还提出太阳系中可能存在另外一颗行星，并称之为行星X。行星X在罗威尔在世的时候便被发现，被命名为冥王星。一百年后冥王星被降为矮行星，从行星的列表中除名。

② 部分是因为受罗威尔启发的埃德加·赖斯·巴勒斯（Edgar Rice Burroughs）的小说。巴勒斯是美国科幻小说作家，代表作有《火星公主》《人猿泰山》等。

③ di Properzio, J. 2004. Lynn Margulis: Full Speed Ahead. *University of Chicago Magazine.* February 1.

的世界。[①]他就像花蕾渴望盛开一样。他并不总是喜欢倾听，但如果你愿意倾听，就像林恩·亚历山大那样，那他会滔滔不绝。他谈论的是宇宙中的生命。如果他抬头望着天空，那他一定是在看云层之上的东西。

我们已经讲过林恩·亚历山大的故事了。她在历经生活与婚姻的变故之后，变成了林恩·马古利斯。卡尔则是卡尔·萨根。他后来成为20世纪最著名的科学家之一。年轻的马古利斯对探索火星或者寻找宇宙中的生命并没有兴趣。她对年轻的萨根说："宇宙中的生命没什么可说的，因为你完全没有数据的支持。"[②]在宇宙中的生命这个问题上，她充其量只是个不可知论者。卡尔·萨根说，她更喜欢地球上的问题。从他的角度说，他尚未成名，但在学界已经有了一席之地。他们互相影响着，就像两个正在旋转的陀螺碰撞了一下，然后各自朝新的方向前进。[③]他帮助她进入生物学领域，进入了后来被称为遗传学的领域，她因而建立了前无古人的连续内共生学说。他后来可能是受了马古利斯的影响，对宇宙中的微生物深深着迷。我们可以感受到他们之间年轻的、强烈的爱情，但他们的性格似乎预示着会有更重要的事情发生。

对于这对年轻的情侣来说，事情进展得很快。萨根完成了硕士学业，并向那时还叫作林恩·亚历山大的女孩求了婚。她录了一整盘磁带，里面满是拒绝他的理由，但最终默许了。希望嫁给他的理

---

① Davidson, K. 1999. *Carl Sagan, A Life*. New York: John Wiley & Sons, Inc。

② 引自对K. 戴维森（K. Davidson）的采访，Davidson, reported in Davidson, K. 1999. *Carl Sagan, A Life*. New York: John Wiley & Sons, Inc。

③ 来自多里昂·萨根（Dorion Sagan），卡尔·萨根和林恩·马古利斯夫妇的儿子。他称父母为"地球母亲和宇宙父亲"。

由不一定要比拒绝的理由多，爱情并不是科学。[①] 1957年6月，他们结婚了。不管是对他们两个来说，还是对世界来说，很多事情都将会被改变。

接下来的几年，各种事情纠结在一起，孩子，科研，一次又一次的搬家，不同城市间的辗转。马古利斯去了威斯康星大学读硕士。萨根则去了芝加哥大学在威斯康星州威廉斯湾的叶凯士天文台攻读博士。马古利斯在完成硕士学业后生了一个男孩，取名多里昂，然后又怀了他们的第二个孩子杰里米（Jeremy）。孩子、学业和科研交叠在一起，足以让人们度日如年。但是不管怎样，夹杂在纸尿裤、方程和许多不眠的夜晚之间，他们完成了自己的研究，进入了下一阶段。他们都去了伯克利，在那里，马古利斯开始攻读博士，萨根则拿到了博士后职位。那时，马古利斯已经以其大胆的想法崭露头角，萨根则以其宏大的想法声名远扬。

卡尔·萨根研究的内容涵盖天体生物学，也就是关于外星生命的科学的方方面面。他在实验室中研究生命的起源。想象一下这样的画面：实验室中有一口大锅，里面的液体正在冒泡，一个科学家站在旁边目不转睛地盯着它。他研究了金星的大气并预测了其中的组分。后来，他开始搜寻宇宙中的无线电信号，为向火星和更远的地方发射探测器提供帮助，也为在黑暗的宇宙中搜寻生命做足准备。他不是敏锐的观察者，不像解剖田螺输卵管的斯瓦默丹，也不像发现微生物的列文虎克，甚至不像研究细胞内部组分的马古利斯。与其说他是一个观察者，不如说他是一个梦想家。他想要从各个方面去了解宇宙和宇宙中的生命。罗威尔执着地想要靠沙漠中的

---

① Davidson, K. 1999. *Carl Sagan, A Life*. New York: John Wiley & Sons, Inc.

望远镜去观察宇宙。萨根也想观察宇宙，而且他想看到更多东西。那颗红色的行星看上去那么接近，却又那么遥远。它上面的无尽可能性是那样诱人（tantalizing），就像坦塔洛斯（Tantalus）[①]本人一样。萨根也将用他的一生追寻火星上的生命。但直到他去世的时候，火星上的生命仍然杳无音信。

1960年，当萨根在伯克利加州大学做博士后时，罗威尔关于火星的观点已经被彻底否定了，但对于宇宙中是否存在其他智慧生命这个更为普遍的问题，科学界尚无定论。我们附近的几颗行星上没有高级文明似乎和这个更宏大的问题没有什么关系。萨根认为智慧生命在宇宙中很常见，但有多少科学家真正认同这一观点呢？他当时并不确定，但是不久之后，他便遇上了一些持相同观点的科学家，其中之一便是弗兰克·德雷克（Frank Drake）。二人将一起在宇宙中寻找智慧生命。

两人在20世纪60年代相遇的时候，德雷克已经在很多方面颇有建树。他比任何人都接近于和外星生命取得联系。在20世纪50年代末，他开始使用马萨诸塞州哈佛大学天文台阿加西斯观测站的射电望远镜进行观测。最常见的射电望远镜就是一个碟形天线，用于探测空间中的电磁辐射。现在，我们通过电脑分析天线收到的信号，而使用者则将这个天线指向他感兴趣的地方。然后人们对结果进行分析，并将这些数字转换成人们正在寻找的图像，比如火星

---

① 希腊神话中的人物，宙斯之子。藐视众神的权威。他烹杀了自己的儿子，然后邀请众神赴宴，以考验他们是否真的通晓一切。宙斯震怒，将他打入冥界。他站在没颈的水池里，当他想喝水时，水就退去。他的头上有果树，当他想吃果子时，他摘不到果子。他要永远忍受饥渴的折磨。前文英语单词的词根tantalize即来自坦塔洛斯，表示用某事物诱惑某人但不让其得到。——译者

上的"运河"。德雷克得出了一个结论：无线电信号可能是其他文明向太空发射的最容易捕获的信号。同时，另外两位科学家，朱塞佩·科可尼（Giuseppe Cocconi）和菲利普·莫里森（Philip Morrison）也得出了同样的结论。[①]看来取得联络的途径，或者说无线电波，已经为众人所熟知了。

德雷克在使用阿加西斯观测站的射电望远镜进行观测时，从昴星团（Pleiades）[②]探测到了一个神秘的信号。那时，他还是一个26岁的年轻人。在那个瞬间，他觉得他可能第一次探测到了宇宙中智慧生命的信号。面对这样的可能，他当时的兴奋之情溢于言表。在他的自传中，他这样写道："我当时的感觉不能用一般的文字形容。那可能就是人们在看到奇迹时的感觉，你意识到世界将变得大不相同——而且，你是唯一意识到这件事的人。"[③]

倘若那个信号来自于一颗环绕着恒星运行的行星，那么，如果德雷克将射电望远镜移向一边，甚至仅仅移动一点点，信号便会消失。德雷克将射电望远镜从那颗恒星处移开，默默等待着。

让德雷克沮丧的是，那个信号并没有消失。那并不是宇宙中的智慧生命发来的信号。那只是一些其他的信号，只是一些噪声，但这个瞬间对他来说却有决定性意义。他意识到，如果我们在观测上花更多时间，我们就有可能会探测到来自外星文明的信号。他觉得他很快就能检测到外星文明的信号了。这一刻给他留下了深刻的印

---

① Cocconi, G., and P. Morrison. 1959. Searching for Interstellar Communications. *Nature* 184: 844–846.
② 昴星团（Pleiades，简称M45）是疏散星团之一。位于金牛座，在晴朗的夜空用肉眼就可以看到它。几个亮星位于昴宿，由此而得名。——译者
③ Drake, F., and D. Sobel. 1992. *The Scientific Search for Extraterrestrial Intelligence.* New York: Delacorte Press.

象。他坐下来，"在那个他以为自己和遥远的外星生命取得联系的激动瞬间，他汗流浃背，浑身发抖"。

尽管德雷克并没有探测到来自外星生命的信号，但他决定，如果有必要的话，他会用一生的时间来探测、守候。既然人们觉得他的想法合理，那么他就会得到支持。1961年，他在美国国家射电天文台工作时，得到了他的新上司，台长劳埃德·伯克纳（Lloyd Berkner）的支持。不久之后，他又一次因为一个信号兴奋起来，这次的信号来自天苑四（Epsilon Eridani），肉眼可见第三靠近地球的恒星。他探测到了一种循环脉冲的信号，这种信号就像鼓声一样。这些信号仿佛"一片恰到好处的喧闹"一般。

不幸的是，这个信号并不是来自天苑四，而是来自一场秘密军事活动。后来还有很多这样的挫折，但是，那种马上就要发现外星人的兴奋感，足以支撑德雷克，以及后来的其他人继续使用射电望远镜坚持观测着。在1961年，德雷克在西弗吉尼亚州格林班克组织了"搜寻地外文明计划"的第一次会议。卡尔·萨根被邀请参会，与会的还有很多著名的、对此感兴趣的科学家。那时，萨根刚刚完成博士学业，是与会的最年轻的科学家。他可能也是其中最健谈的科学家，虽然其他科学家也都很有才干，而且其中还有梅尔文·卡尔文（Melvin Calvin）①。卡尔文因其对于光合作用的化学机制的研究获得了诺贝尔奖，在会议上颇受瞩目。这是一个盛大的开场。

会议上的关键问题是：探测到宇宙中来自智慧生命的信号的可能性有多大。即使宇宙中遍布生命的足迹，我们也不一定能探测到这些

---

① 美国著名生化学家。因与安德鲁·本森（Andrew Benson）和詹姆斯·巴沙姆（James Bassham）发现卡尔文循环（Calvin Cycle）而闻名于世。1961年获诺贝尔化学奖。——译者

信号。科学家需要对探测的可能性做出更加准确的估计，这样他们才能获得经费上的支持，让他们不再只是一群等待着彩票中奖的天才。

德雷克对于估算"彩票中奖"的概率有些想法，虽然方法有些粗糙。他在黑板上写下了一个简单的方程。他不知道，正是这个方程决定了他的一生。这个方程是用于计算银河系中能够并且愿意进行星际交流的文明的数量（N）的。这些健谈的外星人到底有多少呢？德雷克方程表明，这个数值N只取决于几件事。首先，银河系中的行星越多，存在生命的可能性则越大。[①]其次是适宜生命居住的行星所占的比例。这样的计算更加需要技巧。德雷克做出了自己的估算，但是仅凭猜测。我们对行星上出现生命的概率一无所知。我们只知道，如果某颗行星上出现了生命，我们只能通过望远镜来观测那些生命的起源。

这个方程中最难估算的部分包括生命的演化及其持续性和演化方向。如果其他行星上的生命想要和我们联络，首先他们要先演化成为智慧生命。我们不知道生命演化的频率，我们只知道这种演化在地球上发生了一次，而且据我们所知，仅仅发生了一次。智慧生命必然从非智慧生命演化而来。我们也只知道这已经发生了一次。[②]如果智慧生命出现，他们会决定是否和外界进行交流。而且，如果要和我们成功取得联系，他们的交流必须发生在我们进行观测的这一很短的时间范围内。

这个方程的第一部分，也就是行星的数量和宜居行星的数量，可以依靠经验规律推算。随着研究的深入，其他行星出现生命的可

①　反过来，行星的数量则是关于恒星的数量和每颗恒星拥有行星数量的函数。
②　或者是从来没有发生过，这取决于我们对自身的认知。

能性似乎变得更大了。方程的第二部分则一直是更为困难的部分。我们只能猜测生命演化的次数。有人认为这样的可能性很低，而包括德雷克和萨根在内的其他人则对此抱有更大的希望。

在格林班克的会议上，参会者对于方程中每一项的估算进行了讨论。德雷克自己认为银河系存在智慧生命的行星数量在1（也就是只有我们地球）和100万之间，其大小取决于方程中每个参数的大小。在与外星生命取得联系的概率上，每个参会者回家的时候可能都有自己的估算，但是清楚的是，至少对于那些参会者而言，继续进行观测似乎并不是没有道理的。根据实际的参数推算，智慧生命存在的概率似乎足够高，足以让德雷克继续坚持观测。德雷克、萨根和其他人认为，我们估计要等上一百年才能收到银河系另一边的信号，这真是不幸。

德雷克方程中有很多难以估计的部分，使得支持者和反对者不管是否故意，都可以根据先入为主的观念轻易地改变方程的结果。萨根在德雷克的方程中看到了希望和无尽的可能性，他尽可能地向大众推广他的理念。他每天都在谈论这些可能性，用以吸引人们的注意，吸引科研经费和宏大的科研项目。德雷克将时间花在了探索太空上，萨根则将时间花在了提出问题，以及和他做的其他事一样重要的募集经费上。对于很多人来说，宇宙中的智慧生命变得不再虚无缥缈。联系上他们似乎是必然的，而且，即使没能和他们取得联系，至少有这方面的迹象。

格林班克会议的意义在于使在宇宙中探寻智慧生命变成了严肃的科研活动，而这也促成了人们对几个宏大的宇宙生命探测项目的支持。尤其是萨根，他一次又一次利用这次会议带来的影响来呼吁兴建更多的望远镜和着陆器，就像望向天空的一只只眼睛一样。对于这些项目的支持越来越多。1982年，萨根在《科学》杂志发起请愿，为探索外星生命申请更多经费。有七十名科学家在请愿书上签了名，其中包括七位诺贝尔奖获得者。那时，使用射电望远镜观测天空、检测信号的项目遍布全世界。用民用无线电的行话来说，正是因为德雷克、萨根和格林班克会议上其他科学家的努力，我们"有了自己的耳朵"。但到目前为止，伟大的宇宙母亲仍然保持着沉默。

当德雷克使用射电望远镜探测宇宙中的信号时，萨根的目标似乎变得愈发宏大——他想要向太空发送探测器。他想要主动和外界取得联系。

这次，这个宏大的目标是登陆火星。比起其他行星，火星离我们很近，而且环境似乎更加友好。此外，火星还是萨根和很多人一样从年轻时就梦寐以求的地方。他读到罗威尔和埃德加·赖斯·巴勒斯的文字，就像罗威尔读到弗拉马利翁的文字一样，十分痴迷。他做着和罗威尔一样的梦。在20世纪60年代后期，卡尔·萨根似乎离他实现梦想近在咫尺了。他参与了"水手4号"探测器项目，计划发射探测器飞越火星。

"水手"系列之前的探测器并没能带来很大的希望。"水手1号"在发射过程中坠毁，在发射台上燃起大火。"水手2号"完全是"水手1号"的复制品，它发现金星的大气很寒冷，但金星表面温度很高。金星就像萨根之前预测的一样温暖，但是上面800K[①]的温度对

---

① 约为526.85 ℃。——译者

于已知的生命来说实在是太高了。但人们始终对火星上存在生命抱有很大的希望，都想在火星上找到生命的痕迹。"水手3号"本来是想前往火星的，但是在到达目的地之前就坠毁了。如果"水手4号"成功抵达火星，那它将第一次近距离观测火星。探测器满载着卡尔·萨根的梦想升空了，每次想到它可能传回的图片，卡尔·萨根便会十分激动。他仍在想象火星是一颗生机勃勃的行星。

1965年7月14日，探测器传回了21张照片。照片上是一片贫瘠的、毫无生机的景象。各大报纸宣称我们是孤单的智慧生命。但是，萨根不会在寻找智慧生命这一问题上轻言放弃。就像风车前的堂吉诃德一样，萨根不会轻易被说服。他提出，"如果'水手4号'以和距火星同样的距离（6000英里）飞过地球并拍摄22张①同样的照片，我们同样不会发现地球上的生命"。②

当萨根最终开始怀疑火星上真的不存在生命时，他就把希望寄托于太阳系外的智慧生命。他参与了"旅行者"探测器计划。这些探测器将随时间的推移远离地球，带着一张字条，就像是在宇宙深处进行特技飞行表演在空中书写文字。萨根帮助设计了这个字条里的信息，字条里面包括各种可能在宇宙中通用的符号。不过，这些符号很难破译，至少对于地球上试图解码的智慧生命，也就是我们来说，是这样的。此外，还有一张图片，是一个男人和一个女人赤裸地站在一起。他们并没有拉着手，也没有身体接触。不难想象，我们有多想通过画在探测器上的图画表明我们

---

① 前文提及，"水手4号"传回21张照片；另有一张传回的照片不完整，通常不计入总数。此处萨根使用虚拟语气，意即，即使拍摄22张，在这样的距离下，人们也"不会发现地球上的生命"。——译者

② 匿名报道. 1966. Is There Life on Mars—or Earth? *Time Magazine*. January.

不想孤单。

　　在"水手4号"之后，萨根并没有放弃探索火星的计划，但他把目光转向了更小的生命。他觉得火星上可能会发现微生物。他预言这些将很快实现。这也是他和马古利斯的交集。如果她相信宇宙中存在生命，那她可能会认为存在的生命是微生物，甚至可能是共生的微生物。现在，卡尔·萨根也这么认为。

　　最终会有探测器在火星表面探索，但在此之前，火星上存在人形生物的希望已经破灭了。对于那些从小就想象着火星上有大量城市的人来说，那里不存在智慧生命而存在其他生命这个想法似乎令人十分失望。对于萨根来说，微生物也算是生命，而且如果我们附近就存在生命，那更远的地方也一定存在生命，生命可能到处都是。就在弗兰克·德雷克继续搜寻那些信号，那些黑暗中充满野性的呼唤时，新的竞争变成了在我们附近的行星上发现生命，任何生命都行。对于很多天体生物学家来说，宇宙中存在生命似乎是可以确定的。傻瓜或者诺贝尔奖获得者，他们撰写的那些关于宇宙中广泛存在生命的论断随处可见。但和这些很可能存在地外生命的声明一样显而易见的是，这些论断都缺乏证据。这种情况将很快会改变。

12　在岩石中寻找生命

1984年12月27日，罗伯塔·斯科尔（Roberta Score）在骑着雪地摩托经过一处白雪皑皑的地方时，在浅蓝色的冰面上发现了一个黑点。那个黑点是一块岩石。她那年要在南极洲艾伦山收集很多岩石，这是其中的第一块。她搜集的这些岩石都是陨石。罗伯塔·斯科尔是被雇来寻找岩石的，当时也觉得这块岩石并没有什么特别之处。这块岩石被命名为84001，84代表年份，001表明它是收集到的第一块岩石。科考结束之后，84001和那年发现的其他岩石都被打包送到了仓库。一旦到了那里，就像大部分收集到的岩石一样，就像大部分的标本一样，它被忽视了。

那块岩石来得并不匆忙。它已经漂泊了很长一段时间，从它在火星上形成算起大概有45亿年。它最重要的一次旅程开始于1600万年前，一颗陨石将其从火星上撞了下来。此后它进入了宇宙，直到

13000年前它最终在南极洲着陆，就落在罗比·斯科尔（即前文提到的罗伯塔·斯科尔）翻过山后发现它的地方。

　　1994年，在这块岩石被发现10年后，也就是它形成约45亿年后，事情开始有了变化。地球化学家大卫（"鸭子"）·米特尔菲尔德（David ["Duck"] Mittlefehldt）在研究小行星碎片时分析了这块岩石的一小块。这块岩石和已知来自火星的岩石是一样的。很快，这块岩石来自火星的说法就变得毫无争议。[1]同样毫无争议的还有这块岩石比地球上的任何一块岩石都要古老。[2]它是已知的几块火星陨石中最古老的。然而，它只是一块不起眼的、中等大小的黑绿色岩石。如果它落在你家附近的草坪上，你可能都不会注意到它。其他的陨石，甚至是可能更加古老的陨石，很有可能就落在花园里，然后被人们诅咒着扔到杂草中。

　　科学家们把这块来自火星的岩石分成了几块，然后通过研究这些石块来寻找生命的证据。接下来发生的事情令人始料未及，也愈加神秘。一位美国国家航空航天局（NASA）的科学家克里斯·罗曼尼克（Chris Romanek）在这块岩石中发现了类似细菌的结构。另外一位NASA的科学家凯茜·托马斯-克普尔塔（Kathie Thomas-Keprta）在岩石中发现了磁性晶体，这些晶体和一些细菌形成的晶体很类似。来自斯坦福大学的物理学家理查德·扎尔（Richard Zare）在这块岩石中发现了多环芳烃（polycyclic aromatic hydrocarbons，PAH），在活的细胞中也能找到这种组

---

① 从这块岩石本身来说，发现一块火星陨石很是令人兴奋。84001是那时已知的7500块陨石中第12块来自火星的陨石。引自Treiman, A. (1996) To See a World in 80 Kilograms of Rock. *Science* 272: 1447–1448。

② 除了那些更加古老的火星陨石。

分。其他关于岩石中生命的证据不断出现。之后，负责这个项目的 NASA 地质学家大卫·麦凯（David McKay）发现了一些对于他来说很像细菌化石的残片。[①]

这些秘密合作者中最为年长的麦凯和同事们一起撰写了一篇论文，论文发表在《科学》杂志上。[②]甚至在文章还没发表的时候，他们就已经准备好了一份声明。NASA 负责人大卫·戈尔丁（David Goldin）组织了一场沃斯只能在梦中想象到的新闻发布会。克林顿总统对着摄像机宣布：

今天，84001 号岩石跨越了几十亿年和几百万英里向我们宣布，宣布生命存在的可能性。如果这次发现最终被证实，这一定是科学界关于宇宙最令人震惊的发现之一，其意义之深远、之令人惊叹达到了我们想象力的极限。尽管它回答了一些我们最古老的问题，但它还带来了一些更根本的问题。我们将继续倾听它所能讲述的一切，同时我们将继续寻找答案，寻求与人类本身一样古老，对我们的未来至关重要的知识。

新闻发布会之后几个月，那时已经病重的萨根出现在电视节目《夜间新闻》上。萨根当时患有白血病并最终因之去世。他已经为火星上存在生命的证据等了一生。在《夜间新闻》中，泰德·科伯尔（Ted Koppel）向他询问了有关麦凯的发现的问题。萨根简单地回答说：“如果这些结果最终被确认，那么这将是人类历史的转折

[①]　Kerr, R. A. 1997. Martian "Microbes" Cover Their Tracks. *Science* 276: 30–31.

[②]　McKay et al. 1996. Search for Past Life on Mars: Possible Relic Biogenic Activity in Martian Meteorite ALH84001. *Science* 273: 924–930.

点。"最终确认需要时间，而且所需的时间比萨根所剩的还要长。科伯尔可能是看出了萨根的虚弱，因而问他，如果他对这个事件没有个人的评论，那么他对生死又是如何看待的。萨根不假思索，简单地说："这是我们的真实情况。我们生活在一个由岩石和灰尘组成的小球体里，而宇宙的浩瀚超乎我们的想象。"在那次采访之后不久，1996年12月20日，午夜刚过两分钟，萨根去世了。火星上是否存在生命还没有结论，而萨根那伟大的光芒却已然暗淡。

组织关于火星陨石的新闻发布会的NASA负责人丹尼尔·戈尔丁（Daniel Goldin）在萨根去世时写道："我们对火星的每一丝发现都将承载卡尔·萨根梦想的种子。"萨根的影子出现在所有关于火星的研究中，也包括84001的故事。如果这块火星岩石中存在生命，那这将是他毕生研究的证明，是那颗种子的萌发。

这块火星岩石已经经受了几十亿年的洗礼。现在它又要经受科学研究的洗礼。每一点证据都会被仔细分析。怀疑论的齿轮开始缓缓转动，要去寻找其中的漏洞和理论根基上的弱点。科学家乐于在他人的发现中寻找弱点，几乎和做自己的研究一样乐此不疲，甚至更有热情。在两年时间里，几百篇回应麦凯及其同事论文的文章发表了，而且这些回应文章大多是质疑。1997年，120位行星科学家参与了关于在84001号岩石中发现的微生物真实存在的可能性的调查。结果的中位数是20%，也就是说80%的概率是里面什么都没有。[①]

现在存在这样几个问题。那块岩石看上去经历了高温，这样的高温对于生命来说并不适宜。里面的磁铁矿起初被看作是生命痕迹，之

---

① Kerr, R. A. 1997. Martian "Microbes" Cover Their Tracks. *Science* 276: 30–31.

后证实，情况可能比开始设想的更加复杂。^①但问题的焦点是一个毫无争议的事实：那些残片倘若真的是火星微生物留下的，那么这些假想中的火星微生物一定非常非常小。那些残片不但比已知的任何微生物都要小，而且只有它们的几分之一大小。那些残片——取决于测量的精度——只有50纳米大小，也就是两千万分之一米，只有大肠杆菌体积的万分之一大小。^② 两千个火星细菌才能填满人类的一个血细胞。它们实在是太小了，把它们当作生命的证据很难不被别人质疑。

岩石中的多环芳烃和在地球生命中发现的极为相像。这能说明一些问题，但它们本身并没有决定性意义。它们在生命体外也被发现过，其他值得注意的矿物质（碳酸盐）也是如此。很多人也怀疑，那些比任何已知微生物都要小的"化石"到底是不是生命留下的痕迹，那样小的体积到底能否容纳生命必需的物质。

历史上至少有两个科学家在本不知道存在生命的地方发现了其他人没有发现的生命。列文虎克发现了微生物，罗威尔发现了一个想象中的世界。有之前的这两个例子作为参照，那些在那块岩石中发现了微生物的科学家及其支持者在自己的余生中依然坚持着自己的观点，并且在那块火星岩石和其他的火星岩石中更加仔细地寻找着。尤其是麦凯，他不论是面对反对者的嘲弄，还是支持者的赞扬，都坚信自己会像列文虎克一样。他究竟是一个天才，还是一个不受欢迎的人，仍需时间的检验。

---

① 此外，在2001年，由大卫·麦凯的哥哥戈登·麦凯（Gordon McKay）带领的另一群NASA科学家已经能够在人们推测出的那块陨石在火星上的条件下合成和84001中的磁性晶体十分接近的晶体。按照戈登·麦凯的说法，他的弟弟大卫"对于这个结果有些愤怒"。人们觉得，大卫可能也并不希望戈登告诉记者他有些愤怒。
② 据报道，例如Vogel, G. 1998. Finding Life's Limits. *Science* 282: 1399。

当人们测量那块火星岩石中微生物化石的大小时，对那些微生物化石的解释成了一门艺术。原因之一是它们已经超过了显微镜的极限。更大的事物往往更容易解释，我们会有一些预设的关于什么可能、什么不可能的观念能帮助我们解释。即使是扫描电子显微镜的放大倍数也不能很好地观察它们的形状。因而开发更精细的显微成像方法迫在眉睫，尽管几乎没有人能做到这些。

但是发现极其微小的生命并非没有先例。1985年，芬兰生物学家奥拉维·卡扬德（Olavi Kajander）在美国加利福尼亚州研究体外培养的哺乳动物细胞。[①]卡扬德对于血液和细胞培养中的灭菌过程很感兴趣。他当时是一名博士后，除菌是其所在的实验室每天都要进行的大工程。他发现，尽管他们进行了除菌程序，但他培养的细胞仍然经常死亡，他对此很困惑。于是，他开始对在人类和动物血液中可能存在的能够逃过已有检测手段的微小生物感到好奇。起初，他只是简单地提出了这些问题。

卡扬德完成博士后工作后回到了祖国芬兰，那时，他仍对血液中可能存在的生命感到好奇，可能正是这些生物杀死了他当时正在研究的细胞。这个问题似乎和显微镜的分辨率有关，而这样的机会总是留给他这样有准备的人。他获得这样的机会的另一个原因是他当时缺少经费。卡扬德在讲这个故事时说，如果他当时有一大笔经费，他可能会去研究一些更加标准、更加规范的问题。他可能会为一些已经研究清楚的问题添砖加瓦。他的工作可能会进展得很快，因为经费和文章发表要求速度，他也不会有时间每天研究一些奇怪又模糊的问题，不会有时间研究那些他称之为"假象和例外"的问

① 引自2008年4月10日对卡扬德的采访。

题。相反，他是十分幸运的。没有人给他经费。他有充足的时间，所以他只是做了他能想到的最简单的事情——他开始观察那些细胞。①

卡扬德从那些免费的牛血清样品开始，这些血清是一些公司给他的推销品。在那些样品中，他发现了一些东西。刚开始时，他有点困惑，不敢确信，后来他逐渐相信，他发现了一种全新的生命。他所做的只是观察那些样品，用不同培养基培养的血清样品。这样的工作很简单，但他却有了惊人的发现。在那些本应澄清的液体培养基中出现了一种雾状浑浊，另外，在烧杯底部还出现了一个白点。卡扬德几乎立刻意识到这可能是一种全新的东西。他怀疑他发现的是一种生命，一种小到按当时的定义还不能称之为生命的生命，小到足以穿过用于除去生命的滤纸，但依然是生命的生命。

接下来的四年里他重复着他的实验，没有发表论文，而是最终写了一份简单的申请：在那些死细胞中有一种微小的、似乎是生命的物质存在。他继续工作着，试图确认他的初步结果，他开始想象他的发现的重要性。他发现了一种新的生命，一种可能很常见甚至无处不在的生命。至少这是奥拉维·卡扬德生命的转折点。他和他的前辈一样，通过观察，通过观察肉眼看到的东西开启了他的研究。这样的观察与科学家"已知"的事实不符，但就像卡扬德后来自己说的那样，"这是一种假象，一种重要的假象，一种需要我们解释的假象"。②

1990年，卡扬德的研究到达了临界点。他已经申请了经费，所

① 引自2008年4月10日对卡扬德的采访。
② 同上。

以现在其他人已经知道了他的发现，但他并没有得到这份经费，于是他别无选择。为了守卫他的智慧结晶，也是一种因为缺少经费而做的权宜之计，他在5月8日申请了关于纳米细菌的专利，专利的主要内容是"一种可以逃脱除菌过滤并可以自主繁殖的生物体的培养和检测方法"。为了申请专利，他借鉴林奈双名法为这些生物起了一个属名，纳米细菌（*Nanobacterium*）。审批用掉了两年时间，但至少从专利部门的角度来说，这份专利表明卡扬德分离出了一种生命：一种和病毒不同的生命，它们可以自主繁殖；一种和细菌不同的生命，坦白讲，它们小得不可思议。他觉得这份专利可以在他做出更多发现之前控制住那些"猎犬"，然而，他低估了那些"猎犬"。

那些"猎犬"不期而至，咬牙切齿。争议接踵而至，卡扬德面临的是和麦凯及其团队那时一样的问题。那些"生命"在很多科学家看来实在太小，无法形成真正的生命。同样是50纳米，它们的大小和那些火星微生物几乎相同。

没有人知道最小的生命可以有多小。几年前，大部分关心这个问题的微生物学家认为大概是800纳米。新的发现让这个数字不断缩小。2002年，一种新的微生物在冰岛沿岸的一处海底热液系统中被发现。其发现者卡尔·斯泰特尔将其命名为骑火球纳米古菌（*Nanoarchaeum equitans*）。它是一个新的古生菌门中的一种。它只有400纳米宽，是那时已知的最小微生物的一半大小。此前的研究无法检测到它的存在，它在常规方法中是不可见的。[①]

对于微生物学家来说，这一个门的生物是一个重大发现。[②]就像

① Huber, H., M. J. Hohn, R. Rachel, T. Fuchs, V. C. Wimmer, and K. O. Stetter. 2002. A New Phylum of Archaea Represented by a Nanosized Hyperthermophilic Symbiont.
② 斯泰特尔实际上将其看作是一个新的生物界。详见Stetter, K. O. 2006. *Philosophical Transactions of the Royal Society*. 136: 1837–1843。

哈利法克斯大学的生物学家福特·杜立特尔（Ford Doolittle）说的那样，它和"腔棘鱼或者其他宏观的'活化石'一样值得注意"。纳古菌似乎是寄生在一种更大的叫作燃球菌的古生菌上。纳古菌之所以这么微小，一部分原因是它们利用了一些其他细胞的化学合成系统。于是我们所知的最小的生命仍在不断变小。[①]另外，就像两位微生物学家评论的那样，"对其产生挥之不去的怀疑，或者是抱有希望，取决于你的立场，可能还有更加古怪的微生物躲过了我们的视线"。最近的研究表明，大部分古生菌可能无法用现有的检测微生物的方法发现。[②]一些微生物学家仍然认为我们可能会发现全新的第四域生命，和真核生物、古生菌以及细菌并列的第四域生命。可以肯定的是，这是一个浪漫的想法，但它并不像它表面看上去那样可笑。

然而，即使我们认知中最小的生命的尺寸在不断缩小，科学家们也在严肃地谈论第四域生命存在的可能性，但大多数微生物学家仍然认为活细胞存在生理上或者仅仅是物理上的大小极限。如果我们将一个大肠杆菌细胞不断拆分，只剩下必需的基因和组分（即DNA、RNA和核糖体），那仍然需要一个至少200纳米的细胞去容纳这些东西。[③]在一次探讨活细胞可能的最小尺寸的会议上，哈佛大学的古生物学家安德鲁·诺尔（Andrew Knoll）提出，他认为"很多人相当赞同……200纳米似乎是细胞所需的最小极限"。比200纳

---

① 布歇尔（Boucher）和杜立特尔提到，这种微生物的发现还有其他重要意义。其发现表明，我们仍然不擅长发现所有微生物，即使我们在有意地寻找它们。

② 与安德里亚斯·泰斯科（Andreas Teske）的电话记录。另见 Teske, A. and K. B. Sorenson. 2008. Uncultured Archaea in Deep Marine Subsurface Sediments: Have We Caught Them All? *International Society for Microbial Ecology* 2: 3–18。

③ Workshop on Size Limits of Very Small Microorganisms, 22–23, October 1998.

米还小的细胞"不足以容纳我们已知的生命必需物质"。[①][②]对于大多数人来说，100纳米，也就是卡扬德发现的纳米细菌和麦凯发现的火星微生物的最大尺寸，依然是太小了。[③] 在一篇认同纳米细菌的文章中，作者不得不加上这样一段话："不幸的是，纳米细菌存在着明显的问题。我们不清楚，尺寸通常比一般细胞小得多的纳米细菌……是否能够容纳生命所需的最基本物质……"[④]

尽管面临着这些批评，卡扬德最初的发现似乎开辟了一条新的研究途径。卡扬德和他的合作者内娃·奇夫特奇奥卢（Neva Ciftcioglu）在他们研究的所有环境中都发现了纳米细菌。纳米细菌的分布很广泛，在人体各处都有分布，尤其是在一些病变部位：卵巢癌细胞中，肾结石中和心脏病病人体内。人们很早就知道，钙化颗粒与多种疾病有关。[⑤]卡扬德开始觉得，那些颗粒可能是纳米细菌，随后，其他科学家也开始这么认为。现在的研究表明，纳米细菌和很多种疾病，也就是和很多关于身体的"坏消息"有关：类风湿性关节炎、胆囊结石、HIV、癌症、阿尔茨海默氏病、前列腺炎，甚至是不起眼的牙周疾病。关于纳米细菌和肾结石关系的研究现在成为梅奥诊所和其他地方的一些科学家的主要课题。芝加哥大

---

① 克里斯蒂安·德迪夫（Christian de Duve）引自Vogel, G. 1998. Finding Life's Limits. *Science* 282: 1399。

② 在读到这些关于生命大小的最小极限的强硬论断时，我想到了福布斯的"无生带"。生命似乎总是在挑战我们假想的关于大小或是否存在的准则。

③ 这个数量级无法进行直接测量，但据报道，卡扬德的纳米细菌是圆形的，直径为100纳米，而麦凯的火星微生物有100纳米长，但只有20纳米宽。

④ Boucher, Y., and W. F. Doolittle. 2002. Something New Under the Sea. *Science* 417: 27–28.

⑤ 例如Carson, D. A. 1998. An Infectious Origin of Extraskeletal Calcification. *Proceedings of the National Academy of Sciences* 95: 7846–7847。卡尔森（Carson）是美国国家科学院院士。

学的肾结石专家弗雷德里克·科（Frederic Coe）将纳米细菌和肾脏疾病的关系称为"我能想象到的有关肾结石研究的最诱人的关系之一"。[1]

通过研究纳米细菌，卡扬德和奇夫特奇奥卢成为了新时代的列文虎克，或者说是新时代的列文虎克和巴斯德（Pasteur）。他们通过观察，极大地扩展了生命的范围。没有人想象过生命可以如此微小。像他们的前辈一样，卡扬德、奇夫特奇奥卢和他们的团队发现了之前没有人发现过的东西。

如果能够像前人发现线粒体和叶绿体的"前世"一样，找到纳米细菌的RNA（或者是DNA），并且用沃斯的方法找到纳米细菌在生命之树上的位置，这对卡扬德和奇夫特奇奥卢的工作将是强有力的支持。仅仅看到纳米细菌是不够的：纳米细菌一定有自己的组分——核苷酸、酶和蛋白质——和其他生命形式类似的组成部分。他们做到了。1998年，卡扬德和奇夫特奇奥卢从一组样品中分离出了RNA。RNA分析表明，纳米细菌是一种变形细菌（proteobacteria），并且可能存在着几十亿种类似的变形细菌。这些变形细菌都比之前预测的最小尺寸还要小，它们生活在我们的身体中，能够穿过我们用来过滤血液的系统，在我们身上悄无声息地活动着。他们的团队发现了世界上最小的生命，而且这种生命无处不在。

对于卡扬德和奇夫特奇奥卢来说，从纳米细菌中分离出RNA是一个奇迹般的时刻。他们已经做出了一百年来最重要的发现之一。

---

[1]　Vogel, G. 1998. Bacteria to Blame for Kidney Stones? *Science* 28: 153.

然而遗憾的是，很少有科学家赞同他们的结果。在他们关于纳米细菌RNA的文章发表之后不久，另外一个团队表明卡扬德发现的RNA与实验器材上一种常见的细菌很类似。[1]他们得出这个结论很可能是因为受到了污染，因而卡扬德和奇夫特奇奥卢不得不重新开始。到目前为止，这就是纳米细菌RNA故事的现状，我们仍然在等待着最终的结局。卡扬德现在甚至怀疑纳米细菌并不是通过核酸进行繁殖的。在他看来，有关纳米细菌的真正重要的问题正在被科学界关于它们是否应该被认为是生命的辩论掩盖。

卡扬德和他的同事奇夫特奇奥卢以及各自独立而仍在合作的研究团队，是世界上屈指可数的还在研究纳米细菌的科学家。[2]几乎所有有关纳米细菌的文章都是由卡扬德、奇夫特奇奥卢或者他们的同事发表的，大多发表在一些不知名的期刊上。就像他们之前的探索者一样，如马古利斯、沃斯，甚至列文虎克，他们是他们自己最坚定的支持者。他们的文章通常会被拒稿，但这群科学家们仍在坚持。

学界对卡扬德和奇夫特奇奥卢发现的"生命"研究较少的原因之一是，在更多的证据出现之前，研究它们是很冒险的。没有单位愿意出资支持研究一种不知道是否存在的生物，尽管这种研究正是林恩·马古利斯之前做的。[3]事实上，他们的研究经费已经枯竭了。至少从卡扬德的角度说，已经有8年没有经费愿意支持他们研究纳米细菌了。[4]

---

① Cisar et al. 2000. An Alternative Interpretation of Nanobacteria-Induced Biomineralization. *Proceedings of the National Academy of Sciences* 97: 11511–11515.

② 还有一小部分例外，即梅奥诊所的研究团队。该研究团队的人数正在日益增长。

③ 除了NASA，NASA倾向于资助那些狂野的，有时并不是那么可信的研究。

④ 2008年4月10日对卡扬德的采访。

另一个问题则更为复杂。卡扬德和奇夫特奇奥卢都不在大学任教。卡扬德曾在祖国芬兰的Kiobe大学担任教授，但另一位芬兰教授指控卡扬德学术不端，表示纳米细菌并不存在，它们存在的证据只可能是伪造的。该案最终被驳回，但是损害已经形成。卡扬德失去了职位，也失去了经费。他又一次失去了研究经费，但这次他采取了更不同寻常的手段：他开了一家研究针对纳米细菌引起的疾病进行治疗的公司——他之前就认为纳米细菌不仅仅微小，而且致病。

在学术界，经济上的成功，甚至仅仅是存在经济上成功的可能性，都是值得怀疑的，尤其是某种依靠很难验证的科学结论而获得的成功。最近，卡扬德和奇夫特奇奥卢成为一家现在名为纳米细菌生命科学的公司的科学顾问，致力于开发让人们摆脱纳米细菌困扰的技术。他们一起开创了纳米细菌公司的前身，后来它被收购，并成为一家在纽约证券交易所上市的公司。纳米细菌越是常见，越是致病，纳米细菌公司就会赚越多钱。考虑到经济上的效益，卡扬德和奇夫特奇奥卢就有了在越来越多的地方发现纳米细菌的动力。他们发现的越多，人们需要针对性治疗的证据也就越多。人们觉得卡扬德和奇夫特奇奥卢有了迎着偏见前进的动力，就像罗威尔看到火星上他一直希望看到的城市一样。

所有人，包括卡扬德和奇夫特奇奥卢最坚定的反对者也同意一些看法。他们确实发现了一些东西。那些东西可以繁殖，而且可以通过液体，如血液传播。大部分人也同意纳米细菌对抗生素没有反应，而且在沸水中也能生存。一些科学家怀疑，纳米细菌确实存在，但是是一种类似生命的晶体（具有引发疾病的能力），它们并不满足称之为生命的条件。^①其他人并没有这么包容，但所有人都认为卡扬德和奇夫特奇奥卢的纳米细菌理论过于大胆。意大利教育、大学与科研部的帕斯奎尔·乌尔巴诺（Pasquale Urbano）和弗朗切斯科·乌尔巴诺（Francesco Urbano）这样评价纳米细菌理论说："这个理论和建立在巴斯德和科赫（Koch）坚实的理论基础上的细菌致病论一样具有革命性，也和催生了病毒学的'有传染性的活的流质'（*contagium vivum fluidum*）一样具有革命性。"乌尔巴诺兄弟并不同意现在就对该理论的正确与否下定论。^②在一些不知名的期刊和会议中，这些看似神秘的辩论涉及很大的利害关系。卡扬德现在宣称世界上每两个人中就有一个人死于由纳米细菌引发的疾病。如果他是正确的，那么他的理论就是颠扑不破的真理；但如果他是错的，他也错得比所有人都要离谱。

　　列文虎克、欧文、沃斯，以及其他在各自领域边缘或者说是前沿的人都被人们接纳了。就像乌尔巴诺兄弟在他们的文章中指出的那样，伽利略似乎也得到了世人的接纳。这些探索者都得到了平反，但是他们的想法最初都在被世人接纳的边缘。如果我们想要做出下一个重大发现，想要发现生物学的全新领域，那可能做出这些发现的不一定是那些受人尊敬的科学家，不一定是资金充足的大型实验室。奥拉维·卡扬德和内娃·奇夫特奇奥卢恰好满足这样的条件，但他们两个是不是过于边缘、过于疯狂了呢？最近，乌尔巴诺兄弟的另一番话似乎总结了一部分或者说很多生物学家的观点，"伽利略是被历史平反的，而卡扬德和奇夫特奇奥卢目前只是被网

---

① 即使是卡扬德，现在也称之为"钙化纳米颗粒"，以避免陷入其是否满足生命定义的争议。

② Urbano & Urbano 2007. Nanobacteria: Facts or Fancies? *PLoS Pathogens* 3, e55.

络平反：有关纳米细菌的搜索，谷歌上有90500次点击，而雅虎上有198000次点击。"

卡扬德和奇夫特奇奥卢似乎满足了做出重大发现的第一个条件，即不被主流科学界接受。时间将会证明他们是否满足第二个条件——他们的理论是正确的。

同时，法国国家科学研究中心立克次体研究中心的迪迪埃·拉乌尔（Didier Raoult）带领的一群法国科学家在纳米细菌方面做出了新的研究。这项研究涉及来自于七个不同研究所的科学家，并于2008年2月悄悄发布。[①]他们认为他们已经确凿地弄清楚了纳米细菌到底是什么，并据此给它们起了一个新名字：纳米子（nanon）。

他们从重复卡扬德的一些实验开始。在大多数情况下，他们发现纳米子的性质和卡扬德描述的相符。纳米子在胎牛血清中生长。它们在培养瓶底部形成云雾状浑浊。它们还可以穿过微孔滤膜，在血清之间传播。起破坏DNA或者RNA作用的DNA酶或者RNA酶对它们没有作用，抗生素也对其无效。所有这些性质都已经被卡扬德发现，但是独立重复他们的实验以确认这些性质也是意义重大。

接下来，拉乌尔的团队开始了新的实验。实验结果表明，纳米子在酸性条件下或者在结合钙离子的化合物存在的条件下，能够被紫外线或者伽马射线杀死。在电子显微镜下，他们发现纳米子是种简单致密的同心圆环，就像是牛的眼睛一样，被一圈"松散的光环"环绕着。它们比卡扬德最开始测量的要大一些，平均431纳米。

---

① Raoult, D., M. Drancourt, S. Azza, C. Nappez, R. Guieu, J. M. Rolain, P. Fourquet, B. Campagna, B. La Scola, J. L. Mege, P. Mansuelle, E. Lechevalier, Y. Berland, J. P. Gorvel, and P. Renesto. 2008. Nanobacteria are Mineralo Fetuin Complexes. *PLoS Pathogens* 4, e41.

渐渐地，一些细节开始逐渐清晰。拉乌尔的团队重复了有关纳米子致病性的实验。它们确实有致病能力。当变形虫接触到纳米子时便会死亡，胎牛细胞也是。当纳米子被注射到小鼠体内，也可以引起小鼠的免疫反应。

拉乌尔和他的同事们将这些信息汇总起来，并开始建立一个可以解释这些不很相关的现象的理论。这些颗粒可能包含一种蛋白，一种形成金属配合物的胎球蛋白。胎球蛋白是牛血清中常见的一种血清蛋白。其功能尚未被研究清楚，但人们认为其与抑制钙化相关。如果纳米子中包含胎球蛋白，那么它们会被胎球蛋白抗体染色。他们做了这个实验，发现纳米子似乎或者是完全由胎球蛋白构成，或者是由和胎球蛋白紧密结合在一起的其他物质形成。如果纳米子含有胎球蛋白，或者纳米子就是胎球蛋白，那需要解释的问题就有很多。目前还不清楚胎球蛋白是如何进行自我复制的，也不清楚它们是怎样杀死细胞并致病的。尽管有些突然，但拉乌尔和同事们完成了两件事情。他们在严格的实验条件下证实了卡扬德一系列关于纳米细菌（或者说是纳米子）的基本观察结果。和其他的研究一样，他们发现纳米子对细胞有负面影响。这篇文章很谨慎地表明，纳米细菌并不是有生命的，但是它们究竟是不是生命更取决于对于生命的定义而非当前的研究结果。就像卡扬德开始认为的那样，不管它们是什么，它们都是全新的。

在那些不断出现的谜团中，其中之一便是为什么卡扬德最初在纳米细菌样品中发现了RNA。对于卡扬德来说，他有一个他认为可以解释所有事情的理论。他在一次电话采访中说，他"已经解决了纳米细菌究竟是什么的问题"，并已经"拿到了确凿证据"，但要等到他拿到经费才会发表这些结果。所以，我们也只能等待最终结果。

火星微生物的大小和纳米细菌大致相同，所以纳米细菌和火星微生物可能是同一种生物这一说法悄无声息地传播开来。它们可能是生命起源的另一种方式，火星生命可能已经在我们身边存在多年，但因为技术原因一直未被发现。这样的想法一直存在。甚至有人认为，我们都是由纳米细菌那样的早期火星生命演化而来的。有两位英国科学家，J. T. 维克拉马辛（J. T. Wickramasinghe）和 N. C. 维克拉马辛（N. C. Wickramasinghe）提出，银河系的光学折射率，即光在传播过程中因为宇宙中存在的颗粒引起的偏折程度，可能是由于银河系中存在大量如纳米细菌般大小的粒子引起的。换句话说，纳米细菌十分密集，甚至改变了我们看到银河的样子。①二人还认为，云层中的纳米细菌会向全世界散播疾病。事情开始变得有些棘手，甚至有些疯狂。

对于在地球上发现纳米细菌的卡扬德和奇夫特奇奥卢来说，以及在火星岩石中发现纳米细菌的麦凯的团队来说，他们的事业现在已经被捆绑在一起了。奇夫特奇奥卢在回土耳其之前和麦凯一起工作了一段时间。不管纳米细菌和火星岩石中的生命之后的命运如何，它们都将永远被联系在一起。大卫·麦凯现在发现了更多他认为可以证明火星生命存在的证据。这次是从纳卡拉（Nakhla）陨石中发现的。麦凯为陨石拍照，并发现上面有很多微小的坑洞。他

---

① Wickramasinghe, J. T., and N. C. Wickramasinghe. 2006. A Cosmic Prevalence of Nanobacteria. *Astrophysics and Space Science* 305: 411–413.

认为这些坑洞和一些微生物钻进岩石产生的坑洞很类似。于是，新一轮批评开始了。过一段时间，我们将知道科学界对此的评价如何。如果我们等待的时间更长一些，我们将会知道这些评价究竟是不是正确的。

13　错误的研究对象？

且天地大也，其在虚空中不过一粟耳……谓天地之外无复天地焉，岂通论耶！

——邓牧，13世纪中国哲学家

所以我认为，神学上的争论常常就是无视别人在说什么，只是空谈一只没有人见过的大象。

——约翰·戈弗雷·萨克斯（John Godfrey Saxe）

在我的同事、壁球伙伴和其他会带给我悲伤的人的反对下，我参加了2007年7月在波多黎各圣胡安举行的生物天文学会议。为了写这本书，我花了很长时间来阅读天体生物学和生物天文学的书籍和论文，了解到研究宇宙中的生命确实是严肃的科学。总之，这是一个由NASA和美国国家科学基金会支持的研究领域。然而，我还是预感我会听到有关外星人绑架和外星探测器的故事。我收拾行囊，乘飞机来到了古老的圣胡安。想到我可能会遇到的事情，我先让自己的情绪稳定下来。

踏入会场后，我看到了那些生物天文学家，或者用更为常见的说法，天体生物学家。他们在宾馆的一大群客人中很容易辨别，这很大程度上是因为他们脖子上挂着这次会议的巨大名牌。这些名牌就像是方便社交用的速记一般，不用担心缺少彼此间的介绍，仅仅阅读名牌就能知道那个人是谁，还有他是不是来自你感兴趣的地方。我看了看自己的名牌，"罗布·邓恩，北卡罗来纳州立大学"，我伪装好自己的怀疑，径直走了进去。

我发现那些天体生物学家总的来说并不是特别温文尔雅，不擅社交，也不太清楚该使用哪一把叉子。他们只关注自己的工作，常常容易心烦意乱。他们彼此讨论着，并不觉得需要提前介绍一下，常识或原则对他们而言显得有些模糊。没有人穿着星际迷航的衣服，但也没有多少人穿着得体的西装。他们并不是主流科学的门外汉，而是我熟悉的那些有点笨拙的、痴迷于研究的科学家，是自己人。[①]

人们可能会觉得科学会议就是讨论科学的，但是大多数科学会议，包括这次生物天文学会议，更重要的是交际，让一群志同道合的人在泳池边聚会，喝鸡尾酒。在热浴池里，容易激动的学生们谈论着谁的科学存在缺陷，谁得到了本不属于他的补助金，谁找到了什么新工作，以及他们每个人要做的大事。和年轻的学生一起熬夜的老人则希望，纵使他年华已逝，这些学生还可以继承他的智慧。

但在这些日常的癖好、性和自我（ego）的竞争中，隐藏着重

---

① 为了让我避免错过回到悲伤状态的机会，他们让我想起了和我打壁球的伙计们。

要的科学。谈话的内容既包含艾伦告诉了约翰什么,那个穿黄裙子女人的可爱之处,又夹杂着来自火星的新样本,那里可能有生命存在,但那里的环境对生命活动也有一定局限,以及陨石中发现的、种类多到令人惊讶的有机物质。我和一个青年学者一起吃了午饭,这个青年学者刚刚完成了一篇有关火星上远古海洋的规模的论文。然后,在另一天和一个现在负责领导寻找宇宙中智慧生命的人吃了饭,并听了一个又一个报告。日常生活的平庸和宇宙的伟大在这里交杂。中午的时候,两个科学家在通过寿司调情,下午一点的时候,这两个人则在探讨生命的起源。

与会者包括梦想家、傻瓜和普通的科学家,他们就像一张张小的图片凑成了一幅大的图画,很难辨别每个人归属的类别。在场的人中,那些更富有远见的人已经接近了未知的边缘,也就是科学的真正前沿,他们更容易犯下大错误。失败、错误的理论和错误的研究项目,可能会导致他们职业生涯的结束,或是仅仅带给他们一点耻辱;可如果成功了,那他们的成果则值得在白宫草坪上召开新闻发布会。

与早年天体生物学刚刚被认为是一门科学的时候相比,举行这次会议时,情况已经有了很大变化。首先,已经有几百位天体生物学家了,他们的研究横跨各个领域,从海洋生物学到人类学,都有涉及。更重要的是,研究的领域已经发生了变化。当弗兰克·德雷克和卡尔·萨根开始在宇宙中寻找生命的时候,我们只有屈指可数的行星可以探索,而且真正去探索的天体生物学家也很少。而现在,我们已经发现了很多新的行星,而且人们已经接受了行星与恒星很是常见这一观点。从组分和气候的角度说,和地球类似的行星似乎数不胜数。生命也能在比我们之前认为的更为严苛的条件下生存。在生物天文学会议召开的当晚，在参会人心目中，其他行星上存在生命的可能性似乎是有史以来最大的。

约翰·戈弗雷·萨克斯曾讲过一个古印度故事，说的是六个盲人[①]来到一头大象跟前试图描述它。一个人摸到了大象的耳朵，觉得它是一个扇子。一个人摸到了大象的侧面，觉得它是一堵墙。一个人摸到了象牙，觉得是摸到了长矛。摸到象鼻的人则觉得他摸到了一条蛇。最后一个人摸到了大象的膝盖，觉得很像一棵树。似乎，在这些天体生物学家中就有一些将来会改变我们看待世界方式的发现者。然而，这些发现者会是谁并不明显。天体生物学中并不缺乏如"可能存在纳米细菌"这样既有革命性又没被人们接受的观点。其中一些是错误的，但也有正确的，评判其正确与否目前仍然很困难。我们很难通过两棵树想象出整片树林的样子，或者就像约翰·戈弗雷·萨克斯说的那个古老的故事那样，我们很难通过大象的几个部位想象出大象的样子。

从某种角度上说，在新领域前沿的科学家很像那些在大象跟前的盲人，知道自己发现了一些东西，但又不清楚自己究竟发现了什么。在萨克斯的故事中，盲人们永远都不清楚大象到底是什么样。但在科学研究中，我们有时能够弄清事实的真相。将不同的观察结果整合到一起通常不仅取决于科学家的洞察力，也取决于讨论，一种在非正式场合下对想法的打磨。会议以及其他非正式交流的机会有时是不同的观点开始融合的桥梁。从某种意义上说，真正迷人的科学并不在报告中，而在几个人的对话中，报告往往只是一个大图景中的一小部分。如果说在洗手间里，在咖啡桌、餐桌边和在热水

---

① 此处说"六个盲人"，但下文只描述了五个盲人的情况。中译文尊重原文的表述。——译者

池中的对话可以给我们一些提示的话，那么可以说，火星仍然是盲人们尚无明确印象的大象。"火星"被提到太多次了，以至于人们觉得它就在眼前。在适当的光线下，在足够浓的朗姆酒的麻醉下，人们从旅馆的阳台向外看，觉得用肉眼就可以看到火星的生命。在火星上，我们找到了过去曾经存在海洋的更好的新证据，找到了适宜生命生存的化合物的新证据，找到了存在甲烷的证据以及可能存在地下生命的洞穴的新证据。我看到了一个人，他绘声绘色地和别人谈论着那些可能存在的洞穴，然后走进了宾馆休息室。很少有人会指责天体生物学家们缺乏研究的焦点。

我们还没有踏上过火星，还没有亲手挖掘和仔细筛查过火星的土壤，以寻找生命的微光，那些不可否认的生命迹象。似乎会有那么一天，我们会亲自前去寻找。同时，科学家们正在积极、热心、狂热地研究地球上那些类似火星的地方，例如岩石中和地表以下的地方，这些地方也是地球上最为极端的环境。如果地球上存在来自火星或者宇宙中的其他地方的生命，那它们一定在我们很少光顾的地方，在那些教授派他们的研究生前去考察的地方。

包括很多参会者在内，天体生物学家现在将极端环境下的生命看作是火星或者其他行星上生命的参照物。这是他们正在寻找的，但是他们最终也可能会发现一些完全不同的东西。萨克斯的故事中没有提到的一种可能是，其中一个盲人从大象面前走过，摸到的却是其他的生物。天体生物学家在研究地球上的极端环境时觉得，从某种意义上说，他们已经摸到了宇宙中生命的一个部分。随着时间的推移，他们的发现可能会使宇宙中生命的故事更加充实，但也有可能，他们发现的只是地球上的新生命——不管宇宙中的其他地方是否存在生命，这样的发现也足以改变我们的世界。

现在我们知道，地球上一些最冷或最热的地方也有生命存在。热泉中满是生命，最炎热的沙漠中也有大量的微生物。我们的肠道中也存在着各种生命[①]，在两万五千米高空的云层中，甚至在飘落的雪花中都有微生物的存在。我们也在核废料中，甚至是在地球上一些条件最为严苛的角落中发现了微生物的踪迹。但一些天体生物学家认为，宇宙中生命所在的环境可能比云层、雪花或是沙漠更为严苛。我们过去曾认为深海底部以及地壳中是没有生命存在的，而宇宙中生命的生存环境可能和这些地方一样荒凉。

要想理解生机勃勃的地球，你可以想象你是在骑马。你骑马沿着小径穿行在地球上的绿色生命之间：树木，灌木，以及以它们为食的动物，也包括你正骑着的马。地心引力让你和你的马能够站在地上，不至于飞出地外。在马的脚下则是土壤，这个由破碎的岩石和尸体构成的世界，土壤之下几英寸的地方就是岩石。更深的地方则是古老的，我们通常认为是由岩石构成的地壳。绿色生命和土壤加起来最多几十米厚，而深层土壤和地壳则比它们厚很多倍，有的地方甚至可以达到几十英里厚。它们的深度不尽相同。比如在佛罗里达州，人们离脚下的地狱世界近得多，就像佐治亚州的人长时间以来怀疑的一样。在地壳下面是大约两千英里厚的地幔，再深处则是想象中的地球中心——地核。

从地球剖面的角度看，你和你的马、绿色的树木和日常生活中熟悉的一切几乎都是不可见的，都是可以忽略的。从剖面来看，地

---

① 不是针对个人，每个人都是。

球基本是没有生命的，或者说，我们长时间以来一直是这样认为的。和之前一样，这样的想法足以让我们在一段时间里忽视地壳以及地幔中生命的存在。经过了上次的会议，在和越来越多研究地壳的科学家交谈之后，我开始觉得，土壤之下、海底之下的地球很可能充满生机。我们能在地面上走多远，生命就可能在多深的地方繁衍。

新发现总是断断续续地出现。1977年，"阿尔文号"潜艇上的科学家发现了深海热液喷口。1991年，他们又乘坐"阿尔文号"做出了另一项伟大发现。和之前一样，没有人知道他们发现的是什么，至少当时不知道。自从"阿尔文号"第一次科考以后，事情已经有了一些变化。大面积的深海热液喷口已经在地图上标出，"阿尔文号"用于收集生物样本的设备也变得更加齐全，而且关于深海热液喷口的论文也已经发表了数百篇。如果说大发现总是偏爱有准备的头脑（或者说是有准备的水下考察），那"阿尔文号"一定已经准备好了，只是准备得不够充分而已。

由海洋地质学家蕾切尔·海蒙（Rachel Haymon）带领的一队科学家在东太平洋的一个地方进行考察。这个地方，人们只知道其坐标为北纬9°50'，西经104°18'，而无其他了解。他们想考察的是海平面以下8500英尺的地方。从某种意义上说，他们已经知道自己会发现什么了。1989年，人们将一个摄像机和一套热成像系统送下海面，用以记录一组沿着一个长槽状火山口分布，大约延续82千米的深海热液喷口。科学家们已经从早前的科考中拿到了照片和地图，所以他们现在只需要找到已经标记好的喷口，并对其进行更加深入的研究。第一次下潜时，船上是蕾切尔·海蒙、凯伦·冯·达姆（Karen Von Damm）和辛迪·范·多佛（Cindy Van Dover）。这可能是第一次全部由女性完成的水下考察。[①]她们去到了她们认为是此前标记的喷口带最南端的地方。可当她们到达海底时，情况似乎有了一些变化。海水很浑浊，而且她们周围满是升起的黑烟。事情看上去似乎不太正常。

在第二天的潜水中，之前参与了发现深海热液喷口的首次科考的科学家约翰·埃德蒙德乘"阿尔文号"到达海底，他发现了一些不同的东西。到处都有白色的东西，随后，"事情变得很不可思议。他看到了从海底直接冒出的黑烟"。[②]海底似乎发生了什么，而后续的水下考察并没有发现可以解释这个现象的证据。当他们到达喷口带的最北端时，他们根本找不到喷口了。一些人开始怀疑他们是不是没有到达正确的地点。船上的一位地质学家丹尼尔·福尔纳里（Daniel Fornari）觉得，他们已经迷失了方向。[③]

直到4月14日他们还是不知道到底发生了什么。他们很兴奋，但也有些迷惑。蕾切尔·海蒙、凯伦·冯·达姆和达德利·福斯特（Dudley Foster）准备乘"阿尔文号"一起潜水，但是"阿尔文号"出了些问题——电路故障。如果"阿尔文号"在上午10点之前没能下水，那么当天的任务只能取消。9点50分的时候故障仍未被修复，9点52分的时候故障依旧。9点56分，9点58分。最终，就在差两秒钟就到10点的时候，"阿尔文号"启动了。[④]他们非常渴望发现更多东西，这样的渴望也让他们备受煎熬。当他们到达海底时，整个

① 引自2000年4月23日对蕾切尔·海蒙的电话采访。
② 同上。
③ Kunzig, R. 1992. Time Zero. *Discover* 12, 1.
④ 至少，他们在复述这个故事时是这样说的。

潜艇都暗了下来。显然，电路故障并没有完全修复。他们当时是在海平面以下一英里半的小潜艇里，而且没有灯光。一般人可能会感到惊慌，或至少要求回到海面。相反，达德利的第一反应是修好潜艇，因为潜艇外面有很多东西等着他们去发现。

达德利·福斯特迅速打开了应急灯，并在面板上敲打着。最后，他让灯重新亮了起来，"阿尔文号"载着里面的科学家穿过一道海脊，到达了之前发现喷口的长槽状火山口处。当他们接近那道海脊的时候，蕾切尔·海蒙看到了一只管虫——只有一只，离它应该在的地方很远。那时，她还来得及思考："嘿，那只管虫在那里做什么呢？"

而当"阿尔文号"绕过那座海脊时，管虫、螃蟹和其他在照片中看到的生物都消失了。取代它们的是一片白色的东西，这些东西就像暴风雪一样，也有点像银河。他们视野所及的海里满是白色的斑点，这些斑点被流动的海水拍打着。科学家们后来也不知道该怎么描述这样的景象："白色絮状物"，"泡沫"，"白色碎片"，"白色的东西"。他们灯光所及的地方，至少30米，也就是90英尺的范围内都是这种白色的东西。在潜艇下面，海底铺满了几厘米厚的这样的白色沉积物。他们并不知道这是什么，但这些白色的物质已经包围了他们。①

在"阿尔文号"上方则是几千英尺深的黑暗冰冷的海水。"阿尔文号"是几英里范围内唯一的光源，节省了深海鱼类发光（这种

---

① Haymon, R. M., D. J. Fornari, K. L. Von Damm, M. D. Lilley, M. R. Perfit, J. M. Edmund, W. C. Shanks, R. A. Lutz, J. M. Grebmeier, S. Carbotte, D. Wright, E. McLaughlin, M. Smith, E. Beedle, and E. Olson. 1993. Volcanic Eruption of the Mid-ocean Ridge Along the East Pacific Rise Crest at 9° 45–52'N: Direct Submersible Observations of Seafloor Phenomena Associated with an Eruption Event in April, 1991. *Earth and Planetary Science Letters* 119: 85–101.

光通常来自鱼类及共生微生物）的能源。尽管这些泡沫状的斑点相对海洋来说微不足道，但是它们似乎很重要。诗人鲁米（Rumi）这样写道："海洋之眼是一回事，泡沫是另一回事。让那些泡沫消散，让我们注视海洋之眼吧。日日夜夜都会有泡沫从海面诞生……"然而此时，这些白色的暴雪状的泡沫似乎比他们周围几英里黑暗冰冷的海水中的东西都要重要。

在"阿尔文号"狭窄的船舱里，科学家们就那些白色物质是什么的问题争论起来。船上的化学家们认为那些东西一定是生命。生物学家们则认为它们是化学物质，不是生命。[①]所有人都觉得他们看到的东西分外新奇，一定不属于自己的研究范畴。但是，那些白色物质到底是什么并不是当时最需要解决的问题。虽然整个海底都是白色的，但这并不是全部的异常现象。

有水从火山口壁及一个巨大的裂缝中流出，周围还散落着动物组织的碎片，如同一个犯罪现场。不管之前发生了什么，这肯定是一场突如其来的剧烈变化。周围不止有动物的尸体，还有垂死挣扎的动物。"有几千只管虫和蚌，都是死的。它们被烤熟了，被撕碎或者炸开了。"更奇怪的是，海底的尸体周围并没有食腐动物，一切都好像是刚刚发生的。这就像一起火车事故，但是火车在哪里呢？然后，大家立刻看到了这列"火车"。那是一片夹杂着白色絮状物的灰烬，里面还有玻璃碎屑。他们后来发现，那些玻璃碎屑中

---

① Haymon, R. M., D. J. Fornari, K. L. Von Damm, M. D. Lilley, M. R. Perfit, J. M. Edmund, W. C. Shanks, R. A. Lutz, J. M. Grebmeier, S. Carbotte, D. Wright, E. McLaughlin, M. Smith, E. Beedle, and E. Olson. 1993. Volcanic Eruption of the Mid-ocean Ridge Along the East Pacific Rise Crest at 9° 45–52'N: Direct Submersible Observations of Seafloor Phenomena Associated with an Eruption Event in April, 1991. *Earth and Planetary Science Letters* 119: 85–101.

有融化的矿物、动物组织碎片、纠缠在一起的微生物（其实是硫）和很多硫化物。那时，他们才意识到他们看到的是水下火山活动的痕迹。这次火山活动刚刚发生不久，那些螃蟹还没有来得及吃掉在火山活动中死去的动物。

当"阿尔文号"回到水面时，所有人都迫不及待地想知道他们看到了什么。海蒙和同伴们拿出了他们一个带回的样本，一只管虫的尸体。它闻上去就像是烤汉堡。[1]很快，大家对海底发生了什么便没有了异议。[2]而第一次水下考察的发现也并不是他们这次科考中唯一令人兴奋的发现。对于参与这次科考的几乎所有人来说，这次科考是他们人生中最刻骨铭心的经历。

随着对那座海脊和喷口的进一步考察，故事也变得更加清晰起来。他们从浑浊的水中驶过，其中的矿物颗粒使得能见度很低。他们并不是像他们此前怀疑的那样迷路了，而是因为海底的地貌被之前的喷发彻底改变了。他们一开始看到的管虫是被火山喷发炸到那里去的。很多其他动物都在这次喷发中死去、消失或是被那些仍有待研究的白色物质包裹着，掩埋在黑暗的玻璃质熔岩下。他们之后鉴定了从那里收集到的熔岩，得出的结论是，喷发是在3月26日到4月6日之间，而他们的第一次水下考察是在4月1日。

海底火山经常会喷发，每年从洋中脊中喷出的岩浆达数千公里，但是喷发之后的景象却很少有人见到。实际上，之前从没有人见过这样的景象。现在，这样的景象就这样华丽地呈现在他们面前。

---

[1]　他们最终给出的名字是"管虫烧烤"。
[2]　当他们最终达成共识时，他们对水下火山活动的后果有不同的看法。可能只是每个人对这种可能性的接受程度不同。

海底火山喷发的发现就像深海热液喷口的发现一样，离不开卡尔·维尔森。维尔森在深海热液喷口发现之前很长时间就在研究利用硫化氢作为能量来源的微生物了。在研究期间，维尔森和另一位来自伍兹·霍尔海洋研究所的海洋生物学家克莱格·泰勒（Craig Taylor），发现了一些与海蒙及其同事发现的"海底暴雪"相关的东西。1977年，泰勒和维尔森发现，一些来自海岸和沼泽的细菌可以从硫化氢中获取营养，产生丝状物质作为它们新陈代谢的副产品。这些丝状纤维可以使它们附着到岩石或者其他生物上。这种"适应"（实在找不出更好的词来形容了）很是巧妙。

随着时间的推移，泰勒和维尔森意识到，那些深海中的白色絮状物也是由细菌产生的，读到这里，可能你也已经猜到了答案。[①]那片"暴雪"实际上是细菌及其分泌物形成的，90英尺厚的云状物质。[②]这片繁盛的生命及其分泌物是在岩浆涌出时从地壳的裂缝和洞穴中逃出来的。生命在那片曾被认为没有生命存在的地方涌出的浓烟中，被浓烟呛得"咳嗽"起来。[③]那片"暴雪"本身没有生命，但是产生这片"暴雪"的细菌无疑是有生命的。

尽管维尔森和泰勒在海滨及沼泽发现的细菌和在深海喷口发现的看上去相似，而且在分泌含硫纤维方面也很类似，但是它们似乎并不可能有很近的亲缘关系。表面上看，它们的栖息地完全不同。

[①]　Taylor, C. D., and C. O. Wirsen. 1997. Microbiology and Ecology of Filamentous Sulfur Formation. *Science* 277:1483–1485; Taylor, C. D., C. O. Wirsen, and F. Gaill. 1999. Rapid Microbial Production of Filamentous Sulfur Mats at Hydrothermal Vents. *Applied and Environmental Microbiology* 65: 2253–2255.

[②]　几乎由纯净的硫单质构成。

[③]　在他们于1999年发表的关于细菌的论文中，泰勒、维尔森和另一位合作者弗朗索瓦丝·盖尔（Françoise Gaill）证明，细菌能够快速移居并大量繁殖。如果在一个活动的热液喷口附近放置一只金属环，金属环很快就会被细菌及其分泌的含硫纤维覆盖。

但当对它们的核糖体RNA进行进一步分析时（这点多亏了卡尔·沃斯），来自海滨沼泽的细菌和来自深海喷口的细菌似乎有很近的亲缘关系，都属于弓形杆菌属（*Arcobacter*）。这是一种长长的，如弯曲的香肠般的细菌，它们挥动着细细的鞭毛，穿梭在我们曾以为十分贫瘠的缝隙中。根据以往的经验，既然它在海岸和深海同时发现，那么它们可能栖息在很多更为常见的地方。[①]

弓形杆菌将硫化氢转化为对它们自己十分有用的"硫暴雪"这种副产物。当这些白色物质足够致密时，便会形成由硫构成的"垫子"。这些"垫子"可以防止弓形杆菌（可能还有其他生物）被冲走。在喷发之后的几年里，很多多细胞生物都会在这些新的微生物"垫子"上繁殖，从而使得毫无生气的地壳上重新萌发出生机。

在1991年的科考中，"阿尔文号"上的科学家发现了一种生活方式不同于其他细菌的新细菌，但其真正的意义是为地壳中可能存在大量的生命提供一个直观的量度。如果你还记得前面提到的地球剖面的话，那这层意义就会变得更加清楚。"阿尔文号"上的科学家在我们认为的生物圈下面的岩石中发现了大量的生命。在地下和地壳这些体积比地表大很多倍的地方很可能存在生命。现在的问题不再是地下和地壳中是否存在生命，而变成了，用微生物学家诺曼·佩斯（Norman Pace）的话说，"在多深、多热的地方有多少生命"。[②]

大部分生物学家都意识到了海底存在生命，然而，那里有如此

---

① 事实上，在人们认识到弓形杆菌会在深海喷口和海滨沼泽产生含硫絮状物的同一年，人们在污泥、地下水、肉鸡中——这是最为奇异的——也发现了它们。
② Fredrickson, J. K., and C. T. Onstott. 1996. Microbes Deep Inside the Earth. *Scientific American* 275: 68.

丰富的生命依然非常令人惊讶。我们曾经觉得只有地表可能存在生命。我们曾经觉得只有我们能够生存的环境才能够孕育生命。当"阿尔文号"穿过那片由火山喷发排出的细菌形成的云层时，我们才知道我们的想法是错的。这次科考以这样的方式改变了这群科学家的人生。当蕾切尔·海蒙谈到那个时刻时，她每次都不知道该用怎样的语言形容那次发现。但"阿尔文号"的发现并不是人类第一次发现地下和地壳中的生命，也不会是最后一次。这只是我们可能错过的最强烈的暗示之一，而其余未被察觉的暗示可能会更为惊人，至少对我来说是这样。

　　这个故事要追溯到将近90年前了。在20世纪20年代，芝加哥大学的地质学家埃德森·S.巴斯廷（Edson S. Bastin）正在研究从地下的油田深处提取的地下水。这些地下水含有硫化氢和碳酸氢盐。在这些结果的基础上，巴斯廷提出假说：在油井底部可能会存在细菌，这些细菌能够分解石油中的有机物。地壳中的细菌可能并不少见。人们认为他的理论不可能成立，然而，他和芝加哥大学的同事弗兰克·E.格里尔（Frank E. Greer）一起开始使用从油井中取出的样本培养细菌。外界对他们工作的回应完全是负面的。很快，舆论认为那些细菌是污染物。那么深的地方不可能有生命存在。到现在为止，你应该对这种说法很熟悉了。

　　巴斯廷和格里尔无视了这些批评，并做出了更加大胆的预测：他们发现的细菌可能已经有几亿年历史了，它们被困在岩石层中，就像活着的历史一样，生活在过去世界的伊甸园中。[1]在几十年的

---

[1]　Fredrickson, J. K., and C. T. Onstott. 1996. Microbes Deep Inside the Earth. *Scientific American* 275: 68.

时间里，巴斯廷和格里尔关于土壤下古老生命的推测都被人们忽视了。人们仍然认为地下深处不存在生命，即使存在生命，也是刚刚出现的——是科学家自己引入的污染物。

直到40多年后，巴斯廷和格里尔的理论才被人们从历史的尘埃中打捞起，免于遗忘。对这一理论的第一次重要的重新发现几乎招致了与巴斯廷和格里尔之前的工作同样多的批评。1992年，康奈尔大学一位研究兴趣广泛的科学家托马斯·戈尔德博士（Dr. Thomas Gold）提出，微生物在地下和海底之下广泛存在。他推测，如果将这些微生物平铺在地表的话，可能会形成一片五英尺厚的微生物沉积物。[①]戈尔德并没有拿到足以支持这样结论的数据。他只是疯狂地猜测着，但这并不意味着他是错的。

现在需要的是细致的钻井工作，系统地从陆地和海洋中的地下沉积物和岩石中提取样品。接下来，在美国出现了一系列记录良好但鲜为人知的研究，这些研究清楚地表明，地表以下深处存在着生命。[②]然而，这些研究大部分时候都被忽视了。最终，在1994年，布里斯托尔大学的地质微生物学家约翰·帕克斯（John Parkes）挖了一个很深的钻孔。这个钻孔后来广为人知，它位于太平洋海底，大约有1700英尺深。在钻孔中，人们非常非常仔细地将样本提取出来，用于在之后分析是否有生命存在。帕克斯想过他可能会发现什么。他想到过一些可能性，但是在将结果公之于众前，他需要分析这份样品。这份样品被取了回来；里面充满了生命。钻孔中不仅仅

① Gold, T. 1992. The Deep, Hot Biosphere. *Proceedings of the National Academy of Sciences*. 89:6045–6049.

② 当美国地质调查局和环境保护局开始研究如何清理核设施时，他们取了地下深处的样本，用以观察污染有多深。在那些样本中，他们也发现了生命。

存在生命，其中的生命还十分多样，而且其分布也遍布整个钻孔。实际上，没有任何证据显示这个钻孔已经接近了生命所在的深度极限。就像他们在论文中写的那样："似乎细菌在很深的地方仍有分布。"[①]帕克斯和其他人的后续研究进一步证实了这一论断。一些现今采集到的来自地球深处的样本表明，随着深度的增加，细菌的丰度非但没有减少，反而是在增加。

现在的很多研究不仅仅是从海底以下取样，也开始从陆地地面以下取样。这些样品中几乎都发现了生命的存在。巴斯廷现在已经得到了彻底的平反。地球深处已经不再是不毛之地，那里也有生命存在。随着取样深度的增加，巴斯廷和格里尔的观点也被进一步证明是正确的。我们曾经认为海洋中很大一部分是一片死寂。当我们在海底发现生命时，我们认为海底以下是一片死寂。当我们在海底以下发现生命时，我们又一次，毫无依据地认为，更深的地方是一片死寂。

随着更多的研究深入地球内部，科学家开始发现一些分布模式。这些分布模式很是模糊，但也能让我们管中窥豹。在地表下营养丰富的地方，微生物也很繁盛，而且数量和丰度并不随着深度的增加而衰减。但在营养贫瘠的地方，微生物的数量和丰度似乎随着深度增加而衰减。有人推测，同样的趋势也适用于陆地上的深部沉积层，但实际情况仍不清楚。而在海脊附近发现深海热液喷口的地方，又是另一番光景。那里的微生物很致密，而且种类繁多。

所有这些活动都是在海底沉积物和陆地土壤下面的基岩上进行

---

① Parkes, J. R., B. A. Cragg, and P. Wellsbury. 2000. Recent Studies on Bacterial Populations and Processes in Subseafloor Sediments: A Review. *Hydrogeology* 8: 11–28.

的。下一个显而易见的问题则是，在那些基岩中生活着什么。过去的答案是"什么都没有"。现在看来，答案似乎是"有些东西"，甚至可能是"有很多东西"。没有人确定里面有什么，除了那些新理论的拥护者——拥护者总是自信满满。在那些玄武岩中发现的是一个由化石构成的世界，很可能是微生物化石。生物学家们认为根据这些化石可以推测出年轻玄武岩中微生物生存所需的化学物质。他们认为，那些在火山爆发过程中形成的年轻玄武岩中充满了细菌。这些细菌会分泌酸，腐蚀玄武岩并使其释放出有用的化学物质。随着时间的推移，里面的微生物耗尽了所有有用的化学物质并死去，只留下一些包含化石的洞。如果这个理论是正确的，那生命存在的范围将被推向地球更深处。如果这个理论是正确的，那这无疑将为"地球是属于微生物的"这一说法提供助力——岩石中，尘土中和其他所有地方，都可能充满了生命。

想要去估算地球的生命中有多少是微生物是很诱人的。有可能地球的大部分生命都在地下，而在地面上生活的我们，只是其中的少数。这里所说的"我们"，指的是生活在地面上的所有生命。对此，我们很难下结论，一部分原因是地下生命的密度不便于估计。当巴斯廷和同事们第一次在来自地下深处的样本中发现微生物时，他们在显微镜下观察了那些微生物。但是，他们只看到了那些可以培养的、可以在实验室环境下生存的微生物，而其中大部分来自极端环境的微生物则无法在实验室环境中生存，因而巴斯廷和同事错过了它们。当他们用其他方法对细胞进行计数时，他们发现了更多的生物，但谁也不知道它们是什么。当人们使用DNA技术检测那些样本时（只是简单地检测样本中含有什么基因，并没有看到微生物本身），人们发现了很多与众不同的物种，而且其中一大部分在最开始细胞培养的过程中损失掉了。随着时间的推移，这三个方法——观察可培养的细胞，对所有细胞进行计数，分析DNA——逐渐帮助人们描绘出一幅地壳中生命的图画。这还只是一幅草图，但从某种意义上说，毕加索的画作也"只是草图"。就像一个简单的曲线就可以代表一张面孔一样，来自地壳的样本可能意味着一个新世界。

在那个世界中，微生物远比人们想象的更常见、更多样。将这些样本中的细胞密度乘以地下明显可居住的体积（不包括地下那些几英里深的岩石），我们可以得出惊人的估算结果：地球生命一半的质量是在地下的。[①]为了澄清这个诊断，让我复述一下这个结论：据估计，多达地球生命总质量的一半都生活在地下。在我出生的时候，大多数负责任的科学家还认为地表以下是一片死寂。[②]

我们刚刚开始认识到海底地表以下充满了正在分裂的细胞。现在看来，这些地方有多少生命是很难估计的。每次有人做出估计时，其他人就总会有新发现。就在今年[③]，普林斯顿大学的塔利斯·昂斯托特（Tullis Onstott）及其同事的发现把估算的数量再次提高了。我已经找不到更多的词来形容这次发现，因而让我仅仅描述一下他们的结果。昂斯托特在南非一个金矿附近2.8英里深的地下

① Whitman, W. B., D. C. Coleman, and W. J. Wiebe 1998. Prokaryotes: The Unseen Majority. *Proceedings of the National Academy of Sciences* 95:6578–6583.

② 当然，这个估算就像是丹·詹曾评价特里·欧文关于热带节肢动物多样性的估算那样，是胡扯。这个估算很粗糙，就像欧文的估算一样，可能过大，也可能过小。地表以下生命的质量可能远小于总重的50%，但也可能远大于50%。

③ 即2009年。——译者

水中取样。据昂斯托特及其团队估计，这些地下水已经与地表水分离了几千万年。在这份地下水样品中，他们发现了微生物，就像近几年从其他地方采集的水样一样。令人惊奇的是，那些微生物的生存并不依靠光合作用产生的氧气，也不依靠沉积物中的营养成分。相反，这些微生物——既有古生菌又有细菌——只依赖岩石放射性衰变产生的能量生存。

就像现在很多发现微生物的地方一样，昂斯托特和他的同事们取样的那些金矿在我们看来似乎并不适宜生存。那里"是一池压强很大的热盐水，满是硫磺和其他有毒气体的恶臭"。[①]但随着我们取样的地方越来越多，我们逐渐发现，这样的条件似乎是地球上生命生存环境的平均水平。昂斯托特在他的样本中找到的最常见的微生物是一种新的世系，和一些在深海热液喷口附近发现的物种很接近。从生存环境上说，它们一定羡慕深海喷口处的"亲戚"。然而，它们已经延续了数百万年，而这样的时间比脊椎动物的全部历史还要长几倍，因而它们有了更多的演化。我们不需要微生物学学位就可以明白昂斯托特在岩石中采集的微生物不依赖太阳生活，其他很多微生物可能也是这样，甚至大部分微生物可能都是这样。

昂斯托特推断他发现的微生物可能是最接近早期生命的。接着，他拓展了这一说法，这些微生物可能自始至终都是这样生活的。它们可能是我们的祖先，万物的祖先。地球生物可能都是从地壳中演化而来的。地壳可能曾经是我们的家园。所有其他的生命——树木和鸟类，熊和熊虱，男人和女人——可能都是后来出现

---

① Boutin, C. 2006. Two Miles Underground, Strange Bacteria Are Found Thriving. *Princeton University News Release*. October 20.

的，这些生命都是从地壳中迁移而来的。如果这个理论是正确的，我们在地球上热爱的地方，对于大多数生命而言，是很暴露、很冷、压力很低的地方——对它们来说并不是很好的生存环境。对我们来说，深海喷口周围或者昂斯托特的那些古老岩石中的硫是有毒的，但是对于生活在那里的微生物来说，氧气的毒性远比硫对我们的毒性要大。从那些微生物的角度说，我们生活在这个星球上最不适宜生存的环境中。如果它们能产生自我意识，发展出城市和科学，它们会认为地球表面不存在任何生命——那里的气温太低，气压也很低，而且一切都暴露在致命的太阳光线下。

对于昂斯托特来说，通过研究古老岩石中的生命迹象，他和弗兰克·德雷克、卡尔·萨根以及其他科学家一样，希望地球上的微生物最终能从更宽泛的层面为寻找宇宙中的生命给我们一些启发。当被问到他觉得他的新发现最激动人心的部分是什么时，他毫不犹豫地说：“真正使我垂涎的是火星表面之下可能存在生命。这些细菌已经隔绝地球表面几百万年，在多数生物认为并不宜居的地方繁衍生息。这些细菌的生存是否会受到地表变化的影响呢？如果不会，那么，长久以来地表没有生命存在的行星上存在生命的可能性则会提高。”[①]在期待宇宙中生命的同时，昂斯托特还在忙着整理他在地球的新发现——地下的一整个新世界。

回头看看那次生物天文学会议，太阳刚刚从弗朗西斯·德雷克爵士（Sir Francis Drake）曾试图攻占的圣胡安的海湾中冉冉升

---

① Boutin, C. 2006. Two Miles Underground, Strange Bacteria Are Found Thriving. *Princeton University News Release*. October 20.

起。在街上，人们过着忙碌的生活，商人们在深夜外出后忙着找地方休息，头顶上的云朵在太阳的照耀下，向建筑物之间的空地和周围的大海投下长长的影子。我离开宾馆，登上了大巴。在会议上听了两天关于生命存在的"可能性"之后，我想要看看实在的东西。谈论宇宙固然很好，但是在宾馆外则是周围触手可及的现实——热带丛林，以及充满了生命的海滩和海洋。我参加了一次会议旅行，因为它似乎很有趣，也因为我只想出去走走。我已经喝够了会议咖啡，听够了有关远方生命的讨论了。我想要去看看那些甲虫和树木。

旅行的目的地是阿雷西博射电望远镜，也就是弗兰克·德雷克和卡尔·萨根一起等待来自宇宙的信号的地方。德雷克最终坚持了很多年，而萨根只坚持了几天就对此感到厌倦了。按照德雷克的说法，萨根觉得这样的等待是难以忍受的。德雷克则继续等待着，关注着。我们将在鸟啼虫鸣之间，参观他的一台射电望远镜。正是在那里，他觉得他听到了很多来自远方的信号。

我前一天晚上睡得很晚，所以即使是喝了一杯浓咖啡后，我走上大巴陡峭的台阶时仍然跌跌撞撞。上车的时候，我发现导游看上去很眼熟。我肯定是最近在什么地方见过他，不过有些想不起来了。他是一个年纪较大的人，面容友好，眼神严肃而炯炯有神。他慈祥的样子令人很亲切，但除此之外肯定还有其他的东西。我在想他是不是在会议上做过报告。

最后，车门关上了，那个看上去很眼熟的人开始说话："我是你们今天的导游。相信大家都知道我是弗兰克·德雷克，下面开始我们今天的旅行。"为了在生物天文学会议期间休息一下，我误打误撞踏上了由搜寻宇宙生命之父——很可能是世界上最耐心的人——弗兰克·德雷克做导游的一次旅行。之前是他用简单的数学计算推测出宇宙中可能有几十个文明试图和我们联络。我们的目的地是射电望远镜，当德雷克还是负责人时，这台望远镜多年间都是属于他的。路上的两小时里，他为我们讲述了波多黎各的历史，天文学，大陆和岛上居民的文化差异，也回答了我们提出的任何问题。他从波多黎各的历史开始讲起。这时，他肯定很想向我们讲述人类对宇宙中智慧生命的了解。但是我们对此一无所知，所以他只好去讲波多黎各的故事，毕竟，波多黎各对于团里的大部分人来说仍是一个陌生的地方。

很快，德雷克讲到了那两次他觉得他收到了宇宙文明回应的故事。第一次是在他26岁的时候，他在阿加西斯观测站观察到了那次假阳性信号，那次他几乎一夜白头。他也提到了他的本家——海盗弗朗西斯·德雷克爵士的故事。弗朗西斯·德雷克爵士从我们宾馆旁的一个小小的运河进攻圣胡安。西班牙人用火炮射穿了他的小船，他被迫掉头，几乎丧命。之后他又从更接近阿雷西沃①的地方展开进攻。一位当地官员在闻悉德雷克的进攻之后，命令他的军队骑马踏入海浪中，举起剑来吓退德雷克和他的手下。所有七个人都依言而行。这个策略奏效了，阿雷西沃最终免遭德雷克的进攻。弗朗西斯·德雷克爵士过早地撤退了，因而错过了那里的财富。但我们不能指责弗兰克·德雷克放弃得太早，因为他一直在寻找来自太空的信号，从未中断。

在我们到达射电望远镜后，他带我们在周围转了一圈。望远镜大概有一个足球场那么大。在它周围，丛林对这片土地虎视眈眈，

---

① 波多黎各北部港口城市。——译者

似乎想要重新夺回这片领地。在它上方，空中布满了无线电信号。这些信号就像丛林中动物的叫声一样，这些叫声对于一些动物来说很明显，但却被大多数动物忽略了。射电望远镜本身并不移动，只是简单地随着地球的自转扫描天空中的信号。那些由金属和电线组成的装置看起来既美丽又简陋。总之，那就是一个巨大的金属耳朵。

弗兰克·德雷克和我们一起站在射电望远镜旁，谈论着他的使命、望远镜的原理和它的命运。他一生中做出了很多贡献，其中之一是一个以他的名字命名的方程式，而这个方程式又关系着我们在宇宙中的地位，因而，我们很难忽略这项成就。即使我们这群科学家中了解他的其他贡献的人，也都更关注他的任务和那个方程式。一个年轻的天体物理学家摆了姿势和弗兰克合影。在换姿势拍下一张照片之前，他问德雷克："N是多少？"意思是还有多少个行星上有能够交流的智慧生命。德雷克喊道："一百个！"同时，举起了他大大的食指。但是命运之神和他们开了个玩笑，因为相机没电了。那一刻显得有些愚蠢，但是德雷克的使命依然宏大，依然充满了无尽的可能。我之前并不相信有智慧生命正在联络我们，如果真的有的话，我们为什么没能收到他们的消息呢？但在德雷克身边，我第一次感到，我们必须做这样的尝试。在那一瞬间，我将那些蚂蚁和树木抛在了脑后。

我不禁注意到了一些巧合。特里·欧文在谈到地球上物种数量时凭直觉说有一亿，大约是已知物种数量的一百倍。现在，德雷克在谈到他关于宇宙中智慧生命数目的方程时，也做出了类似的猜测：这个数目是我们已知的智慧生命数目（就是我们自己，一种）

的一百倍。无论具体细节如何（或者做出这样的估计时有多认真），两人都在说，生命世界的大部分，也许几乎全部，都是未知的。

当然，德雷克预估的未知事物在数量上更加庞大，因为即使只发现了一个存在生命的其他行星，不管那种生命是和人类一样聪慧，还是和岩石或微生物一样愚笨，我们都要重新考量关于生命及其维度的问题。如果真的存在这样一颗行星，那会不会有第二颗呢？如果有两颗，为什么没有四颗，五颗，甚至是几百颗？难怪弗兰克·德雷克从来没有放弃过。

总的来说，随着科学的发展，科学家在诸多科学问题的诱惑下可能会做出不同的选择。如果认为我们已经发现了地球上大多数事物，并准备好进行下一步研究的话，那么探索太空无疑显得十分诱人。它有一种令人无法拒绝的吸引力。几乎没有什么比发现一颗全新的、很有可能存在生命起源新方式的行星更大的发现了。我不知道还有什么比发现我们并不孤单更重要，更有影响力，或是更令我们困惑的了，但这并不是我想要押宝的下一个重大发现。相反，我会研究地球上的小生命。我会研究地心中的生命——如果地心也不是正中心，那么我会研究地球正中心的生命。我有很大的可能是错误的，其他人也是。我可以告诉你下一个重大发现可能意味着什么。不管这个发现是什么，它可能会让我们不再特别，让从地球的真正主人，也就是微生物的角度来看大得出奇而且对自己的智力过于自信的我们，看上去不再是世界的中心。

如果说哥白尼让我们知道，我们只是一颗普通行星上的居民，那么生物学上这样革命性的发现无疑会让我们发现自己不只非常普通，甚至不是生命世界的主流。我们的体型远大于所有生命的平均值。我们是相对罕见的物种，居住在一颗由单细胞生物主导的行星表面上一些微不足道的栖息地。地球上的环境经历了很多次剧烈的变化，我们只是短暂适应了某一个时期的生存条件。我们特殊在我们会思考我们并不特殊这一问题上。黑熊并不知道自己只是几百万个相似物种中的一员。它只是周而复始地觅食，交配，死亡。我们的生命很短暂，但是在我们像黑熊一样走过一生之前，足够我们拥有希望、梦想并为之奋斗。我们可能并不会像《圣经》所写的那样回归大地，微生物和昆虫可能是我们最终的归宿。我们最终会回归那些如此繁多、如此成功的生命，那些存在于我们的呼吸或是远方的星辰中、无所不在却又被忽视的生命。

另外一件讽刺的事是，我们相对于其他的生命是多么的反常。就我们所知，我们是最不可能看清这个世界的物种之一。不只是因为我们的感官十分迟钝，也因为我们的演化导致我们无法在极端环境生存。即使是在宇宙飞船或潜艇中，我们还是不能前往那些微小的生命存在的地方。当"阿尔文号"上的科学家第一次看到冒着黑烟的深海喷口时，他们的金属温度计在高温中熔化了。潜艇保护着他们，但他们还是没办法接近喷口。但是那些微生物，那些深海中的生命就栖息在喷口旁，在那个连我们的金属工具都会熔化的地方。

我们想象着我们会向其他行星移民，但我们却从未做过这样的尝试。我们还没有在地球上找到一个完全没有生命存在的地方，而且地球上还有很多地方等着我们去探索。地球表面还满是未被研究过的生命。甚至在我们的身体里还生存着未被命名的新物种。地球上一定还有很多未被发现的生命，远远超过我们已知的数量，也远远超过我们的想象。

14　还剩下什么

我们将不停止探索

而我们一切探索的终点

将是到达我们出发的地方

并且是生平第一遭知道这地方。

——T. S. 艾略特，《小吉丁》

　　我和妻子刚在一起的时候，我们去了一趟哥斯达黎加。我们在那个国家的不同地方工作，并最终在工作快结束时聚到一起开始旅行。我们决定去科尔科瓦杜国家公园的雨林中进行几天的远足。可以预见的是，我们走得十分缓慢。我们一直在交谈，并没有注意我们走到了哪里。我可能一直在寻找有趣的甲虫，她可能一直在担心我不经意间跨过的蛇是不是毒蛇。夜幕即将降临，月亮爬上了树梢，我们也开始考虑晚上在哪里过夜。我们偶然间来到了一个明显被废弃了的果园。果园里有我叫不上名来的香甜水果，水果上面还挂着香气扑鼻的爬藤。就像在玻利维亚那次一样，我们又一次纵情享受着，为在很长一段时间内不必担心过夜问题而欢欣雀跃。我们穿过了那座果园，在里面寻找着新奇的水果，纵情吃着，笑着。那时，我们非常高兴，觉得这片果园似乎没有尽头，很不可思议。

解剖学意义上的现代人类大约在20万年前首次出现在非洲。在人类历史的大部分时间里，我们周围的环境都像是我们眼前的果园。我们了解了周围可以找到的物种，尤其是那些致命的或是美味可口的物种。有时，我们会偶然发现一种新的水果，并试着吃一点。如果我们没有被它毒死，那可能会再吃一点。

在过去的300年里，西方人的世界观已经改变了很多。这本书中的重大发现则是，生命远比我们想象的要多样，其他生命和我们的区别也比我们想象的要大。这个重大发现或许可以称为"列文虎克革命"。哥白尼将人类的地位放逐到宇宙的边缘，几百年来的生物学研究则将我们的地位推到了生命世界的边缘。其他的生物并不以我们为中心，和我们也并不相像。

然而，在日常生活中，我们依然以自己为中心。天体生物学家聚在一起的时候谈论的并不是宇宙而是他们自己。在没有人反复提醒的情况下，我们没法以其他的方式生活。大多数时候我们不会仰望星空，同理，我们就这样忽略了生命中的很多过客，那些多种多样的生命。我们身上的物种十分微小，而地壳又离我们十分遥远。

因为我们只关注了那些在我们身边以及和我们相像的物种，因而我们可能会轻易地认为我们已经接近于发现生命的所有领域，甚至是所有物种。按照逻辑来讲，没有任何地方可以隐藏一种新的猴子，所以，当我们开始为我们聚落以外的物种命名时，我们就开始觉得我们已经接近于发现一切了。然而，每次当我们觉得我们接近于发现所有物种，甚至是所有生命时，我们总会发现生命的一些新领域。讽刺的是，我们对生命世界的探索越多，就越证明我们有多么无知。我估计这样的探索还将进行下去，速度也不会减缓。就像卡尔·沃斯在最近的采访中说的那样："生命世界的深度目前还无法测量。"①

从演化的角度说，"我们还没有发现所有物种"这一事实并不是那么惊人。②随着我们描绘的生命之树越来越大，人类在生命之树上占据的位置也越来越小。生命之树上的物种越来越多，每个物种都有自己看待世界的方式。生物学家喜欢将这些物种放到演化树上合适的位置。现在，我们或许可以从每个物种的角度构建它们眼中的世界。微生物可能会看到营养物质的浓度梯度，以及白天、黑夜。植物可能也会看到营养物质的浓度梯度。它们能够感觉到彼此，感觉到叶片上的食草动物和根上的真菌，感知到阳光的强度。昆虫则会检查那些间隙和小洞，以及一些我们忽略的细小的东西。它们会注意到杂乱环境中某种东西的快速移动。它们的世界比我们的世界更小，大小更加接近地球生命世界的平均大小，更具有代表性。脊椎生物看到的世界则和我们比较相似。最接近我们的是黑猩猩，或者扩大范围说是类人猿。它们看待世界的方式比我们简单一些，它们的世界里没有原子或夸克，没有黑洞或行星的轨道，但仍

---

① 引自卡尔·沃斯2008年1月的邮件讨论。
② 或许，更加令人惊奇，或者至少说有趣的是我们想要发现一切的这种持之以恒的欲望。

然相对复杂。我们可以轻易地嘲笑黑猩猩对这个世界的了解少得可怜，但是，我们和它们分化成不同物种的这些年同样值得铭记。100万年前，我们还不是人类，也还没有形成语言。几百年前，我们还认为太阳围绕地球运转。我们就在地球40亿年历史中的几百年间，形成了我们对于世界的全部理解。我们期待的似乎太多了，我们期待现在就能了解所有事情，现在就能了解我们能了解的所有事情。

我并不是想说我们应该减慢我们了解万物的脚步。我只是想说，在这一过程中我们应该更谦虚一些。我们应该对可能存在事物表现出足够的敬畏。总之，还有很多可能真实存在的事物等待着我们去发现。有很多问题我们可能需要一千年的时间才能回答。也可能，有的问题我们永远也无法回答。

作为科学家，我们总是想用智慧之光照亮我们周围，如果什么都没看到，我们就会断定没有什么可看的了。可是我们的光芒很微弱，而宇宙又如此浩瀚。如果我们对一些未知的领域进行探索，我们可能会看到一些现象，一些隐藏在我们视线之外的迹象。我不知道那些未知的领域究竟有什么，但是我肯定会摇晃着我微弱的光芒，面带微笑地观察着，也许会有一些意想不到的收获。

还有很多问题等着我们去解决：地球上什么时候演化出了生命，以及演化出了几次生命？生命的第一次演化是发生在地球上吗？还是发生在别的地方？生命能够生存的最热的、最冷的或者说最极端的条件是怎样的？地心的岩浆中是否存在生命？（或者我们甚至可以问，地心是否存在岩浆？）最小的物种是什么？物种的大小是否有上限？没有DNA的话能否演化出生命？这样的生命在地球上是否存在？细菌能否产生石油和煤炭？哪些物种占据了地球生命总质量的大部分？细菌，古生菌，脊椎动物，还是植物？地球上的物种是否代表宇宙中所有生命？地球是否只是一百万颗存在生命的行星中的一颗？是否有物种从地球扩散到其他行星？

这些问题没有一个是荒谬的，但我们无法回答其中的任何一个问题。我们只是不知道答案。而且，最重大的发现通常回答的是那些我们还没有发现其乐趣所在的问题。我们就像在一座物种的果园中，四处游荡，发现着这样那样的物种。我们的所见仍然局限于我们的提灯，我们的工具，我们用以扩展我们本来就愚钝的感官的手段允许我们探知的范围。剩下的一切仍然隐没在黑暗中，充满了无尽的可能，充满了我们无法破译的声音和我们无法理解的举动。总之，真正将我们和玻利维亚丛林中问我们是否能看到月亮的土著人胡安区分开来的，仅仅是他知道这样问并不过分。

林奈晚年可能患上了痴呆症。他觉得自己是在野外。他觉得他和他的学生（或者说使徒）一起到了远方的世界。即使在他清醒的时候，他环顾四周想去寻找他曾经命名过的世界，但那些名字却在逐渐离他而去。站在门厅的那个人叫什么名字？他的妻子叫什么名字？他周围的植物又叫什么名字？

林奈的世界慢慢失去了名字。那个曾经希望为万物命名的人已经开始记不住"书桌"或是"桌子"这样的词。他也开始认不出那些关心他的人，那些把他从一个房间挪到另一个房间，给他食物，照料着他的人。有一段时间里，一切就像是他在瑞典北部的旅程中发现的第一处风景。他又一次陷入了无名的世界，虽然他曾为这个世界命名。这样的环境只会让他感到恐惧。

所有人都会死。这是老生常谈的问题了。但是看着曾经依靠智力生存的人们屈从于生理上的衰老，从某种意义上说也是有些震撼人心的。那些曾在黑暗时代唤醒我们的、那些曾带我们穿过黑夜的思想，也都随着时间慢慢枯萎。

列文虎克去世后，在一百年时间里没有人继续他的工作，甚至连有和他一样的工作热情的人都没有。这本书提到的科学家终其一生都保持着工作的热情。他们不会退休。他们不会搬到佛罗里达或是"去修养身心"。这些科学家的共性之一便是持之以恒。他们看到了人类的伟大，但更重要的是，他们看到了人类的无知。他们看到了尚未被发现的事物的广度和深度，他们明白，若是借到东风，他们的智慧之船便会再度扬帆起航，穿过未知事物的湖泊，做出更加重大、更加确切、更加新颖的发现。

随着这些科学家年龄的增长，他们生命的最终阶段就像他们年轻时候一样各不相同，但是他们的故事中有着共同的主题，可能会对还在世的科学家们有所启发。在他们最后的日子里，他们仍然站在讲台上。他们仍然望着人群，坚持着同事们认为大错特错的理论。[①]做出了重大发现的科学家必须坚持自己大胆的想法，坚持到能够证明是其他人错了为止。正是因为这种坚持，林恩·马古利斯、卡尔·沃斯、安东尼·列文虎克等人必须坚信他们是掌握真理的少数人。一旦科学家坚定地支持自己的观点并被证明是正确的，那么他的观点将很容易被人们接受。人们会很容易接受他所坚持的想法，不管是伟大的，还是疯狂的，那些才是真相所在。科学界的筛选、验证和制衡也可能并不权威。梭罗写道："如果一个人跟不上他的

---

① 事实上，我没有找到例外，没有人在生物界做出重大发现后就此隐退。

同伴，也许是因为他听到不同的鼓声，让他踏着他所听到的音乐拍子走，不管节奏如何，或是有多远。"① 在做出发现之后，科学家很容易发现自己和同伴的步调并不一致，或是发现自己正在伴着其他的鼓声起舞，远离了日常生活。不过，头脑灵活、能做出重大发现的人有时也会变得轻信他人。

也许伟大的人，偶尔，甚至是经常，也需要暂停对科学核心的狂热怀疑。林奈直到去世时还认为美人鱼是人类和其他物种之间的过渡物种，他还认为有发现这种美人鱼的可能。他认为燕子是在水下过冬，而不是迁徙到温暖的地方。卡尔·萨根直到去世时还认为附近的行星系统中存在友好的智慧生命。林恩·马古利斯则认为精子的尾巴是或者曾经是另一种生物，认为地球是一个自我平衡的系统，等等。卡尔·沃斯深入研究了历史，他觉得他看到了分裂出万物的细胞，而且最近他认为他发现了一种新的、非达尔文模式的演化模型。②

其中一些想法可能是上了年纪的科学家们糊涂的想法。这些想法很容易被当作无关紧要的事情一带而过。阿尔弗雷德·拉塞尔·华莱士也发现了自然选择，而且是毫无争议的生物地理学之父；然而，他一生大部分时间都在参加降神会③。④和很多科学家一样，华莱士有着很多不为人知的秘密。

新的想法，或者像降神会那样古老而又疯狂的想法，往往很容

① Thoreau, H. D. 1854. *Walden; or, Life in the Woods*. Boston: Ticknor and Fields.
② 来自卡尔·沃斯2008年1月的邮件讨论。
③ 一种和死者沟通的尝试。降神会的主持者是灵媒。通常，灵媒似乎处于精神恍惚状态，并声称死者可以通过她和活人交流。——译者
④ Fichman, M. 2001. Science in Theistic Contexts. A Case Study of Alfred Russel Wallace on Human Evolution. *Osiris* 16: 227–250.

易就被认为是错误的。怀疑主义和知识惯性使得科学不至于走向疯狂。自然选择经受住了科学的怀疑，而降神会没有。我们最初的怀疑往往十分笨拙，而且经常以否定新想法为开端，即使它们是正确的。虽然我们必须保持怀疑的态度，但是仍有这样的可能性值得我们注意——有可能我们都错了，只有那个大胆的年轻科学家是正确的。林恩·马古利斯关于精子的尾巴源自另一种微生物的想法可能是正确的。卡尔·沃斯关于生命起源的想法也可能是正确的。关于这些伟大头脑产生的想法，我已经思考了很久，知道这时站出来对林恩·马古利斯或者是卡尔·沃斯的想法指手画脚无疑是十分愚蠢的。从现在开始，我要做的就是等待。

最近的一个例子可能揭示了更普遍的观点。林恩·马古利斯的观点仍然吸引着人们的火力，可能比很多年轻科学家遭遇的情况都要严重。一些科学家认为，在发现了共生在演化中的角色之后，马古利斯应该十分开心，然后回到每天开会和指导学生的生活中。然而，恰恰相反，她提出了越来越多疯狂的想法。和卡尔·沃斯一样，她看到了用来理解演化的全新理论框架。[1]她还认为细菌并不存在，并认为存在一个自我调节的生物圈，她称其为"强悍的老婊子盖亚"。[2]最令批评她的人愤怒的是，她依然坚持她二十多岁时候形成的想法，即鞭毛、纤毛和中心体都源于共生。她坚信她原始理论的每一部分都是正确的，她坚信这最后一块拼图也会找到它的位置，她的理论没有一点错误，而这种坚持也让她看上去显得有些固执。

当我开始写作这本书时，除了马古利斯和她的几个同事，似

---

[1] 马古利斯和沃斯都同意，至少是一般意义上的同意，在演化上，物种间的基因交流比自然选择更为重要。

[2] Brockman, J. 1995. *The Third Culture*. New York: Touchstone.

乎所有人都放弃了中心体、纤毛和鞭毛的共生起源学说。他们似乎有一个共同的愿望，即马古利斯不会再提及此事。然而，几乎不可能的是，路易斯安那州立大学一个由马克·阿列格罗（Mark Alliegro）领导的团队从蛤蜊的中心体中分离出了RNA。他们分离出的中心体RNA和细胞核中的RNA区别很大，看上去很像是来源自细菌，这很可能成为中心体源自内共生的证据。这项研究出现的时间过短，还不足以被很好地评估，但是突然之间，甚至连马古利斯的支持者二十年间都在怀疑的这部分理论，也可能是正确的。[①]

　　这本书从林奈开始，所以我也想以他结尾。随着年龄的增长，林奈并没有陷入越来越疯狂的理论中，他一生中都没有过。他是一个编目员，并不是一个理论科学家。总会有越来越多的东西被他编入生命之书。1778年冬天，他的医生通知他的家人，他的身体状况已经不允许他进行旅行了。林奈被限制在自己的家里，当他身体好的时候，他就在那里踱步。一天深夜，他让他的车夫带他到林间的小屋中。车夫对他的情况很了解，但可能因为他明白一个患病老人的每个愿望都是珍贵的，他依言而行。他驾驶一个小雪橇朝小屋驶去，林奈坐在上面开始抽烟斗。透过窗户，他看到星辰为他闪烁。月亮从他命名的大地上升起。他可能忘记了那些名字，但他知道，这是属于他的世界。在北面是仙女座，[②]"仙女"正将她的头靠在地面上。

　　林奈的家人最终找到了他，并把他带回了家。之后不久，在

---

① Alliegro, M. C., M. A. Alliegro, and R. E. Palazzo. 2006. Centrosome-associated RNA in Surf Clam Oocytes. *Proceedings of the National Academy of Sciences* 103: 9034–9038.

② 仙女座（Andromeda）即为青姬木属名的来源。——译者

1778年1月10日，他去世了。那时，很长一段时间里，他的身体每况愈下，还经历了多次中风。在他最后的日子里，他几乎什么都不记得了。他一本一本地读着自己写的书，他不知道那些书的作者是谁，但他确信作者一定是一个伟大的人。

他的葬礼阴沉而肃穆。他当时已经很出名了，但在瑞典却没有在其他地方那么出名。他的东西都留在原来的地方，好让他的儿子使用。幸运的是，他的儿子也称得上是位科学家，但是他从未理解或者追求过他父亲的伟大事业。

还有很多物种尚未归入林奈的橱柜。我们一定还会有新颖而重大的发现，但是在此之前，我们必须将精力集中在更小也更为古老的问题上，而这些遗留问题往往又让人头昏脑胀。这类由詹曾提出并由欧文发扬光大的工作经常被看作是一种类似集邮的工作。发现新物种，给它们命名，然后为它们找到合适的演化地位。

当林奈的使徒冒着生命危险去寻找更多的物种以填充他的生命橱柜时，林奈正在他乌普萨拉的房子旁的花园中踱步，思忖着各种各样的物种，以及他自己的传奇和伟大之处。他放眼世界，看到了全世界可能有一万多个物种，这些物种都在等着他用一生的时间去命名。

在他去世之后，单单在瑞典就又有四万多个物种被命名。全世界则共有两百多万个物种被命名。细菌最终被确定是一类全新的生物，和古生菌、病毒以及原生生物一样。后来人们认识到，大陆带着上面的物种移动着，就像是载着乘客的方舟一般。生命存在于大洋的底部，存在于地球最热的角落，存在于我们身体上、我们身体内部，甚至存在于空气中。宇宙中也可能会发现生命的存在。

　　林奈并没能为万物命名。在离世前，他可能会觉得自己已经做到了极致，但是他不知道后来又会发现多少新物种，就像我们不知道以后会发现多少新物种一样。

　　正是因为林奈的这种想法，我们才没有变得更加谦卑。每隔几年就会有人宣称科学已经发展到了尽头，或是我们已经发现了世界的全部秘密。我不排除这些公开的说法可能是对的，但我知道，如果历史能够为科学上一堂课的话，那一定是"我们都是无知的"。其必然的推论则是，宣称我们已经发现万物的人往往是最无知的。

　　假设我们已经没有精力去了解我们的世界了。例如，我们在科学上的投入比我们本应该投入的更少，那么，我们需要花极大的精力用于使年轻的科学家相信世界上已经没有什么值得研究的了。在一个越来越难以让孩子们走向户外或是走向科学的时代，我们若是抑制孩子们的好奇心，或是告诉他们不会有什么重大发现，那么我们就会阻碍世界的发展。科学的确充满了自负和傲慢，但它更充满了发现新事物时纯粹的快乐，不管发现是大是小。任何人都可能会有发现。

　　同时，林奈似乎像是收到了信息一样从坟墓中"复活"了。回到乌普萨拉，瑞典人似乎继续着林奈的老把戏。乌普萨拉的昆虫学家乌尔夫·加登福斯（Ulf Gardenfors）领导了一个长期项目，即为瑞典的所有物种命名。这个项目似乎不宜大肆宣扬，即便瑞典可能是全世界物种最少的国家。在瑞典，所有的多细胞生物都将于2021年被命名完毕。我不知道我们要走的路还有多远。250年前，林奈就想要为全世界的所有物种命名；而在那个诞生了林奈的国度，我们直到现在还只是想着要为那里所有的多细胞生物命名。

这个项目经费充足，不断推进。在采访中，乌尔夫已经有了一种林奈式的傲慢："我们正在命名所有物种的路上。"但就他的眼界来说，他必须更谦逊些。而且，林奈自己的困境也应该让乌尔夫的态度收敛些，毕竟，两百年前，林奈就曾宣称自己将为万物命名。

在听说了瑞典的这个项目之后，世界上其他地区的生物学家迅速表示了支持。丹·詹曾听说这个项目后，告诉记者，他还在进行探索的哥斯达黎加瓜纳卡斯特自然保护区的物种数可能会和全瑞典的差不多。[①]仅仅是哥斯达黎加的物种数可能就是瑞典的一百倍。然而，即使是为瑞典的所有物种命名，这一比林奈为自己定的目标谨慎得多的任务，都需要超过一百位分类学家和数千个业余爱好者的通力合作。业余爱好者们在后院收集苍蝇、蚂蚁、蜜蜂和黄蜂的标本，并寄给生物学家。生物学家们则给它们分类。单单苍蝇（*Megalesia*）一个属，他们就发现了二十个新物种。林奈在野外的背包肯定没有足够的空间来放这些标本。

在瑞典，没有人宣称他们发现了所有的细菌、古生菌、病毒、原生生物和已经灭绝的生物，更不要说所有的生物了。这是不可能的，物种数目实在太多了。可能乌尔夫是正确的，我们在几十年里能够发现瑞典所有未知的多细胞生物。之后，我们可能会把目光转向微生物。也许总有一天，我们会为全世界所有的古生菌、细菌和真核生物命名。

但我对此表示怀疑。

---

① Miller, G. 2005. Linnaeus's Legacy Carries On. *Science* 307: 1038–1039.

林奈认为世界充满了可能性，但并没有超出我们的承受能力。这是一个我们可以主宰、尽在我们掌握的世界。与此同时，列文虎克用一个镜片观察了世界，并看到了一个永远可望而不可即的世界。他活了将近一百岁，乐此不疲地研究着那些生活在他卧室几英尺之内的生命。他在镜片下看到的那些模糊的微生物仿佛世界模糊的边缘，只要他观察得更多，更加仔细，世界的边缘便又扩大了一点。林奈望向世界的边缘，望向远方的地平线，他看到了世界的边缘。于是，他扬帆起航，驶向世界的尽头。列文虎克也望着地平线，他看到了另一番风景。他看到了那些模糊的边缘，或者可能像他认为的那样，看到了远方的微光。他乘船出航，但不管他走了多远，地平线似乎都在后退，变得更远。终其一生，尽管他发现了很多，但那些未知似乎未曾减少。

英汉词语对照表

fish 鱼类

Fitzcarraldo 《陆上行舟》

Flammarion, Camille 卡米伊·弗拉马利翁

Flora Lapponica (Linnaeus) 《拉普兰植物志》（林奈著）

Fonseca, Gustavo 古斯塔沃·丰塞卡

food chains 食物链

Forbes, Edward 爱德华·福布斯

Fornari, Daniel 丹尼尔·福尔纳里

Foster, Dudley 达德利·福斯特

Fox, George 乔治·福克斯

Fuller, Adam 亚当·富勒

Fuller, Charlene 查伦·富勒

fungi 真菌

G

Gaill, Françoise 弗朗索瓦丝·盖尔

Galileo 伽利略

Gardenfors, Ulf 乌尔夫·加登福斯

Gaston, Kevin 凯文·加斯顿

genera 属

genetic sequencing 基因测序

genomics 基因组学

Gentry, Alwyn 阿尔文·金特里

Geographer, The (Vermeer painting) 《地理学家》（维米尔画作）

Glacier National Park 美国冰川国家公园

Goksoyr, Jostein 约斯泰因·格索

Gold, Dr. Thomas 托马斯·戈尔德博士

Goldin, David 大卫·戈尔丁

Gordon, Louis 路易斯·戈登

Great Smoky Mountains National Park 美国大烟山国家公园

Greer, Frank E. 弗兰克·E. 格里尔

Guanacaste Conservation Area 瓜纳卡斯特保护区

Gulliver's Travels (Swift) 《格列佛游记》（斯威夫特著）

H

Haldane, J. B. S. J. B. S. 霍尔丹

Hallwachs, Winnie 温妮·哈尔瓦克斯

Harvard College Observatory, Agassiz Stationof 哈佛大学天文台阿加西斯观测站

Harvard University 哈佛大学

致　谢

　　对我的妻子莫妮卡，我不知该怎样表达我的感激之情。在我写作这本书的时候，她欣然接受了有关林奈、列文虎克和其他科学家的话题闯入我们的日常生活，虽然她对这些话题并不是很感兴趣，有时还会和这些科学家的观点相左。我的女儿卢拉则让我想起了发现的乐趣，那种随处可见的乐趣。发现一类崭新的生命的乐趣，就像小时候在沙发上发现一块遗落的奶酪一般绝妙。

　　同时，这本书的成功在很大程度上也要归功于我的父母。是他们在我的童年时代，允许我在家里摆放很多水族箱、水桶和捕虫网，也允许我在家里进行各种各样的实验。

　　我也很感谢以下朋友和同事，是他们阅读了本书的部分或全部草稿，并给予我很多帮助和启发：迈克尔·高尔文（Michael Galvin）、洛兰·奥兰岑斯基（Lorraine Olendzenski）、斯科特·鲍威尔（Scott Powell）、戴夫·路博塔齐、卡伦·奥伯、安迪·查亚（Andy Czaja）、吉姆·布朗（Jim Brown），帕哈罗·莫拉莱斯（Pajaro Morales）、迈克尔·威格曼（Michael Wiegman）、珍·马丁（Jen Martin）、艾米·格伦登（Amy Grunden）、大卫·拉乌尔（David Raoult）和马修·科布（Matthew Cobb）。

　　我还对那些做出了发现的科学家表示特别的感谢。他们之中的很多人在百忙之中抽出时间和我一起讨论，并幽默地回答了我提出的关于他们发现瞬间的那些愚蠢问题，关于他们私生活的问题，以及其他一些关于美好的或是不那么美好的事情的问题。他们包括：卡尔·维尔森、林恩·马古利斯、蕾切尔·海蒙、丹·詹曾、特里·欧文、彼得·雷文、乔治·E.鲍尔和安德里亚斯·泰斯科。经史密森学会档案室允许，我得以查看特里·欧文归档的信件，并得到了档案室一次又一次超出职责范围的帮助。另外，感谢在卡维纳斯之行中帮助过我的人们，以及多纳·罗萨，还有在里韦拉尔塔帮助我们的PROMAB成员。

　　我也很感激这本书带给我的和书中人物相遇的机会，不管是面对面交流，还是电话沟通，或是通过阅读他们的书完成的精神上的交流。要不是因为创意写作课程比打字课程更为容易，我高中时可能就不会选修创意写作课程；要不是因为我大学时正在交往的女生（后来和她结了婚）选修了关于写作的课程，我那时可能也不会选修写作课程；要不是因为导师给了我足够的空间，并且对我用实验室的打印机打印随笔而不是论文毫不在意，我可能也不会在研究生期间继续写作。

　　我也很感谢维多利亚·普赖尔（Victoria Pryor）为我及这本书所做的一切，同时也感谢T．J．凯莱赫（T．J．Kelleher）、伊丽莎白·戴瑟加德（Elisabeth Dyssegaard）以及凯瑟琳·安东尼（Kathryn Antony）细致敏锐的编辑工作和他们提出的深刻见解。

~~~~~~~~~~~~~~~~~~~~~~~~~~~~~~~~~~~~~~~

说明

　　本书的插图主要来自北京大学出版社出版的《玛蒂尔达手绘木本植物》（［英］玛蒂尔达绘，孙英宝临摹），《梅里安手绘昆虫高清大图》（［德］玛利亚·梅里安绘，王静白描），《利尔手绘鹦鹉高清大图》（［英］爱德华·利尔绘，出离白描），《古尔德手绘极乐鸟高清大图》（［英］约翰·古尔德绘，王静白描），特此说明，并致谢忱！

　　本书第6章物种名的命名审定，感谢杨干燕老师的大力支持与帮助！